高等学校规划教材

科普志愿者基础能力训练

Basic Ability Training of Volunteers for Popular Science

张子睿　编著

北　京
冶　金　工　业　出　版　社
2023

内容提要

科普志愿者是开展科学普及工作的主力军。本书聚焦于讲解科普志愿者人才及其培养涉及的典型问题，帮助立志参与科普志愿活动的人们掌握科学普及工作所需的基础能力和方法。本书内容主要涉及科学普及的基本内容、科普志愿者的概念和特点、基层工作的典型规律、科普志愿者创造性思维与解决问题能力、科普志愿者口头表达能力、科普志愿者写作能力等六个方面，形成了科普理论、科普志愿者理论、科普志愿者基础能力训练三个层次。

本书可作为普通高等学校培养大学生科普志愿者的教材，也可供对科普志愿服务活动感兴趣并愿意投身到科普工作的不同年龄段的朋友阅读参考。

图书在版编目(CIP)数据

科普志愿者基础能力训练/张子睿编著．—北京：冶金工业出版社，2023.1

高等学校规划教材

ISBN 978-7-5024-9356-1

Ⅰ.①科…　Ⅱ.①张…　Ⅲ.①科学普及—志愿者—社会服务—高等学校—教材　Ⅳ.①N49

中国国家版本馆 CIP 数据核字（2023）第 012573 号

科普志愿者基础能力训练

出版发行 冶金工业出版社　**电　话**（010）64027926
地　址 北京市东城区嵩祝院北巷 39 号　**邮　编** 100009
网　址 www.mip1953.com　**电子信箱** service@mip1953.com

责任编辑　夏小雪　李培禄　美术编辑　吕欣童　版式设计　郑小利
责任校对　葛新霞　责任印制　禹　蕊
北京富资园科技发展有限公司印刷
2023 年 1 月第 1 版，2023 年 1 月第 1 次印刷
710mm×1000mm　1/16；15 印张；241 千字；227 页
定价 42.00 元

投稿电话　(010)64027932　投稿信箱　tougao@cnmip.com.cn
营销中心电话　(010)64044283
冶金工业出版社天猫旗舰店　yjgycbs.tmall.com
（本书如有印装质量问题，本社营销中心负责退换）

前　言

科普是一个大家熟悉而又相对陌生的词，随着国家一系列政策的出台，我国的科学技术普及工作发展迅速。科普志愿者与其他志愿者看似有很多相似之处，实则差别很大。作为一般志愿者，需要有公益心、有奉献精神、有可以支配的时间。科普志愿者则需要在此基础上具备丰富的科学文化知识。因此，要培养高素质的科普志愿者专业知识很重要，非专业知识及其能力更加重要。北京创造学会科普工作委员会自2009年成立以来，积极开展科普工作，作者曾在北京市各区开展了一系列科普调研活动。

2016年，习近平总书记在“科技三会”上指出：“科技创新、科学普及是实现创新发展的两翼，要把科学普及放在与科技创新同等重要的位置。”总书记的讲话对于正确认识和开展科普工作意义重大。

结合工作实际，作者开展了一系列科普访谈调研。通过总结调研资料，作者认为：高素质科普志愿者不仅需要具备丰富的科学文化知识，还需要具备较强的思维能力和结合具体活动不同阶段实际情况解决问题的能力、传播知识所需的口头表达能力与技巧、写作归纳等能力。

2018年，一个偶然的机会，一位公务员朋友希望作者完成一份科普工作总结，作为“创建文明城区”材料的一部分。在撰写科普工作总结时，作者了解到科普工作是“创建文明城区”工作的有机组成部分，于是，在策划参与“创建文明城区”所在区科普活动时，也开始慢慢学习“创建文明城区”工作文件，理解科普工作如何为“创建文明城区”工作服务。为了更好地做好科普活动为“创建文明城区”工作服务，作者又根据基层的特点学习了其他相关的文件。“文明城区”是“文明城市”的一部分，全国文明城市（简称文明城市）是指在全面建设小康社会中市民整体素质和城市文明程度较高的城市。全国文明城市称号是反映中国大陆城市整体文明水平的最高荣誉称号。全国文明城市是全国所有城市品牌中含金量最高、创建难度最大的一个，是反映城市整体文明水平的综合性荣誉称号，是国内城市综合类评比中的最高荣誉，也是最具有价值的城市品牌。

2021年，在北京市科协的支持下，作者所在科普团队在北京市密云区围绕“文明城区”创建开展了科普活动。带着工作设想，作者与密云区有关人员座谈，得到的反馈是：在基层镇街和社区（村）两个层级开展科普活动存在困难，最迫切需要解决的问题是科普志愿者匮乏。在此基础上，作者跟进调研了延庆、平谷等区，发现这个问题是北京郊区的共性问题，在“涵养区”表现得更加明显。在对内蒙古、河北、辽宁等地长期开展科普活动合作地区的科学技术协会、团委等单位进行电话访谈之后，发现基层科普志愿者培养是一个现实的问题。正如北京市“涵养区”一位兼任文明办主任的宣传部副部长很直接地说：“因为创城指标中文明实践所（站）要求有科普志愿者服务，科普这块镇里还真挺头疼，不知道怎么搞。”根据反馈意见，在科普活动中作者提出了在讲清基层科普和科普志愿者基本问题基础上，集中解决科普志愿者思维、口头表达能力、写作能力和解决问题能力的公益课程授课思路，根据这一思路开展了多场公益讲座并取得了良好效果，为密云区“创建文明城区”工作贡献了绵薄之力。

2021年10月，在完成项目审计后，作者开始反思半年多的工作。事实上，文明城区创建工作取得成功之后，依旧需要大量的有专业背景的志愿者参与科普活动。要实现工作的可持续发展，志愿者基础能力训练必不可少。于是，作者萌生了将活动中的科普志愿培训讲义修订正式编写成一本《科普志愿者基础能力训练》，并在GDP水平较高的已经进入全国文明城市和文明城区创建行列的城市及城区开展公益培训活动先行先试的想法。

在2022年顺义区基层科普行动计划项目和北京京师同创教育咨询有限公司项目匹配资金的资助下，这本书终于在冶金工业出版社出版。

本书作为国内较早的科普志愿者培训教材，加之时间仓促，作者水平有限，不妥之处在所难免，恳请专家、领导、基层科普工作者以及读者朋友给予批评指正。

张子睿

2022年8月6日

目　　录

第一章　科普志愿者相关问题概论

第一节　科普基本情况概述

科普是一个大家熟悉而又相对陌生的词。说熟悉，是因为它作为我们国家的一项重要工作和活动，经常出现在我们的生活之中，在新闻里我们看到过，在活动中我们曾经参与其中。说陌生，是因为很多情况下我们并没有去认真思考科普这个词背后所包含的信息。显然我们不可以用“某某就是某某”来说明科普到底是什么，因为很难找到一个可以替代科普的词。因此，我们需要在开始本书命题的时候，对科普、科学、技术等几个概念进行辨析。

2002年12月18日，时任科技部部长的徐冠华院士在一篇讲话中曾指出：“科技普及与科技创新，是科技进步的两个基本体现，是科技工作的一体两翼。正像人的两条腿、车子的两个轮子，不可或缺。‘创新’就是在科技前沿不断突破；‘普及’就是让公众尽快、尽可能地理解‘创新’的成果，不断提高科技素质，使科技创新真正进入社会，成为大众的财富，成为全社会的力量。”

虽然，我们很难找到一个可以替代科普的词。但是，我们可以用定义概念的方法来更快地了解其内涵。有了明确的公认的定义，才容易知道论述的基础，才容易得到一致的结论。比如我们可以用描述的方法说科普，是指采用公众易于理解、接受和参与的方式，普及科学技术知识和方法、技能。科学可以分为自然科学和社会科学知识，科普可以包括传播科学思想、弘扬科学精神、倡导科学方法、推广科学技术应用的活动。

下定义的方法很多，我们也可以说：科学普及是讲述自己的论据和结论，让读者自行验证此结论是可重复的规律（科学）的过程。由此定义出发，我们发现科普读物要像教材那样，对每一个实验论据都要讲清前提条件、预计结果、实验结果，这样才能让读者去验证。从这里我们可以看到科普和迷信与启蒙教育的区别。迷信是不希望听者去验证，只希望听者接受讲述观点的传播形式。不经验证的接受方式，也是迷信。对没有能力理解或验证的人讲科学，应该叫启蒙教育，大多用于在儿童还不知道基本科学验证方法的时候讲述科学知识。爱因斯坦就曾这样介绍过他的相对论："一个人坐在火炉旁五分钟，他感觉像过了一个小时；一个男人与他喜欢的姑娘聊天，一个小时，他感觉只过了五分钟。所以说时间是相对的。"确实采用了公众易于理解的说法，但这是错误的！科学是客观规律，不以人的意志为转移，科学定义的时间，就是所有参照系都同意的统一时间，否则就不是科学时间。科学精神，就是质疑一切的态度，不论话是谁说的，只有经过科学的论证，我们才认为它是科学的。

显然启蒙教育读本不适用于理论交锋之时，此时主要讲证据。学校的教材，才是经得起推敲和实验证明的标准的科普读物。我们学校的教材是最常见的科普读物。用这个科普的定义，才是可验证、可重复的科学定义。

由此，我们可以分析科学技术普及涉及哪些工作。

从科学社会学的角度看，科学技术普及是一种广泛的社会现象，必然有其自身的"增长点"。科学普及的生长点就在自然与人、科学与社会的交叉点上。也就是说，自然科学与人类社会的相互作用生成了科学普及，科技与社会又作为科学普及的"土壤"，哺育着它的生长。而科技进步和社会发展，则为科学普及不断提供新的生长点，使科普工作具有鲜活的生命力和浓厚的社会性、时代性。形象地说，科学普及是以时代为背景，以社会为舞台，以人为主角，以科技为内容，面向广大公众的一台"现代文明戏"，在这个舞台上是没有传统保留节目的。

从本质上说，科学技术普及是一种社会教育。作为社会教育，它既不同于学校教育，也不同于职业教育，其基本特点是：社会性、群众性和持续性。科学普及的特点表明，科普工作必须运用社会化、群众化和经常化的科普方式，充分利用现代社会的多种流通渠道和信息传播媒体，不失时机地广泛渗透到各种社会活动之中，才能形成规模宏大、富有生机、社会化的大科普。

现代科学技术是一个极其庞大而复杂的立体结构体系，具有丰富的内涵和多种社会职能。在科普工作中，既要注重科技知识的外在功利，又不可忽视其内在的科学思想、科学方法和科学精神。在知识信息中含有的四个不同层次（即数据、信息、知识和智能）中，占据最高层次的智能，才是构成人们科学文化素质的最具活性的重要素质。而这对身处不同岗位的各级领导干部和科技工作管理者来说尤为重要。

我们从小学课本上读到的一个重要观点是中国地大物博、人口众多，同时中国目前是一个经济社会发展不均衡的国家，公众的科学素养存在很大的城乡差别、地区差别、职业差别。

因此，中国的科学技术普及（以下简称科普）是一个多层次的立体工程，较之西方的公众理解科学具有更丰富的内容，包括普及科学知识、倡导科学方法、传播科学思想、弘扬科学精神。

中华人民共和国成立以来，科普一直被作为公益事业，受到了政府和社会各界的高度重视，设立了科普管理和协调机构，建设了大量科普场馆和设施，并开展了形式多样的科普活动。

新中国成立初期，就在中央人民政府文化部设立了科学技术普及局，负责领导和管理全国的科普工作。其后，地方设立了专门的科普管理机构。政府投入了大量资金建立了一批国家级科普场馆。从中央政府到地方政府，都设有科普专项经费，以支持科普活动。中国目前的科普经费主要以政府拨款为主。此外，社会各界，包括科技界、媒体出版业、城市社区、企业等，都积极投身于科普工作之中。

不仅如此，中国还颁布了一系列法规。2002 年 6 月，颁布了《中华人民共和国科学技术普及法》，这是世界上第一部科普法。2006 年，国务院颁布了《全民科学素质行动计划纲要》。

中国政府对科普工作的管理和协调机构是相对集中型的。为统筹管理和协调各部门的科普活动，使各部门都重视科普工作，按照《中华人民共和国科学技术普及法》的规定，科技部负责制定全国科普工作规划，实行政策引导，进行督促检查。1996 年 4 月成立了以科技部为组长单位，中央宣传部、中国科协为副组长单位的国家科普工作联席会议制度，成员单位由中央、国务院和群众团体中有关科普工作的部门组成。随后，中国各地也相应地建立了地方科普联席会议制度，这对于有效动员各种力量开展科普工作，提供了制度上的保证。

在国务院各系统中，各部委的科普职能都是依据其主要职能而展开的。

科技部在政策法规与体制改革司下设立了科普处。该处的职能是：起草国家科普政策法规、组织协调国家重大科普活动、完善和落实科技特派员制度等。

教育部下设机构中，基础教育司、职业教育与成人教育司、科学技术司、师范教育司、体育卫生与艺术教育司等依据自己的职能，不同程度地参与科技教育和科普工作。

卫生部涉及的主要职责有：开展全面健康教育，指导初级卫生保健规划和母婴保健专项技术的实施，指导医学科技成果的普及应用工作等。

农业部在农村科普工作中起着重要作用。农业部下设的科技教育司负责农业科技知识的普及和农业技术推广工作。此外，农业部还积极支持中国农学会的科普工作。

中国科学技术协会虽是一个群众性科技团体，但在中国的科技发展中却起着重要的作用，其主要功能之一是科学技术普及。新中国成立以来，它通过组织科普活动，为中国的科学普及工作作出了非常突出的贡献。

《中华人民共和国科学技术普及法》中明确规定了科协组织是科普工作主力军的地位，它担负着科普工作的组织和实施的任务。

在中国科协机关设立了科学技术普及部，主管科协系统的科普工作。

中国科协下属 167 个全国性学会，其中 138 个成立了科普工作委员会。与科普工作密切相关的中国科普创作协会成立于 1979 年，在 22 个直属事业单位中，中国科学技术馆、科学普及出版社、中国科普研究所等从事科普事业的有 14 个。到目前为止，全国已建县级以上科协 2881 个，学会 65482 个，企业科协 10674 个，大专院校科协 328 个，街道科协 4191 个，乡镇科协、科普协会 32511 个。科协机构已经形成从中央到地方有系统的最完善的科普组织。

中国科学院也是中国科普工作活动的重要部门，在科普方面的职责是充分发挥中国科学院高科技人才密集、科研设施先进的优势，加强各科研机构和科技工作者与社会公众的联系；动员和组织广大科学家和科技工作者以多种形式宣传科技知识；推动有条件的科研单位面向社会开放研究实验室，通过举办讲座、组织参观等多种方式进行科普宣传。为充分发挥自身智力和设施资源的优势，及时有效地向社会普及中科院最新科技成果，中国科学院成立了科普工作领导小组和中科院科普办公室，负责中国科学院的科普工作，并积极开展科普活动。

中华全国妇女联合会（简称全国妇联）下设妇女发展部，其涉及科普的职能有：指导各地妇联组织妇女文化科技培训和职业技能培训工作；动员和组织妇女参与扶贫、西部开发和生态环境建设，促进农村妇女依靠科技致富；指导各地妇联开展“双学双比”（学文化、学技术、比成绩、比贡献）、“巾帼建功”活动等。儿童工作部涉及科普的职能有：开展女童工作，促进女童发展；参与推进校外教育，协调、推动全社会为儿童的健康成长创造良好的社会环境等。

此外，中华全国总工会、中国共青团等部门都有专门的机构设置负责职工和青少年的科学普及工作。

科普场馆和设施是面向社会公众进行科普宣传和教育的重要场所。科学技术馆是指综合性科学普及场所，其主要功能是：展览教育、培训教育、实验教育。中国科学技术馆是我国最著名的科学技术馆。中国科学技术馆一期工程2万平方米在1988年建成向社会开放；1999年国庆50周年时2万平方米的二期工程竣工，千年之交向社会正式开放。中国科学技术馆二期工程新展厅的展示内容着重反映了21世纪科技发展的趋势，反映中国国民经济发展的重大领域，主要包括：航空与航天、生命科学、环境科学、信息技术、能源与交通、材料与制造技术以及基础科学等各学科不同领域展品300余项，还有中国古代科技成就展品约400项。2006年，一座建筑面积约12万平方米的中国科技馆新馆矗立在奥林匹克公园内，更加现代化的设施使之进入世界三大科技馆之列。

利用已有的科技活动资源，在一定程度上向公众开放的科普教育基地，也是中国科普设施的重要组成部分。1996年，国家科学技术委员会和中国科学院确定了第一批对公众开放的科普教育试点基地，包括中国科学院物理研究所、化学研究所、植物研究所、古脊椎动物研究所与古人类研究所、计算机研究中心。

“科普大篷车”是中国科学技术协会根据中国科普工作发展要求而研制生产的，目的在于向偏远地区开展科学技术普及宣传、科学技术咨询，举办科普展览。科普大篷车具有车载科学技术普及展品展示教育、展板宣传教育、科学技术影视片播放教育、赠送科学技术普及资料书籍、流动科学技术普及宣传舞台等5项功能，被誉为“流动的科学技术馆”。科普大篷车于

2001年1月投入使用，在中国中西部地区广大农村开展了大量科普活动，受到了农村居民的热烈欢迎。2002年，“科普大篷车”就在全国17个省、市、区行驶，在各地举办了约10万场科普报告和讲座，听众数千万人次。

中国每年按期举办的大型科普活动包括科技活动周、全国科普日。

科技活动周（Science and Technology Week; Technological Activity Week）是中国政府于2001年批准设立的大规模群众性科学技术活动。根据《国务院关于同意设立“科技活动周”的批复》（国函［2001］30号），自2001年起，每年5月的第三周为“科技活动周”，在全国开展群众性科学技术活动。每年“科技活动周”由科技部、中宣部、中国科协联合有关部门组织实施。通过科普工作联席会议商定，建立了科技活动周的组织体系。科技活动周的组织体系由科技活动周指导委员会、科技活动周组织委员会、科技活动周组织委员会办公室组成。科技部会同中宣部、中国科协等19个部门和单位组成科技活动周组委会，同期在全国范围内组织实施。科技活动周是目前中国重要的科普活动之一。2003年虽然遭受SARS疫情影响，但全国科技周活动仍如期在网上进行。国家科技周的活动内容非常丰富，全国各省市有关科普活动的机构都采取行动来宣传科技，促进公众与科学的对话。每年的科技周国家科普联席会议都通过协商形成一个主题，围绕该主题各部门再来举办各种形式的科普活动。

全国科普日由中国科协发起，全国各级科协组织和系统为纪念《中华人民共和国科学技术普及法》的颁布和实施而举办各类科普活动，定在每年9月的第三个双休日。

2002年6月29日，我国第一部关于科普的法律——《中华人民共和国科学技术普及法》（以下简称《科普法》）正式颁布实施。2003年6月29日，在《科普法》颁布一周年之际，为在全国掀起宣传贯彻落实《科普法》的热潮，中国科协在全国范围内开展了一系列科普活动。自此，中国科协每年都组织全国学会和地方科协在全国开展科普日活动。从2005年起，为便于广大群众、学生更好地参与活动，活动日期由原先的6月改为每年9月第三个公休日，作为全国科普日活动集中开展的时间。一直以来，全国科普日活动得到了中央领导同志，特别是中央书记处的高度重视和关心。自2004年全国科普日活动以来，中央书记处领导同志每年都莅临全国科普日北京活动现场，与首都各界群众一起参与科普日活动，起到了很好的表率作用。全国各地主要党政领导也都参加当地的科普日活动。2009年底，中央书记处在听取中国科协党组工作汇报的时候，进一步明确要继续办好全国科普日活动，并且提出“中央书记处全体同志都要继续参加全国科普日活动”，体现了中央领导对全国科普日活动的关心、重视和支持。

同时，配合重大国际和国内节日，国家各科普有关单位积极开展各种形式的科普活动。如国际气象日、世界卫生日、世界环境日、世界地球日、国际博物馆日、全国植树节、国家节能宣传周等，各有关单位根据节日的情况，通过报纸、电台、电视、互联网等宣传舆论工具，以科普知识竞赛、演讲或大型文艺演出的方式来宣传相应的科学知识。

大型科普展览、科技下乡等活动也是经常举办的科普活动，此类活动又逐步形成许多有地方特色的活动。例如，北京市把科技下乡办成了在农村全面开展全年农业生产之前的常规性活动“北京科普之春”，在这个活动中为农民送去农业技术，为“三农”（农业、农村、农民）服务，已经成为北京郊区群众乐于参与的活动。同时，北京市又针对城区居民夏日消夏特点，开展了“北京科普之夏”，利用夏日开展相关科普活动。

2016年，习近平总书记在“科技三会”上指出：“科技创新、科学普及是实现创新发展的两翼，要把科学普及放在与科技创新同等重要的位置。没有全民科学素质普遍提高，就难以建立起宏大的高素质创新大军，难以实现科技成果快速转化。”总书记的讲话，为全国科普工作指明了方向，也进一步体现了党和国家对科普工作的重视。

第二节　科普志愿者的概念和特点分析

一、科普志愿者的概念

科普志愿者包含“科普”和“志愿者”两个概念，由于科普的概念前文已经界定，因此我们首先需要了解一下“志愿者”这个概念的历史由来及演化过程。

志愿服务（Volunteer Service）和志愿者（Volunteer）是人类社会文明、社会进步的重要标志。志愿服务的原始意义为“因自由的意志而行事”，志愿服务的解释和定义因时间、空间、群体等因素而纷繁复杂。总体来说，志愿服务是一种自愿的、不计报酬和收入、协助他人、改善社会的服务行为。志愿者，依据我国青年志愿者协会给出的定义是：志愿者是指不为物质报酬，基于良知、信念和责任，自愿为社会和他人提供服务和帮助的人。

志愿者活动始于西欧国家博物馆。1907年，美国波士顿艺术博物馆开始使用义工（即志愿者），至今志愿者活动已有100多年的历史。如今志愿者在发达国家已是家喻户晓并普遍存在，如澳大利亚志愿者人数平均占全国18岁以上总人口的31%，其中首都堪培拉志愿者达8.1万人，占成人比例的36%，志愿者组织在澳大利亚社会生活方面起着巨大作用。社会学家认为，志愿者数量的多少、志愿服务水平的高低，在一定程度上反映了一个国家、一个地区、一个社会的文明水平。中国青年志愿者行动由共青团中央于1993年12月启动，并伴随我国建立社会主义市场经济体制的进程发展，虽然只有20余年的历史，但发展迅速，志愿服务涉及社会诸多方面，呈现出生机蓬勃的局面。其突出特点是在短时期内青年志愿者行动即获得广大青年的广泛认同和积极参与，同时在弘扬友爱、奉献、互助进步的社会风气，提高全社会的道德水平方面发挥了不可替代的作用。

科普志愿者是志愿者中的特殊人群。众所周知，我国的志愿服务，尤其是社区志愿服务，仅仅停留在非专业性、阶段性的“献爱心”层次上，很难发挥志愿者的能力和潜能。在社会志愿者中，专业服务的缺乏已成为制约志愿服务深入发展的一个主要因素。科普志愿服务在一定程度上扩展了社会志愿服务领域，深化了服务功能，提高了服务效果。科普志愿者与社会志愿者相比重在科普服务功能。因此，科普志愿者的任职资格高于普通的社会志愿者。2003年4月，中国科协在《关于开展中国科普志愿者队伍建设工作的通知》中明确规定，科普志愿者的基本条件是年龄为18周岁以上的公民，志愿为科普事业提供义务服务，具备一定的科普素质和从事科普服务专长的能力。科普志愿者强调了自身的科普素质和科技传播能力，说明科普志愿服务工作难度也相对更大。

根据《2003年中国科普报告》中对科普志愿者的定义：科普志愿者是自愿从事科普工作的人员，是指以弘扬科学精神、普及科学知识、传播科学思想和科学方法为宗旨，志愿致力于科学传播活动的社会各方面人员。这些志愿人员主要服务于科学普及方面的各类活动，用自己的爱心、时间、知识、技能和体能，为全社会的科学普及工作及宣传活动提供非营利和无偿的服务。

在确定科普志愿者的定义以后，就需要分清哪些志愿者属于科普志愿者、哪些志愿者属于普通志愿者、哪些属于科普活动受众。

在统计上，往往会出现把普通志愿者，甚至把参与科普活动的普通群众全部统计成科普志愿者的现象，这样虽然可以提高科普志愿者的数量，但却不会对科普工作有任何推动和促进作用。在科普活动中，尤其是大型或青少年科普活动中常常需要一些不需要专业背景的志愿者，比如维持秩序、检票人员等。这些人员就不属于科普志愿者，如果因为其在科普活动中以志愿者身份出现就认为其是科普志愿者显然是不准确的。这就像有人认为凡是在医院出现的事情就是医学问题一样容易误导大家：如果一名医院的保安员在执勤时捡到了一名患者遗失的一把汽车钥匙，显然不是一个医学问题，而是一件好人好事……

笔者认为，在基层科普工作发展的初级阶段，可能会把在科普活动中不需要专业背景的志愿者统计为科普志愿者。但是，在科普活动中，这类志愿者与其他公益活动或社会倡导的集体活动中参与者区别不大，体现不出其特殊的科普技能。因此，我们需要把这些人作为广义的科普志愿者或者说“科普活动的”志愿者。

由此，我们认为：在基层科普工作发展的初级阶段，科普志愿者可以存在差异。但是，为了使基层科普工作健康发展，就需要转变观点，把科普志愿者理念由关注科普志愿者数量转向关注科普志愿者质量，并建立科普志愿者分层理念，重点培养有专业背景的科普志愿者。

大城市非核心功能区基层科普工作主要是社会科普，典型活动包括举办大型活动、进入中小学促进青少年科技活动开展和进入社区科普活动。

举办大型活动在经费、人力等方面资源比较丰富，即便出现人员相对不足，也大多缺乏的是辅助活动的人员，这类人员大多属于不需要专业背景的人员，即便需要招募志愿者，也属于常规的志愿者，即前文提到的科普活动的志愿者，所以容易实现目标。

中国计划生育政策使得独生子女在大城市居民的比重很高（除个别少数民族及双独生子女家庭允许生育二胎、双胞胎、多胞胎子女外基本上为独生子女，国家 2016 年放开二胎，非独生子女尚未成年），家庭对教育的投入十分重视，不影响学生学习的课外科技活动一直是家长支持参与的。因此，中小学科普活动也比较容易开展，在这一活动中需要建立的是一支半兼职科普志愿者队伍——科技辅导员和科技课教师队伍；但同时也暴露专业人员的相对不足。

积极参与社区科普活动的普通群众显然是需要鼓励的，但是如果为了鼓励普通群众参与社区科普活动就把这些人员归属于科普志愿者也容易使基层科普工作偏离方向，就像我们把积极去参与北京电视台养生堂栏目录制的观众，也称为卫生健康科普志愿者不能让人信服一样，不能为吸引社区居民参与活动而模糊科普志愿者的概念。为了鼓励这批热心群众参与活动，我们可以提出“科普活动积极分子”的概念，即积极参与科普活动的社区居民。未来的“科普活动的”志愿者即可以从这批人员中选拔。

二、科普志愿者的特点

（一）政策引导性

2001年12月，为了贯彻落实党的十六大、《中华人民共和国科学技术普及法》和中央文明办、中国科协等十部门《关于继续深入开展科教、文体、法律、卫生“四进社区”活动的通知》精神，中国科协第六次全国代表大会提出关于“广泛组织志愿者参与科普工作”的要求，积极适应社会进步和发展需要，充分调动公众志愿参与科普服务的积极性，运用社会各方面的人力资源，建设一支志愿服务于科普工作多样化的队伍，充实基层科协组织开展科普工作的力量。科普志愿者队伍建设是贯彻落实《科普法》和新时期科普工作要求的具体举措，以发展科普志愿者队伍的方式壮大科普队伍，通过广泛开展科普志愿服务活动，营造科普社会化环境，构筑和谐社会，不仅具有鲜明的时代特征，也体现出科普志愿活动与其他志愿活动相比具备更加鲜明的政策引导性。

（二）具备以“自觉、自愿参与性互助活动”为核心的志愿者精神

科普志愿者是指自愿奉献个人的时间、知识和才能，在不谋求报酬的前提下，组织或参与社会公益性科普服务活动的人员。志愿者参与科普服务的主要动机是贡献社会及提高自身能力等。正是这种服务者与被服务者之间的双向互动，才促使志愿者可以自觉、自愿于这种不计物质回报的科普服务。他们在服务他人的同时也在造就自我、完善自我、锻炼自我、提升自我。因此，科普志愿者获取的不是物质利益，而是参与社会、奉献社会、融入社会

的满足感，超越自我、实现自我的价值体现。从这个意义上来讲，自愿性是科普志愿者最本质的特征。前联合国秘书长科菲安南在“2001 国际志愿者年”启动仪式上的讲话中指出：“志愿精神的核心是服务、团结的理想和共同使这个世界变得更加美好的信念。从这个意义上说，志愿精神是联合国精神的最终体现。”这句话指出了志愿精神的本质，表达了人们对志愿服务的由衷赞美。志愿者精神意指一种互助精神，它提倡“互相帮助、助人自助”。志愿者凭借自己的双手、头脑、知识、爱心开展各种志愿服务活动，帮助那些处于困难和危机中的人们。

（三）高素质性

科普志愿者有别于一般的社会志愿者。除了具备前文所述的志愿者精神，科普志愿者必须具备较高的科学知识水平和科技传播能力，同时兼备服务公益事业的热心和工作激情，并能够服从组织安排及工作管理要求，能够准确无误地传达科技信息及科学知识。

2009 年春节晚会上，小品《北京欢迎您》郭达和蔡明扮演的角色，就很能说明问题，没有专业知识，想凑个热闹扮演志愿者，连外国游客说的那几句非常简单的英语也听不懂；解释“公主”，竟然扯到了皇上、皇上的女儿，解释“历史”，扯到了从猿猴到人，在带给大家欢笑的同时，也似乎告诉我们这样的人怎么能当志愿者呢？目前，已有大量的专家、学者及科技人员加入科普志愿者队伍，并涌现出一批优秀的科普专家，以北京市石景山区为例，驻区医疗单位的医疗工作者积极参与到大型科普活动和常规街道社区的科普活动中，充分发挥了高学历、高素质科普志愿者的骨干带头作用。

（四）群众性

科普志愿者活动是国家倡导的、与当代社会发展规律密切相关的活动，具有强烈的社会公益性和广泛的群众基础。以笔者在北京市十六区的调查数据为依据：笔者发现科普志愿者人员构成，有大学生、医护人员、科技人员、公务员和退休人员；服务地点有社区、家庭、商店、企业、学校、科技馆、博物馆等；服务方式是群众需要和易于接受的科普论坛、科普咨询、科普展教、科普旅游等。大多数基层科普志愿者来自基层群众又服务于基层群众，具有鲜明的群众性。

（五）组织性

我国的科普志愿者队伍建设和管理比较完善。在基层科普工作中，已经形成由当地科协组织协调的多层次网络管理体系。各地科委、科协在“全国科普日活动”“科技活动周”“科普之夏”等大型科普活动中，组织科普志愿者围绕活动主题开展科普服务，已经形成规范、有序的大型科普活动志愿者管理、组织规范。

（六）动态变化性

由于科普志愿者队伍人员的服务时间属于个人的空暇时间，同时是自愿参与行为，虽然有相对稳定的组织管理手段，但在志愿者队伍建设上，人员动态变化性十分明显。以在校大学生科普志愿者为例，由于考研、就业等压力，加之没有相应的培训投入，很快导致大学生科普志愿者对志愿者活动失去新鲜感。因此，每年参与活动志愿者都处在动态变化中。据北京市团市委青少年科技促进中心对大学生校外教育志愿者参与活动时间的统计，大多数志愿者参与科普志愿者活动均在一年左右，坚持一年以上者较少。

（七）可持续发展性

由于科普志愿者参与志愿服务时间可能是几年或十几年，志愿者在参加不同类型、不同层次水平的活动时，得到一个持续性的自我发展和自我完善的过程，主要体现在以下两个方面：第一方面，志愿者通过适当的培训和服务活动，业务上得到持续性的提高。志愿者在组织中通过自身的努力和有关专业人士的帮助，可以学习更丰富的知识，提高自身综合素质。第二方面，志愿者在自身水平达到一定程度时，可在组织中争取更高的职位，影响更多的志愿者，发挥出更大的潜在力量，为志愿者事业贡献出更多的资源。

经过上述分析，不难发现要成为一名合格的科普志愿者需要很多能力。具体地说主要包括如下几方面：第一方面，科普志愿活动主要服务于基层科普工作，因此，科普志愿者应当熟悉基层科普活动的基本问题；第二方面，人类一切创新性活动均始于问题，科普活动也不例外，因此，科普志愿者应当具备发现问题、分析问题、解决问题的能力；第三方面，成果的科普活动都以调查研究为基础，因此，科普志愿者应当具备调查研究能力；第四方面，具备较强的传播知识能力与技巧；第五方面，具备较强的写作归纳等能力。

第二章　基层科普活动基本问题

在人类所有的领域，都有实践活动的存在。不同领域的实践活动不仅有着共同的本质，而且具有各自的特征。科普志愿者是服务于基层科普工作的，因此，熟悉基层科普活动的基本问题十分重要。基层科普活动与社会经济、文化、国家政策密切相关，也会受不同社会发展历史时期中百姓的观念，以及外来先进科普工作理念等因素的影响。一名有志于成为科普志愿者的人必须关注上述基础性问题，只有熟悉这些问题，才能够结合具体基层单位的实际情况，有的放矢地提出基层科普活动方案，提高科普工作水平，让科普工作上台阶。

第一节　基层科普与宏观问题的关系

一、基层科普与社会经济的关系

社会经济与科普发展和科普活动是有着密切关系的，主要表现为如下几方面：

首先，科普工作需要生产力的发展。科普需要各种技术、方法乃至资金支持，而这些都来源于经济发展。科学技术是第一生产力，这是从科学科普的功能、科学科普对生产所起的作用讲的；但就科学科普活动的基础、源泉和条件来说，科学技术以及科普的发展首先要依赖于生产力。科普对经济的贡献和经济对科普的支持是“互惠”的，社会经济和生产要适当投入以使生产者在岗位中提高知识水平，这也是广义的科普，给科普“投入”，科普才能回报于社会经济和生产。现代的主要发达国家在确定科学技术研究开发投入的同时，尤其是科学研究项目都确定了科普的比例。

其次，社会经济发展水平决定科普的命运。科普工作是需要国家投入的，国家没有钱，科普工作的难度就很大。近年来，随着我国经济发展水平的不断提高，我国各地区的人均科普经费在不断提高，这正说明了科普与经济发展水平密切相关。

再次，随着社会经济发展，人们对于科普产品的需求也在不断提高；这些需求作为科普发展的原始动力，必然引起创意产业企业的关注，开发相关科普产业、生产科普产品。然而，科普产业的开发具有滞后性，于是就会出现经济发展迅速、经济发达地区，科普工作并不先进的现象。

但是，类似一个人有许多钱未必就幸福，一个社会有较高的经济发展速度和经济水平，其居民未必就有较高的生活质量；在全社会总产值或国民总收入与多数居民群众实际得到的实惠之间，往往有相当大的差距。因此，必须看到科普和经济的不平衡是值得重视的，科普与经济发展不平衡的矛盾是需要解决的。我们不能把科普和经济的关系看得偏于简单，以为二者会轻易地成正比发展。所以，就必须探讨科普与社会生活的关系。

科普的科学价值、经济价值、政治价值、军事价值、文化价值、生态价值，都属于科普社会价值的范畴。因此，我们要讨论科普在改变人们的社会关系、提高社会生活质量和丰富人们的日常生活等方面所起的作用，讲的也是科普的社会价值，可说是狭义的科普社会价值或社会功能。

国家通过经济的振兴和繁荣，就会创造相对可靠的经济基础，才有充分的条件去解决其他各项社会事业包括文化教育、生态环境、科普等诸方面的问题。

二、科普与文化的关系

通常认为科学与文化关联度更高，如要求人们学习科学文化知识，同时，科普也常与文化并列，从文化的层面研究科普还成为选题的热门。文化涉及广泛的领域，是一个大概念，科普包括多方面的活动，也是大概念，这两大范畴的内容交叉使问题更为复杂。

从科普的社会作用讨论文化，至少可以有三种角度：一是研究“科普是文化”，科普作为精神文明组成部分的文化特点；二是研究“科普的文化”，包括所谓“科普手段”“科普形式”“科普方法”；三是研究“科普与文化”，如科普与艺术、科普与伦理之间的相互关系。同时，文化对科普发展的制约表现于诸多的方面，制度文化、物质文化、观念文化都对科普活动有重要影响，在观念文化中，科学文化、意识形态文化（如艺术、伦理）与社会心理习惯对科普的作用又各有不同。下面从一般意义上分析科普发展对社会文化的影响。

第一，对当代科普文化和科普作为文化手段的研究有很重要的意义，尤其应当充分评价现代信息传播手段的科普文化功能。观念形态、知识形态的文化离不开信息，可以说科普信息是名副其实的文化科普，科普信息本质上是文化普及，古代的印刷术是文化科普，现代的广播科普、电视科普、计算机科普以及传真科普、复印科普也是文化科普。

对于经济文化落后的发展中国家，广播电视等科技文化普及手段对于提高人们的知识水平、扩大眼界和文化享受有特殊的重要意义。即或在发达国家，电视教育体系仍是必不可少的。实际上，至少在20世纪80年代，除了美国、加拿大和澳大利亚，世界各国的居民中有80%以上的文化程度在大学水平以下，广播特别是电视在普及文化、继续教育上所起的作用，或许能相当于乃至会超过了"正规学校"。

文化发展从来是需要交流和继承的，文化的继承和交流离不开书刊、印刷和图书传递，缺乏图书馆、印刷厂必然就没有文化的繁荣。在当今，造纸、印刷、出版以及学术会议仍是学术共同体内外文化继承和交流的基础；同时，计算机及其网络又为人们开辟了电子信息存储和传输的新领域，它使人们足不出户就能进出于各个图书馆，或把图书馆搬到了自己家中，它使专家们可以不必专程赶赴会场，运用手指即可与同行交流成就。电子计算机的应用更便利于写作、编辑和排印，用多媒体科普能使教程、百科全书、电影和音乐会有声有色地纳入一片光盘，专家系统还可以使经验智能永垂不朽，以及计算机辅助教学可使科普更加多样化，计算机对促进人类文化科普的贡献，或许只有文字和印刷术的发明才能相提并论。

第二，科普的发展对社会意识形态（政治思想、哲学、艺术、道德、宗教观念等）也有较大的影响。现代科普影响社会舆论，"地沟油问题""反式脂肪应用于食品问题""增塑剂""转基因产品"等问题的科学普及都会引发社会舆论关注。值得关注的是：科普评论，包括对科普社会影响的评论，要以确切反映某种科普的真实状况为前提，而不要凭一知半解就去想象发挥，夸大或缩小。当然，一个科学技术外行要做到这点是困难的，但应力求做到，尤其不该语不惊人誓不休和炒新闻，这是科普工作必须注意的。随着现代科普的发展，人文社会科学工作者可以更多地关注科学技术问题，人文社会科学领域探讨的课题和学科特点也有所变化。尽管造成全球性问题的责任并非人人都同样有份，但全球性问题的后果却是人人都难逃脱的，在这种情况下，不同国家、不同派别和学派的人们都会关注人类生存问题，在人文社会科学中引入了“人类性课题”的研究，更加注重生态经济学、环境社会学、环境法学、生态伦理学等“人类性学科”的发展，不同的人们在这类课题和学科中有着更多的共同语言，更易于沟通彼此的观点。

三、科普的国家干预

科普本身是非阶级性、非政治性的，但科普却受到阶级、国家的特殊关注，政府对科普的干预、控制和投入体现了国家的职能。因此，有必要讨论为什么国家要干预科普发展和怎样干预科普活动，科普为什么需要国家的干预，科普作为国家的事业有什么社会历史意义，以及国家干预科普过程的限度和条件。

第一，国家和政府介入科普活动是社会文明进步的象征。

中国政府关心、利用、干预、管理和引导科普工作，给予科普投入，正体现出政府对社会人民负责。

国家及其政府出于多种需要必须关心和干预科普活动。因此，科普工作水平的提高，会提高劳动者素质，而高水平的劳动者是经济发展所必需的条件，只有劳动者素质提高才能解决很多问题。例如在解决农村贫困的过程中，许多学者认为发展教育，尤其是发展农村职业技能教育是脱贫的根本之策。就贫困、愚昧的几个要素来说，恐怕治贫不是根本，治愚才是根本。任何一个国家都不可能也不应该先发展经济后发展教育。贫好治，愚难除。一个穷光蛋可能在短期内甚至一夜间成为百万富翁，但任何人都无法使一个目不识丁的愚昧者在短期内突然变得聪颖起来。只有解除愚昧，农民才会最终摆脱贫困的阴影。在对农民进行教育的形式和内容方面，对农民进行科普活动及开展以科普形式为载体的技术教育，把技术教育和使农民脱贫致富联系起来，而不主张过去所实行的一般性的扫盲教育。

第二，科普需要国家的介入。

前文曾经分析到科普需要市场经济发展，其实，以市场为主导进行的科普活动也有其缺陷和弱点，科学科普的发展需要有政府干预。市场导向是要讲成本、交易、利润的，是以企业为主体的，市场导向的科普开发的重要标志是由企业部门提供科普产品开发经费，但是，并非所有的科普产品和服务都可以讲成本和利润，也并非所有的科普活动都需要并可能以企业为主体。至少，公共科普等许多大量和长期投入的科普项目是应当和只能由政府主导来承担、来组织实施的。公共科普的发展和应用有相当的特殊性。就像尽管某些高速公路或某些收费电视频道是必须有偿使用的，但终究不能把所有的道路、广播电视都纳入市场范围。大型科普项目组织和实施需要政府的介入。

第三，国家干预和介入科学科普事业有重要的社会意义。

国家的干预和介入，首先是对科学科普本身的发展和进步有重大的作用。一项新的、特别是还无法短期产生效益的科普项目在起步时，是既需要相当的资金投入又在一定周期内无效益产出，甚至出现难以预计产出的现象，除了偶尔会有某位聪明、高明、开明的企业家愿承担风险资助，大多数情况下争得政府支持常是最佳途径，而政府投入是更多考虑长远价值的。正确评价国家干预对科普进步的作用，有助于全面理解科技工作的政府导向与市场导向的关系。企业开展科普是要产业的发展和产品的推广密切相关，因此必须是以市场为导向的。国家干预和介入科学科普领域，是科技活动社会化的标志，而且，这种社会化正在扩大和强化。可以设想，今后，公共的科学宣传（科学本性上是公共的）、公共的教育能力提升（如义务教育）、公共的科普技术发展（如计算机网络、信息高速公路、环境科普）等，还会有进一步的发展，并会影响到整个社会生活和社会结构。

第四，国家对科学科普活动的干预和介入是有限度和有条件的。

国家干预和介入公共科学、公共科普的方案，是要立足于整个国家社会发展而提出的。公共科普中大型科普活动需要政府支持的同时，也需要企业和社会组织参与部分活动作为国家和政府工作的补充。只有这样，才会形成科普工作快速发展的局面。

第二节　基层科普的典型问题分析

一、基层科普的典型问题回顾

学校教育之外的科学传播所包含的内容非常广泛，也就是基层科普工作的基本性工作。这部分内容也将是本书要探讨的问题。

正如前文所述，我国科普工作是国家十分关注的一项事业；从中央到地方，以科协系统为主形成了科普工作体系。按照体系划分，应该是中央、省、市、区（县）、乡镇街道、村及社区几个层面。而科普活动的最终目的是提高全民科学文化素质，因此，普通公民参与科普活动后的效果是科普工作的关键；而与这项具体工作密切相关的则是区（县）及以下的科普工作组织。区（县）及以下的科普工作可以被看作基层科普工作，这将是本书探讨的重点。需要说明的是，这里我们不考虑所在区域的行政级别，因此，直辖市所管辖的区、县（主要是指目前还设有县的重庆）也是本书探讨的范围之内。

做好基层科普不仅要能理解科学技术可以联用，更应关注科学技术的区别，理解不能用科学代替科学技术。正因为如此，我们也不难发现基层科普受众需要的是解决问题的办法。比如，在汽车设计领域，负责汽车发动机设计的设计师就了解汽油、柴油的分子结构、性能。而对于司机则只需要了解不同标号汽油、柴油的使用要求即可。由此，我们不难看出，不同人员对于知识的需求是不同的。在一些情况下对于专家学者“科普”也是需要的，比如在开展重大工程时，需要不同专业人员协同合作，于是就需要向非专业人员传播科学知识，因为这属于工作需要。对于基层科普则更需要满足两种需求：一是了解新鲜事物，二是掌握生活中的知识。现代的基层科普更应当是把科学技术方法，尤其是实用的技术层面的方法传播给广大群众。

主体和客体都是实践活动的基本构成要素。在实践活动中，主体是实践活动发动者和承担者，客体是实践活动的受动者和改造的对象。

从科普工作发展的历史来看，基层科普实践基本遵循如图 2-1 所示的模型及逻辑。

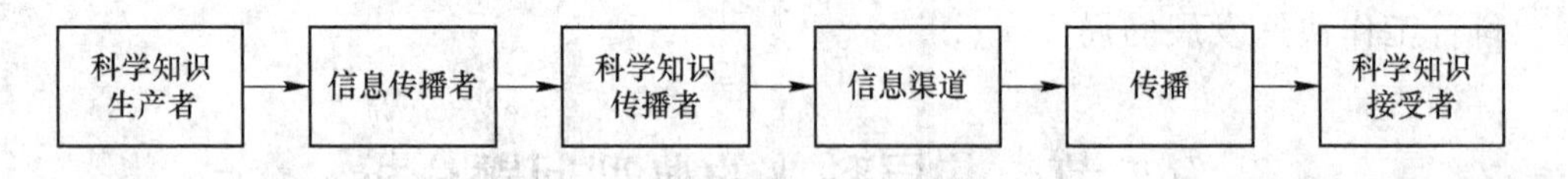

图 2-1　以百姓为科普客体的科普模型

结合主客体原理，在模型中相对于科学知识接受者来说，科学知识生产者和科学知识传播者都可以看成实践主体，他们可以说都是实践活动的动作发起者和承担者；而科学知识接受者则相当于实践的客体，可以说是接受科学知识生产者、科学知识传播者的影响和改造对象。具体到基层科普实践活动，如将基层百姓看成科普的客体，那么科学技术工作者将组成科普的主体，作为科学知识接受者的基层百姓将成为科学技术工作者的科普实践进行影响和改造的对象。

模型逻辑显示，科学知识生产者是科普活动的发起者，经由科学知识传播者加工与改造，然后通过传播渠道和媒介传给科学知识接受者。在此模型中，科学知识生产者是实践运行的逻辑起点，科学知识接受者是终点，显然这是一个单向过程。当科学知识生产者和科学知识传播者都是实践主体时，由于将科学知识接受者看成需要影响和改造的客体，那么在科普活动中，科学知识生产者和科学知识传播者在提供信息时，将不会有意识地去考虑处于科普活动终点的科学知识接受者的特征和需求。这样，当进行科普活动时，由于科普实践主体不了解后面环节的情况、特征和需求，从而就会想当然地提供和开展一些他们自己认为很必要的信息、知识和活动。按照科学知识接受者客体化假设，作为实践客体的科学知识接受者，应该是传播什么、普及什么就接受什么。当科普活动完全按照假设运行时，科普活动将不会存在问题。但是，科学知识接受者其本身也是具有主观能动性的人，将其客体化假设本身就存在问题，从而其实践活动不可避免地会内生出一系列问题来。

当科普活动将基层百姓作为客体来认识时，在这种认识下的科普活动，将可能面对基层百姓参与积极性不高的难题。科普的目的是提高居民的科学素质、改善居民生活水平、形成居民科学生活观念等。而提高居民的科学素质、改善居民生活水平、形成居民科学生活观念等科普目的的实现，很大程度上要依赖居民将科学知识内化并运用于实际的生产、生活中才能实现。然而，当将基层百姓当作客体来认识时，实际上也就是将基层百姓单纯作为需要影响和改造的受动对象，从而忽略了科学知识内化于居民的过程和居民内化科学知识的选择性与复杂性，因此，科普活动实际上已经被简化为科普实践主体的单方面活动。在这样的认识下，科普实践的组织、实施甚至成效仅由实践主体的能力、认识和手段（传播渠道）来决定，而与科学知识接受者没有直接联系，这导致科学知识接受者参与科普实践的积极性不高。

科普长廊、画廊、科普栏前百姓很少光顾，科普活动室门可罗雀，科普设施东倒西歪、损坏破毁等，这些在基层科普中是很常见的现象和问题，造成这些现象和问题正是基层百姓参与不足、积极性不高的表现。

形式化、运动化是基层科普活动中存在的另一个较为突出的问题。当处于科普月、科普周、科普日时，我们可以看到基层到处都在开展科普活动，如科普展、科技大篷车、科技参观等，而时间一过则很难看到这样的活动，这表明现在的基层科普是一种运动化、形式化的活动。为什么科普活动不能常态化？我们认为这与当前以居民作为科普客体的思想认识有关。当把居民看成客体时，科普活动无须客体作出回应。由于科学知识的丰富性，以及无法确定科普的焦点和重点，且科普活动需要占有一定的时间、空间，科学知识生产者、传播者又各属于各自不同的领域和空间，因此，要将这样的科普活动常态化是不可能的。

有观点认为科普投入不足、科普人员缺乏也是基层科普中存在的问题。我们认为这些问题与科普思想认识也有很大的关系。与抽象的公众不同，基层科普面对的是具体的基层百姓，不同的个体兴趣不同、需求各异，关注的焦点内容也不同。面对不同的个体，由于将其看成被动的客体而无须对他们的需求做出反应，所以科普活动只能采用大量提供的形式。每个个体都需大量提供，无数个体就需要无数个大量的提供，由此看来，科普投入、科普人员的缺乏和不足倒是一种很正常的现象。因此，科普投入不足、人员缺乏很大程度上也是目前科普思想认识必然导致的结果。

由于基层科普中存在的问题和现象内生于目前的科普思想认识之中，因此，这些问题的消除和解决必须从科普思想认识转变入手，否则，问题的解决和消除只能是治标不治本。

二、制约基层科普工作开展的原因分析

20 世纪 60~70 年代以来，国外的一些学者开展了有关“社会生活质量指标体系”的研究，提出了不少有启发性的见解，我国的一些学者从 80 年代以来也开展了这方面的研究，例如给出了一个综合评价社会生活质量的指标，认为社会生活质量的优劣取决于：人均国民收入 a、就业率 b、义务教育普及率 c、平均寿命 d、人均住房 e、劳动休息时间比 f、环境绿化率 g、人口增长率 h、犯罪率 i、物价增长率 j。

基于此，还认为社会生活质量的综合评价指数 P 可按下式衡量，即：

$$P = a \cdot b \cdot c \cdot d \cdot e \cdot f \cdot g/(h \cdot i \cdot j)$$

按此公式，社会生活质量的水平与分子的诸因素成正比，而同作为分母的诸因素成反比。尽管这个公式的提出者认为它未必能充分反映问题的本质，尽管这个公式中诸因素的权重还有待研究，它终究会有助于我们分析基层科普困境产生的社会原因。

首先，理性的思考告诉我们：有关社会生活质量的指标并不都可以靠经济发展来解决。但是由于经济效益等直接或间接的功利性因素的影响，人类思考问题时会重点考虑眼前问题，人类的关心度也只能限于时间和空间上较近的区域（如图 2-2 所示[1]）。这一点在人们的决策中显得更为明显。因此，就像我们不可能苛求企业为没有把握的事情去冒险一样，同样也不可能要求每一个普通的中国居民都去关系环境保护、全球变暖等重大社会问题。因此，在上述公式中没有把科学普及或者说与之相关的人类继续教育问题考虑在内，也是可以理解的。

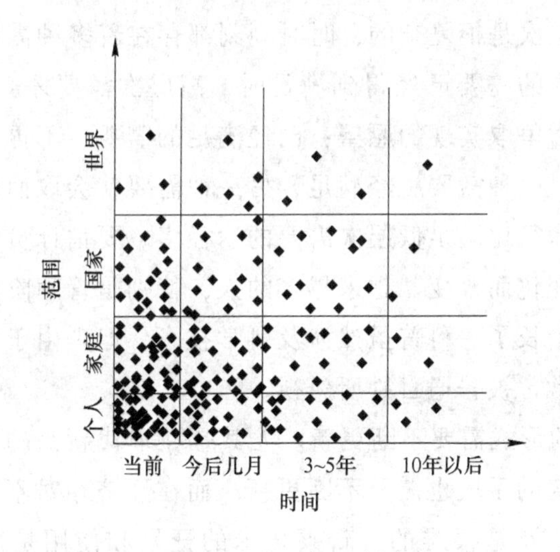

图 2-2 关心度示意图

其次，美国心理学家亚伯拉罕·马斯洛的需要理论取得了很大成就，影响广泛。马斯洛提出需要层次理论，并将人的各种需要归纳为五类。这五类需要是互相作用的，按其重要性和发生的先后次序可排成一个需要的等级图。第一级：生理上的需要。包括维持生活和繁衍后代所必需的各种物质上的需要，如衣食住行、性欲等。这些是人类最基本的，因而也是推动力最强

[1] 陈昌曙．哲学视野中的可持续发展［M］．北京：中国社会科学出版社，2000：71.

的需要。在这一级需要没有得到满足前，下面提到的各级更高级的需要就不会发挥作用。第二级：安全上的需要。这是有关免除危险和威胁的各种需要，如防止工伤事故和有伤害的威胁，资方的无理解雇。第三级：感情和归属上的需要。包括和家属、朋友、同事、上级等保持良好的关系，给予别人并从别人那里得到友爱和帮助，自己有所归属，即成为某个集体公认的成员等。第四级：地位或受人尊敬的需要。包括自尊心、自信心、能力、知识、成就和名誉地位的需要，能够得到别人的承认和尊重等。这类需要很少得到满足，故常常是无止境的。第五级：自我实现的需要。这是最高一级的需要，指一个人需要做他最适宜做的工作，发挥他最大的潜力，实现理想，并能够不断地自我创造和发展。一个自我实现的人有以下特点：主动、思想集中于问题、超然、自治、不死板、同别人打成一片、具有非恶意的幽默感、有创造性、现实主义、无偏见、不盲从、同少数人关系亲密。马斯洛认为绝大多数人的需要层次是很复杂的，时时刻刻都存在着多种需要影响着人的行为。只有当低层次的需要已经得到满足时，高层次需要才会对人产生激励。需要是一个人努力争取实现的愿望；已经满足的需要，不再起促进作用，不再是激励的因素；一种需要一经满足，另一种需要就会取而代之。人们满足较高层次需要的途径比满足低层次需要的途径多。要估计员工的需要会随着一般经济情况的变化而改变。越来越多的人，特别是管理阶层的人对自我实现的需要和期望增长了。科普虽然涉及科学技术，但是由于其带有典型的较高层次的需求，常常被普通百姓所忽视。

再次，科普的形式需要不断更新。尤其是在现代新兴的传播手段不断出现的背景下，科普的手段也需要不断更新。而在经济相对不发达地区新兴的传播手段应用与普及是很难的。新兴技术的开发和使用是需要经济作支撑的，科普经费的相对不足则是导致新兴技术手段与方法无法在科普活动中实现的原因之一。

最后，科普活动需要相应的人员。现代科普应当是一个广义的包括科学技术和人文社会科学知识的工作，即便是狭义的以科学技术普及为重点的科普也涉及很多学科门类，对于科普工作者和志愿者专业知识水平提出了很高的要求。以北京市石景山区为例，石景山区科学技术协会机构规格为正处级，核准下达科协编制总数为专项事业编制 5 名。而石景山总人口数 80 余万人，平均每名工作人员要面对 16 万余人的科普工作，除此而外还要完成党建、人才等多项工作，人员不足也是制约基层科协开展科普工作的原因之一。因此，必须发动社会力量参与科普工作。

第三节　科学传播理念对基层科普观念的影响

笔者一次拜访《光明日报》原科学部主任、著名科普作家朱志尧先生时，他说："从广义上说，教师讲课也是在科普。"

近年来学术界也经常使用科技传播这个概念。从受众对象上划分，科技传播可以包括两个方面：科学共同体内部的科技传播和面向公众的科技传播。科学共同体内部的科技传播又可以细分为：本学科的科学教育与培养，同一学科领域的学术交流，不同学科领域的学术交流，科学领域与非科学领域之间的交流（这一项放于此处虽然不够恰当，但是自然的延伸）。面向公众的科技传播又可以细分为基础教育中的科技教育，学校教育之外的科技传播。

英国皇家学会鲍默爵士于 1985 年发表的报告"Public Understanding of Science"，使"公众理解科学"这一术语正式进入科技传播研究的领域。其背景是第二次世界大战以来，科学技术使人类生活发生了翻天覆地的变化。

一、公众理解科学技术的含义

在中国，公众理解科学被看成是现代型的科普。相对于传统型的科普来说，现代型的科普除了对科学知识、科学方法的传播，还提出了要加强科学思想和科学精神的传播。虽然"四科"的提出加深了公众对科学的理解，然而这样的理解还不够全面。首先"四科"的传播仅向公众呈现了科学技术好的一面，未能让公众了解科学技术的发展和应用所带来的负面效应；其次，自上而下的传播理念使公众、科学家和政府之间缺乏交流和讨论，公众未能参与对科学技术的讨论和决策。

公众理解科学的含义远近超过了对科学信息被动的接受。公众理解科学除了对科学知识、科学方法、科学思想、科学精神的接受，还包括对科学技术负面效应的认知、对科学技术的使用和社会影响的正确评价、对风险性和公益性的正确评估、参与对科技政策和重大科学问题的决策。"'理解'的目的并不仅仅在于说明科学对社会的积极贡献与作用，使公众赞赏科学、支持科学的发展。而是通过坦诚科学的风险与不确定性，促进公众对科学的全面理解，形成科学家、政府和公众新的对话氛围，使公众真正参与到与科学技术相关的决策的讨论中来。监督科学技术的发展过程，决定科学技术的发展方向与社会应用，从而保证科学对人类社会起积极作用，实现科学真正地服务于人类，回归于人性。”❶

公众理解科学技术活动与传统意义上科普相比有了许多深刻的变化。

首先，公众理解科学技术活动在西方国家受到各国政府和全社会的关注，政府的参与程度明显加强。对此，英国著名的公众理解科学专家杜兰特教授说过一番意味深长的话：“为什么任何人都应当关心公众理解科学这项事业？第一，科学被有争议地认为是我们文化中最显赫的成就，公众应当对其有所了解；第二，科学对每个人的生活均产生影响，公众需要对其进行了解；第三，许多公共政策的决议都含有科学背景，只有当这些决议经过具备科学素质的公众的讨论出台才能真正称得上是民主决策；第四，科学是公众支持的事业，这种支持是或者至少应当是建立在公众最基本的科学知识基础之上的。”20世纪70年代以来，美国、英国、日本、欧共体等国家和组织相继开展了对公众科学素质的系统调查，了解公众对科学的认识水平以及态度，并作为科技决策的参考依据。也正因为如此，我国在引入这一概念的同时，也开始关注公众科学素质问题，这也使基层科普工作与公众科学素质问题紧密结合起来。

其次，公众理解科学技术活动使得科普工作，尤其是基层科普工作思路有了变化。公众理解科学技术活动把科技传播引入科普领域，这使得现代科学普及又称为公众理解科学，与以往科普工作相比较具有以下几层新的含义：第一，科技传播的思想使得科普工作变成传播工作；从信息传播角度分析，必然需要一种双向交流的过程。因此，科普工作者不能把科普工作的受众当作一张白纸，只是单向把个人的知识、观点灌输给科普受众；不仅如此，科普工作者还应该努力与科普工作受众建立起平等的关系，实现相互交流、平等合作。第二，科普工作者应该善于换位思考，从科普工作受众角度去分析、判断、选择科普工作的主题；在科普活动开始之前，科普工作者需要进行细致深入调研才能掌握科普工作受众的实际需求，然后才能提出有针对性的解决方案（关于这一问题，可以参见本书附录提供的科普实践案例）。

---

❶ 李秀．公众理解科学概念梳理［J］．湖北经济学院学报，2009，5（3）．

第三，科普工作者应该允许不同的观点。正如前文所述科普工作者要与科普工作受众建立起平等的关系，就需要科普工作受众“理解”科学技术，“理解”就不是“接受”，也就是科普工作受众可以不接受，也就是公众有权不同意科普工作者的观点。当公众对科学技术的看法与科普工作者的看法不一致时，需要双方沟通。尤其是对非科学技术原理的问题，双方是可以探讨的。对于科普工作者来说，超出其专业领域以外的科学技术问题，一般来说科普工作者常常也同样是外行；在现代社会中，应当遵守社会专业分工原则，即坚持所谓“不是同行不能评估、不是同行不能评价，不是自己本专业的问题就不要以专业人员身份发表意见”。不仅如此，现代科学技术的发展，产生了科学社会化、社会科学化的倾向，现代科学，尤其是科学技术的社会应用在许多时候早已经不是一个单纯的科学技术问题，在社会科学领域中，应该允许公共交流平台和同等的对话机制出现，科普工作者在科普活动之中、之后应当与科普工作受众多进行平等交流。

再次，公众理解科学技术活动使得科学普及的内容有了新变化。从哲学角度讲事物永远存在着两面性。因此，现代科普已经不再只是一味地宣扬科学技术的正面成就，对科学技术的负面后果也应同样实事求是地告知科普工作受众，并帮助他们理解科学技术的局限性和技术的负面效应。在现代社会主义市场经济时代，科普工作受众是依法纳税者，也就是科学技术事业的支持者，同时也是科学技术应用后各种结果的主要承受者，有权对科学技术的社会影响进行全面的了解，这也是当代科普工作者义不容辞的社会责任。关于“地沟油问题”“反式脂肪应用于食品问题”“增塑剂”“转基因产品”等问题的解读正说明了上述问题。不仅如此，公众理解科学技术活动还使科学普及的内容不再仅仅是普及科学知识本身，还要促进公众理解科学的探索过程和一般的研究方法，理解科学的思维方式和精神实质。

最后，科学界和大众传媒界保持交流与合作是公众理解科学活动能否取得成效的关键。20世纪20~30年代出现了首批专门的科学记者，在此之前科学家们都是自己来普及科学。随着大众传播手段的现代化，尤其是电视机的出现，对科学普及的方式和手段产生了极大的影响。在社会信息化的今天，大众传播媒介对公众理解科学具有巨大的影响力。基层科普工作者要善于与新媒体打交道，从而实现科普形式的多样化。

二、公众理解科学技术对基层科普提出的新要求

第二次世界大战以来，核技术、化工技术、生物技术等现代科学技术在创造了极度丰富的物质文明的同时，也给人类带来了战争、环境污染、生态危机等一系列危害。随着“双刃剑”“潘多拉魔盒”等一系列比喻的出现，科学技术的负面效应已随着大众传播走入公众的视野。然而，“《2003年中国公众科学素养调查报告》显示，‘总体来看，我国公众对科学技术持积极支持和非常乐观的态度’，在所有9个有关科学技术态度的指标中，我国公众对科技的正面和乐观态度比例均高于美国、日本和欧盟的公众。以‘科学技术能够解决所有问题’的回答为例，我国持同意态度的人38.8%，而欧盟回答‘同意’的人只有16.5%”。[1]

究其原因，这与我国早期的科技传播模式有关。中国科协公布的调查数据显示：我国公众具备科学素养水平的比例在1996年是0.2%，2001年是0.4%，2003年是1.98%。这样的数据很容易让人产生错觉，认为公众对科学技术是无知的，从而导致我国在最初的科学普及阶段采用了单向的线性科技传播模式，偏重于科学知识和科学方法的灌输。这种灌输式的传播模式，正好符合了杜兰特的“缺失模型”，而这个模型的一个重要假定就是科学技术是绝对正确的。在这样的传播模式下，“报喜不报忧”的传播方式必然导致公众对科学技术的片面理解。为了让公众理解“全面的科学”，对科学技术负面价值的思考、对科学技术被滥用的忧虑、对科学问题和科技政策的讨论应该成为基层科普工作的一个重要内容，也是基层科普工作应该承担的社会责任。

基于上述原因，笔者认为认识科技传播的本质是更新基层科普观念的基础。在此基础上，还应分析促进基层科普活动开展的动力。只有这样，才能形成有利于科普工作的理念。

现代社会的发展对各行各业工作人员的素质要求越来越高，基层科普工作需要的人才，是理想、道德、知识、智力与技能，以及体质、心理素质等诸多因素全面发展、相互协调的人才。人才素质的构成是全方位的，包括人的知识储备、职业素养、表达能力等。

---

[1] 马缨，王奋宇．中国公众的科技伦理现状［J/OL］．中国社会科学院院报，http：//www.cass.net.cn/file/2005040735079.html.

要培养出高素质的科普人才，人的综合能力是关键。而我国现行的教育体系又决定了现在的在校大学生的素质教育培训的相对不足。

传统的观点认为：人才按其知识和能力结构的类型可以分为学术型（科学型、理论型）、工程型（设计型、规划型、决策型）、技术型（工艺型、执行型、中间型）和技能型（操作型）。工业文明要求大批训练有素的劳动者，这就要求学校按一个统一的模式把成批学生制造成规格化的"标准件"去满足工业文明的需要。现代社会对人才需求是全方位的，对人才的素质要求也是全方位的。在扎实的本专业基础理论和专业应用技能之外，人的非专业素质成为衡量人能力的关键。因此，人才需求的类型与传统的类型有着较大的区别；即便是普通劳动者也不是简单操作型人才。

笔者认为：适应现代社会的人才的非专业能力主要有思维能力、书面表达能力和口头表达能力。在此基础之上加上良好的心态就形成了现代人才非专业能力体系（如图 2-3 所示）。

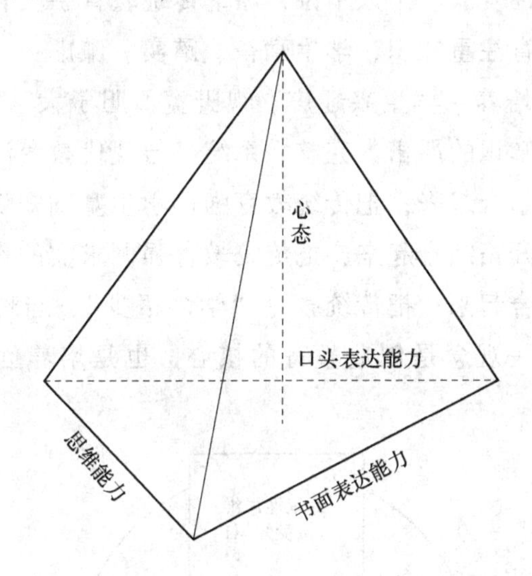

图 2-3　现代人才非专业能力体系结构

科普志愿者需要具备专业知识和保障科普工作顺利完成的能力。需要指出的是，科普志愿者需要的专业知识是比较难通过志愿者招募后培训补充的，这就是真正能够在科普工作中发挥作用的科普志愿者以高素质、高学历背景为主的原因。因此，在招募工作完成后需要培训的最重要的三大能力是：思维能力和解决问题能力、口头表达能力与技巧、写作能力。这三种能力是科普志愿者，尤其是建设主管科技工作的政府机关、街道、社区三级网络体系中受过高等教育的基层科普志愿者应当具备的基础性能力，也是本书接下来的重点。

要培养符合基层科普工作需求的志愿者就要打破不同专业界限，构筑新型培训平台。在具体的培养过程中，应该为志愿者开展创造、创新类，实用写作和口头表达方式训练类培训。在这一体系中，创造力开发是核心，实用写作和口头表达方式训练是提升能力的台阶。笔者认为要做好如下具体工作：

首先，开展创造力培训是促进基层科普志愿者成长的核心。创造性人才应该是具有很强的自主意识，又有良好的合作精神。不仅如此，创造性人才应该同时具有继承性思维、批判性思维和创造性思维，任何创造过程都需要这三类思维的整合。在培训工作中应该在传统教育注重的共性发展、社会本位基础上，注重个性发展、个人本位，注重传统教育手段和现代教育手段相结合，即把传统教育注重知识，学生勤奋、踏实、谦虚，与现代教育注重智力开发、综合能力培养，学生兴趣广、视野宽、胆子大、敢冒险结合起来，即把传统教育强调知识的严密、完整、系统，与现代教育注重掌握知识的内在精神和发展方向结合起来；把传统教育强调学生基础知识扎实，与现代教育强调学生自立、开拓结合起来；把传统教育强调求实的作风，与现代教育追求浪漫的风格结合起来；把传统教育“学多悟少”，与现代教育“学少悟多”结合起来。这一观念是创造教育的核心，也是培养创新型人才的关键（见图 2-4）。

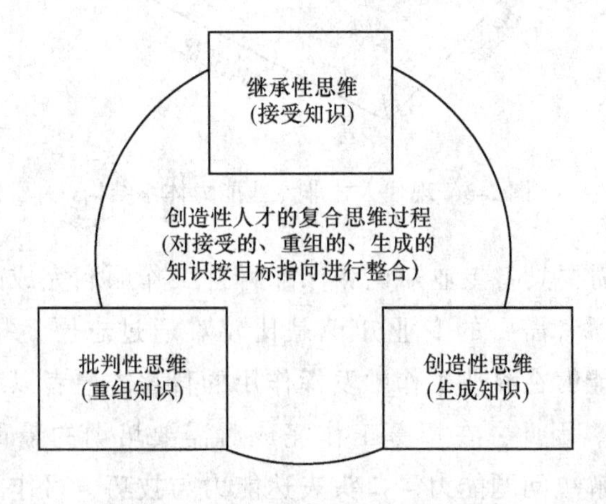

图 2-4 创造过程的复合思维结构

在科普志愿者创造力培养过程中，重点训练学生的观察能力、想象能力、联想能力、设计能力，培养学生的逆向思维、发散思维，提高学生的思维灵活性。创造有利于激发学生潜能的心理环境，促进科普志愿者利用类比、举一反三，拓展思路，同时提高学生思维的系统性，从而全面提高科普志愿者创造性解决问题的能力。

其次，构建相关实用能力培训体系是促进基层科普志愿者成长的手段。坚持以培养科普志愿者应用表达能力为主要目标是提升科普志愿者科普能力的基础。科普志愿者表达能力训练的目标，是使学生可以轻松表达思想，尤其是表达自己独到的、有创新性的观点，为科普工作服务。因此，志愿者目标应定位在培养学生应用能力上。培训师应重点培养和激发学生的学习兴趣，进而帮助不同基础的学生发现自身不足，并从方向上和方法上引导科普志愿者去查资料补充其参与科普活动所欠缺的知识；然后，还应鼓励科普志愿者积极参与活动，大胆地展示自己的才华和学习成果。

再次，在培训中激发科普志愿者参与科普工作的兴趣是促进基层科普志愿者成长的关键。兴趣是最好的老师，培训师在培训过程中首先要培养科普志愿者参与科普工作的兴趣。因此，培训师应该以一个组织者和科普志愿者朋友的身份进入培训环节，减小科普志愿者的压力，鼓励科普志愿者大胆发表个人观点。不仅如此，培训师还应该运用多种教学手段和方法（如多媒体教学、案例教学、头脑风暴法等）尽可能多地为科普志愿者创造表达的机会，鼓励科普志愿者大胆地说、大胆地讲。在此基础上，培训师应该根据科普工作所需的表达能力特征及时发现典型和个别问题，在培训过程中进行分析、指导，以促进不同基础的科普志愿者在原有基础上迅速提高。这样，就可以抓住影响培训质量的关键环节，实现提高志愿者培训质量的目标。同时，培训还可以要求科普志愿者自己设计科普活动题目，自己策划实施方案，自己记录实施过程，然后由科普志愿者对成果进行总结并选择优秀案例进行中心发言，培训师进行点评；在此基础上，科普志愿者可以根据培训师点评并结合自身体会，修改方案并写出心得体会。这样，就能让科普志愿者眼、手、脑并用，看、想、写结合，达到消化、深化、优化、理解的目的；使科普志愿者由“粗”到“精”，掌握独立分辨、逐步掌握、优化信息的方法，提高科普志愿者通过自学选择信息、表达思想和总结问题的能力。这样，既可以关注如何使自己的奇思妙想变成现实应用于基层科普活动，又能够使科普志愿者获得顺畅地表达自己观点的机会，进一步提高志愿者培训效果。

需要指出的是，对于高层面科普志愿者还需要具备活动策划能力、调研及数据处理能力、组织管理能力、应对突发性事件能力，由于篇幅所限，这些能力本书无法一一介绍，对于这些能力，将会在今后的图书中进行阐述。

第三章　科普志愿者创造性思维与解决问题能力训练

当代中国经济迅速发展，同时也伴随着产业调整，居民对科普工作要求普遍提高。在此背景下，如何发挥科普志愿者作用是一个非常重要的富有时代感的课题。笔者曾经围绕“2013年石景山区科普能力建设”的课题目标，以石景山区驻区高校北方工业大学为研究对象，通过讲座后座谈访谈形式对参与过科普活动的大学生就“科普志愿者希望获得的提升”进行了访谈。经过访谈笔者认为，面对更高的科普活动要求，要使大学生志愿者发挥作用，就需要与教委等部门联合引导大学生在参与科技周、科普日等大型活动的同时深入中小学和社区，使其更多地接触基层科普工作，充分发挥大学生志愿者作用。要实现这一目标，首先需要开设大学生能力提升讲堂，从提高其科研能力、问题意识等方面打下基础。然后，与教委合作，从解决课外活动辅导员不足问题入手，以社会和家长十分关注的培养中小学生课外活动能力为切入点，介入中小学课外活动指导。

科普志愿者进入中小学的重要工作就是协助指导中小学生课外活动，而要开展好中小学生课外活动，合适的活动选题就显得十分关键。同理，科普志愿者进入社区的主要任务是帮助社区解决基层科普工作中的实际问题。确立选题的过程就是典型的人类创新活动，也是创造性解决问题。真正的创造性解决问题是利用创造性思维原理、有意识或无意识地应用创造技法，充分分析待解决问题后，提出与众不同的解决问题对策。因此，提高科普志愿者的创造力十分必要。由于创造力开发涉及问题较多，在此不做过多叙述。接下来将重点分析科普志愿者如何提高创造性思维和解决问题能力的途径。

第一节　突破传统观念

传说古代的哥丹城内有一个难以解开的“绳结”，如果有人能够将它解开就可以为王。后来，亚历山大王到了哥丹城，面对难以打开的“绳结”，他抽出宝剑，一剑将“绳结”劈为两半。在传统的思维习惯里，打开的“绳结”就意味着把绳子完全解开，但却认为不应该破坏绳子。而亚历山大王则突破了传统思维习惯不应该破坏绳子的干扰信息，用剑将“绳结”劈开解决了问题。要实现创造性解决问题，就要提高思维能力；而要提高思维能力，就要敢于突破传统思维习惯和观念。

一、突破传统观念思维的基本问题

发明创造过程中，常常会遇到一些比较复杂的问题。人们似乎认为对于复杂问题的解决，必然是一件复杂的事。产生这种观点的重要原因之一就是传统观念的影响。要解决这类问题，就要通过突破传统观念来简化问题，使问题得到解决。

由本节开篇的例子中我们不难发现，复杂性问题并不一定只能用复杂的途径解决，要创造性地解决问题，就需要寻求简洁性解法。事实上，环境心理学在研究行为性时发现，人有“走捷径”的行为习惯；同样，在思维中也存在着“走捷径”的习惯，通过简洁的思维过程一下子得到思维结果，就是以长期经验积累为基础形成的经验直觉。这种经验直觉在大多数情况下是能够保证思维结果的正确性的。而创造性思维方法，正是将复杂问题简单化的有效途径。

由于放弃了复杂性，选择了简洁性，人们只考虑其中的少数几个影响因素，而把其中大部分忽略掉了。比如，一个人在决定花钱买车时，考虑到的备选方案可能只限于购买本地区某几家商场里的某几种车，尽管他做抉择的客观环境还包括其他地区的另外一些车，甚至包括把这笔买车钱花到其他用场上去。

同样，假如停车场与办事地点之间的距离每接近一百米，车辆的拥挤程度会变化若干，停车费用也会变化若干，如何选择停车场呢？事实上，大多数司机都不会精确地进行计算的，而是找个停车场停下算了；因为选择简单的解决办法，就可以减少时间的浪费，这样可以办更多的重要事情。

要达到简化思维的目标，就要挑战复杂性，这在解决具体问题中有着极其重要的价值。美国发明家爱迪生，年轻时曾和普林斯顿大学数学系毕业的阿普顿一起工作。阿普顿总觉得自已有学问，不把卖报出身的爱迪生放在眼里。爱迪生对阿普顿的自大和处处卖弄学问，内心里感到厌烦。为了让阿普顿把态度放谦虚些，有一次，爱迪生把一只梨形的玻璃灯泡交给阿普顿，请他算算容积。阿普顿拿出尺子上下量了又量，还依照灯泡的式样列出了一道道算式，数字、符号写了一大堆。他算得非常认真，画了一大张草图。过了一个钟头，爱迪生见阿普顿还在那儿忙个不停，便忍不住笑了笑说："不用那么费事，还是换个方法算吧。"阿普顿仍固执地说："不用换，我等一会就能得到精确的答案了。"又过了半个小时，阿普顿还在低头核算。爱迪生有些不耐烦了，他拿过灯泡，倒满了水交给阿普顿说："去把这些水倒进量杯……"不等爱迪生说完，阿普顿已经知道了什么是既简单又精确的方法。

在事物的过程比较复杂时，如果发现所考虑的问题与过程内容及进行方式的细节关系不大，则可以撇开细节（或其各步骤）直接考虑结果，这样就可通过选择思维线路使问题得到简化。

比如下面的问题：

问：131 名选手参加淘汰赛，要举行多少次比赛才能赛出冠军？

甲种解法：131 不是 2 的幂，与 131 相近的是 $2^7=128$，128 名选手恰好排 7 轮，超过此数必须排 8 轮，大部分选手第一轮轮空，……这样比赛程度……比赛次数……

乙种解法：淘汰赛，赛一次淘汰一人，所以赛 130 次决出冠军。

又如：两列火车，车速每小时 20 千米，从相距 10 千米的两地出发，相向而行；一飞鸟速度每小时 40 千米，从甲车飞向乙车，到达乙车后立即飞回甲车，再飞向乙车……不断往复，直到两车相遇。问飞鸟共飞行多少千米。

甲种解法：飞鸟第一次从甲车飞到乙车用时间为 $10/(20+40)=1/6$ 小时，飞行距离为 $40\times1/6=20/3$ 千米；到乙车时两车距离为 $10-2\times20\times1/6=10/3$ 千米；飞鸟第二次从乙车飞到甲车用时间为 $(10/3)/(20+40)=1/18$ 小时，飞行距离为 $40\times1/18=20/9$ 千米。到达甲车时两车距离为 $10/3-2\times20\times1/18=10/9$ 千米；……看来这是等比级数求和问题。

乙种解法：两车从出发到相遇共用时间 $10/(2\times20)=0.25$ 小时，飞鸟飞行总行程为 $40\times0.25=10$ 千米。

两例中乙种解法都是只看结果不问过程，与甲种解法相比，显然简单得多。

计算实际上是一种思考和认识事物的方法，有些疑难问题要计算才能解决，而实际上却可以不用计算而用其他比较简洁的方法解决。如果用计算方法，反而更麻烦，甚至出现事倍功半的结果。

再如：有三块铁皮的面积和厚度都相同，为了做容器，它们分别被挖掉一部分（如图 3-1 所示）。请问哪块铁皮所剩的面积最大？

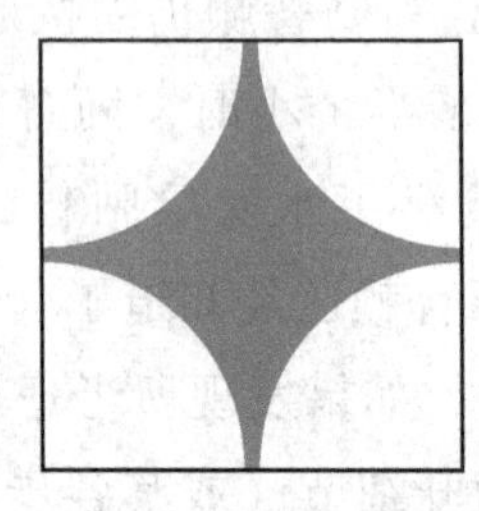
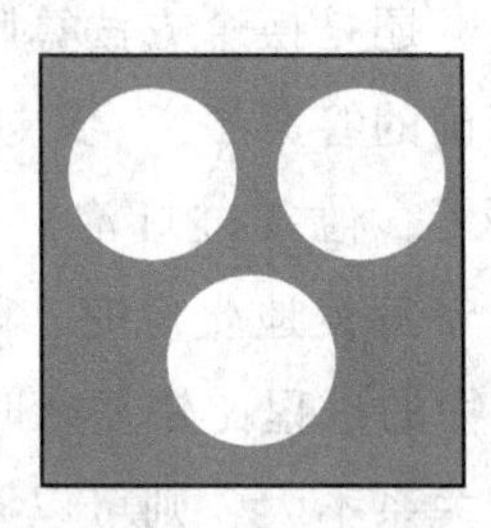

图 3-1 三块铁皮哪块铁皮所剩面积最大

上述问题，如果用数字计算，显然是复杂的方法。可以把两块板分别放入水中，比较它们排出水量的多少，排出水量多的板面积大。也可以使用称重量的方法，用天平直接称出较重的一块。这是最简洁的一种方法。

简化问题可以是突破传统观念的目标，但是要突破传统观念，就需要向概念和主导观念挑战。

概念是人们在千百次的社会实践中形成的关于某一事物的大家都接受、认可的特征的认识，实际上就是给这个事物下定义。有了概念，说明我们人类对这个事物认识达到了一定的深度，概念所反映的是人们对这个事物在现实条件下认识到的主要的本质的一般方面。向概念挑战，就是向公众都接受的观点、事物以及解决问题的公认的适当方法进行挑战，找到新的观念、新的事物、新的解题方法。公认的概念，往往会使人们的思维僵化、固定化，从而丧失更好的机会。敢于挑战，就会开辟新的天地。

主导观念是指在人们头脑中占据统治地位，起支配作用的观念。

由于主导观念的地位显著，作用强大，几乎抓住了思考者所有的注意力，使人难以想到其他任何别的方法、观念，又由于主导观念可以是某个环境中主宰公众的观念，会使大家心往一处想，而出现泛化。向主导观念挑战就是避开主导观念的思维，它可以在思考者进行解题思考时，找到与众不同的设想，考虑出新颖、奇特、超常的思路、方法。

二、利用直觉直接突破传统观念

李小龙汲取中国传统武术的精华，发明了“截拳道”。在“截拳道”中最核心的理念就是“直接”，为了揭示“直接”的概念，李小龙让他教授的学生配合他做了这样一个实验：

他让一个学生把自己的手表交给他，然后，他猛地把手表抛向空中；学生毫不迟疑地把手表接住。针对这个现象，李小龙解释说：“你为什么不拉一个架势，而直接把手表接住呢？因为，你要用最快速、最有效的方法去防止手表落在地上摔坏，所以，你才直接用手去接！”

最有效的“直接”解决问题的方法，就是应用直觉思维。

直觉思维法是一种未经有意识的逻辑思维而直接获得某种知识的思维方法。

直觉思维是一种潜意识思维，也是突破传统观念的有效手段。人们有时对某一问题的理解、某种认识的产生，并非经过严格的逻辑推理，而是由突然领悟而获得的。直觉是人们在认识过程中，头脑中的某些信息在无意识的状态下经过加工而突然产生的认识的飞跃，表现为人们对某一问题的突然领悟，某一创造性观念和思想的突然降临（灵感），以及对某种难题的突然解决。直觉思维是一种从材料直接达到思维结果的认识活动，是一种思考问题的特殊方法与状态。

直觉思维有如下几个特征：

第一，直觉思维是在下意识的层次中进行的，是一种潜意识的思维活动，而不是人们意识到的、自觉进行的思维活动。正因为如此，人们往往会在偶然事件比如散步、沐浴、聊天甚至做梦中得到一些重大启发。

第二，直觉思维表现为一种无意识活动。因此，直觉思维就不可能是自觉地按照严格的逻辑规则进行的，而往往是跃过逻辑程序的飞跃。人们进行直觉思维一般不像进行理论思维那样，对思维过程的每一步骤都了解得那样清楚，往往难以理解为什么从某一问题、某些材料、某种理论能得出某种结论；即使这一结论是正确的，开始时也往往不知道它为什么正确。当然，对直觉思维的这种非逻辑性的认识成果要作具体分析，它一方面可以超越逻辑规则的限制，较为迅速地把握真理；但另一方面由于没有严密的科学逻辑的指导，直觉思维的结果并不一定都正确。

第三，直觉所带来的灵感，往往是突然爆发的，即突然有某一新奇的念头和想法跃入了脑际，一下子便把握了事物的实质或解决某一问题的方法与方向。就是说，经过潜意识的思考之后，某些信息之间的沟通，由潜意识向显意识的转化，往往是在一瞬间完成的，这就是直觉思维的突发性。

而在实际的工作中，直觉思维往往作为一种辅助方法，有时甚至与顿悟、梦境中的思考相关。

直觉辅助法是指人们在解决某个具体问题的过程中，把直觉作为一种辅助性途径的思维方法。直觉辅助法在科学认识活动中具有它独特的魅力。

2000 多年前，叙拉古国王艾希罗给阿基米德出了个已困扰他多日的难题。原来，一年一度的盛大祭神节就要来临了，国王给了首饰匠很多纯金，让他打一顶金王冠。王冠打好后，非常漂亮，国王见了爱不释手。他掂了掂，凭直觉感到分量不足。但用秤一称，王冠和他交给首饰匠的黄金质量相同。他怀疑王冠被掺了假，却又没有证据。他请阿基米德想办法替他鉴定一下，看看王冠中到底掺没掺假。阿基米德日夜思考如何证明王冠的真实价值，而在一次沐浴时一下子顿悟，解决了王冠之谜。并且，在此基础上进一步研究，提出了以他名字命名的浮力定理。

不仅如此，梦境也可以作为直觉思维的有益补充。如德国化学家凯库勒在 1858 年就提出了碳原子在有机分子中相连成长链的碳链学说，但这种长链的连接方法怎么也解释不了某分子中 6 个碳原子是如何排列的，为此他百思不得其解。有一天他在书房里烤火，一阵倦意袭来，不觉睡去，梦中他看见长长的碳链像一条条长蛇翩翩起舞，突然有一条蛇咬住了自己的尾巴，由此，他悟出了苯分子中的碳链形成了一个闭合的环（六角环状结构），平时百思不得其解的问题，便在此刻解决了。

人们在思考问题时，借助直觉启示而对问题得到突如其来的领悟或理解被称为顿悟。顿悟属于潜意识思维，它的特征表现为：功能上的创造性、时间上的突发性、过程上的瞬时性和状态上的亢奋性。

在现实生活中，人们往往遇到这种情况：某个问题已经研究很久了，成天苦苦思索，仍然没有解决问题的思路。而某一个突然的外界刺激，思考者头脑中突然出现了一种闪电式的高效率状态，顿时大彻大悟，一通皆通，问题便迎刃而解了。

顿悟并非某些科学家、艺术家、文学家所特有的，每个正常人的大脑都具有这种功能，差别仅在于顿悟出现次数的多少，功能的强弱，而不在其有无。顿悟并不是虚无缥缈的，它不会凭空发生，它只是垂青于那些知识渊博、刻苦钻研、经验丰富的人。勇于实践，积累广博而扎实的知识是灵感顿悟产生的基础。产生灵感顿悟的最基本条件是对问题和资料进行长时间的顽强的思考，直至达到思想的“饱和”，同时必须对问题抱有浓厚的兴趣，对问题的解决怀有强烈的愿望，要使头脑下意识考虑这一问题。

启迪是顿悟的关键诱因，它连接各种思维信息，是开启新思路的契机。当主体的灵感孕育达到一触即发的“饱和”状态时，只要有某一相关因素偶然启迪，顷刻就豁然开朗。因此要留心观察周围事物或现象，以便及时起到开窍作用。

灵感顿悟来去倏忽，稍纵即逝，很难追忆，要掌握珍惜最佳时机的技巧，善于捕捉闪过脑际的有独创之见的思想。灵感顿悟大多是在思维长期紧张而暂时松弛时得到的，思考者要养成良好的学习、工作方法和习惯，注意张弛结合。要促进思考者产生顿悟，要创造相对安定的环境，否则不相关的信息太多，根本无法进入研究、探索的境界，也不可能造成灵感顿悟产生的境域。

创造思维的灵感、顿悟好像是刹那间从天而降。其实人的潜意识活动在一定范围内得到显意识功能的合作，经历了一个孕育的过程，当孕育成熟时即突然沟通，涌现于意识，终于灵感顿发。正因为它有一个客观的发生过程，所以灵感顿悟并非神秘莫测、不可捉摸的。在人的灵感产生以前的反复思考、思想活动的高度集中，已经把思维从显意识扩大到了潜意识。思维在潜意识里加工，偶然和显意识沟通，得到了答案，就表现为灵感。直觉、灵感的产生，都是创造者经过长期观察、实验、勤学、苦想的结果，没有这个基础，灵感是不会飞进你的大脑的。科学创造中的灵感、想象往往是模糊的，如果不重视这种模糊的思维，就可能让灵感白白溜掉。

从上述的例子我们发现，直觉思维不会凭空而来，而是与专业知识背景紧密相连的。因此，直觉、顿悟，乃至在梦中产生的想法，都必须以一定理论知识背景为基础，那种认为直觉、顿悟可以解决一切的想法是十分不切合实际的。

三、利用想象突破传统观念

人的创造性思维来自丰富的想象，创造想象是创造活动的先导和基础。

好的创造成果无不起源于新颖、独特的创造想象。它像大厦的蓝图，在大厦建造以前就勾画出了建筑的效果。

公元2世纪时，东汉丞相曹操得到了一只大象，他手下的人都来看这个稀罕的大动物。有人说这只象足有一千斤重，也有的说它约有两千斤。究竟有多重，谁也说不出来。因为那时候没有那么大的衡器，又不能把大象分成几块上秤称，所以测定象的重量便成了难题。曹操提出悬赏条件，要寻找能够称出大象重量的人。大家你望着我，我望着他，谁也想不出办法来。

这时，曹操那不满10岁的儿子曹冲正在旁边玩耍。他对测定大象的重量却是别有一番心计。曹冲征得父亲的应允之后，差人把大象拉到一只木船上。象上船后，船身自然有些下沉。他把这时候的水面位置刻在船帮上。让象离开木船以后，这个刻痕便高出了水面。随后，他又叫人一块又一块地往船上搬运碎石。每搬上一些碎石，木船就向下沉一点，直至使船下沉到刚才刻划的水面位置为止。这时小曹冲犹如大功告成地说："好了！你们一筐一筐地称船上的那些碎石吧！那些碎石的总重量就是大象的重量。"

通过这个大家都十分熟悉的例子，我们发现合理的想象是创造性思维的有效保障。

人们在思考问题时，除了运用概念进行判断、推理外，还依赖于想象。广义的想象包括联想、猜测、幻想等。想象把概念与形象、具体与抽象、现实与未来、科学与幻想巧妙地结合起来。

科学的想象要根据现有的科学知识与事实，发挥高度的抽象与联想能力，猜测未知的客观规律，设想未知的变化过程。

科学家爱因斯坦在16岁时产生过这样一种想象："如果我以速度C（真空中的光速）追随一条光线运动，那么我就应当看到，这样一条光线就好像是在空间里振荡而停滞不前的电磁场。"正是凭借这种惊人的想象力，使他在科学上建树了伟大的功勋。无怪乎在他总结自己的科研经验时深有感触地说："想象比知识更重要，因为知识是有限的，而想象力概括着世界上的一切，推动着科学的进步，并且是知识进化的源泉。严格地说，想象力是科学研究中的实在因素。"❶

由于想象描绘与勾画了未来的远景，所以它不仅为科学发展指出了前进的方向，而且激励着人们为之奋斗，推动人们去向客观世界探索，寻找把理

---

❶ 论科学，爱因斯坦文集 第一卷［C］//商务印书馆，1976：284.

想变成科学理论与现实的道路。

但值得注意的是：想象的东西在没有为实践证实之前，始终是想象而不是真理。要把想象变成现实，既要有一定的条件，也要有一定的过程。想象是带有某种程度的猜测性的，它至多是一种科学预测而已，而猜测或预测不一定都能实现。因此，我们在倡导想象、提倡培养自己丰富的想象力的同时，必须对想象保持清醒和不同程度的怀疑态度。

想象本身是以人类旧有的经验为基础，通过对这些经验的有意识重组，进而创造出一个崭新形象的心理过程。

人们在分析和解决问题时，可以通过一系列具有逻辑上因果关系的想象活动，来改善特定的思维空间，从而选择到解决问题的思维方法。

联想是想象的核心。

联想是通过事物之间的关联、比较，扩展人脑的思维活动，从而获得更多创造设想的思维方法。联想可以通过对若干对象赋予一种巧妙的关系，从而获得新的形象。运用联想，可以使风马牛不相及的事物联系起来。

联想是培养创造性心智机能的一种有效的方法，是通向新知识彼岸的桥梁。它可以在已知领域内建立联系，也可能从已知领域出发，向未知领域延伸，获得新的发现。不少成功的发明创造，往往是通过联想获得的。

联想不是一般的思考，而是思考的深化，是由此及彼、由表及里的思考。一个人如果不学会联想，学一点就只知道一点，那他的知识不仅是零碎的、孤立的，而且是很有限的。如果善于运用联想，便会由一点扩展开去，使这点活化起来，举一反三、闻一知十、触类旁通，产生认识的飞跃，出现创造的灵感，开出智慧的花朵。

1832 年秋天，美国画家莫尔斯和医生杰克逊同乘一艘轮船从法国返回。一天，杰克逊向莫尔斯展示了一块电磁铁，并讲述了它的原理。莫尔斯听后，在脑海中涌起了新奇的联想——如果用电磁铁传送信号，岂不是在瞬间能把消息传到千里之外吗？相隔千里的人们一瞬间就能沟通思想，这对人类是多么大的贡献啊！于是，他决定不再继续作画，转向研制物理学的新发明。

他把从前的画室改成了实验室，把写生簿当作设计本。经过半年的研究，制成了输入和输出装置。这样，从输入端不断发出电信号，通过电线和电磁铁，就可以在输出端收到相应的磁信号，并把信号记录在纸上。

传递消息的另一个问题是人的语言或文字变成电信号。莫尔斯想出了用电路“接通”与“断开”的不同组合代表不同的字母以及必要的符号。这就是后来所说的“电码”。

1837年，莫尔斯用自己的双手，成功地制造出了世界上第一台传送电码符号的机器，并起名为“电报机”。尽管这台机器的通信距离只有13米远，但它是人类历史上第一台电信工具。为了加大通报距离，莫尔斯组织建设了从华盛顿到巴尔的摩长达64公里的有线电报线路，并改进了收报装置。1844年5月24日，莫尔斯在华盛顿国会大厦向巴尔的摩发送了电报，并取得成功。这个日子就是后来公认的电报发明日期。

联想能够克服两个概念在意义上的差距，把它们联结起来，从而发现某些事物的相同因素或某种联系，揭示出事物的本质。普希金对联想法十分崇尚，他说：“我们说的机智，不是深得评论家们青睐的小聪明，而是那种使概念相近，并且从中引出正确新结论的能力。”

联想不是想入非非，而是在已有知识、经验的基础上产生的，是对输入到头脑中的各种信息进行编码、加工与换取、输出的活动，其中包含着积极的创造性想象的成分。

联想能力是人脑特有的一种能力。不过，并不是每个人都能因联想而有所发明创造，要使联想导向创造，必须懂得联想的类别和规则。

按人脑反映事物之间的关系不同，可把联想分为接近联想、类似联想、对比联想、因果联想和自由联想等。

接近联想，是由在空间和时间上接近的事物形成的联系由一种事物想到另一种事物。例如，由江河想到桥梁，由天安门想到天安门广场和人民大会堂，这是对在空间上接近的事物的联想，叫作空间联想。又如，由日落联想到黄昏，由“八一”南昌起义联想到“秋收起义”“广州起义”，这是对时间上相接近事物的联想，叫作时间联想。

类比联想，也叫相似联想，是基于具有相似特征的事物之间形成的联系由一事物想到另一事物。例如，由春天想到新生，由冬天想到冷酷，由攀登高峰想到向科学现代化进军。文学作品中的比喻，仿生学中的类比，都是借助于类比联想。

对比联想，由具有相反特征的事物之间的联系引起由一种事物想到另一种事物。例如，由寒冷想到温暖，由黑暗想到光明，由物体“高温膨胀”想到“深冷收缩”。

因果联想，是基于事物之间的因果关系由一种事物想到另一种事物。例如，由加压想到变形，由高质量想到高销售等。

自由联想，是对事物不受限制的联想。例如，由宇宙飞船在太空航行想到建立空中城市，想到在其他星球上安家落户。

为了训练思维的流畅性，还可以运用急骤式联想法。这种方法要求人们像暴风骤雨那样，在规定的短时间内迅速地说出或写出一些观念来，不要迟疑不决，也不要考虑答得对不对，质量如何。评价是在训练结束后进行的。例如，要求学生说出砖头的各种用途，学生可能答出：砌房子、筑路、磨刀、敲捶物品……。又如，哪些是圆形的东西？学生回答：皮球、纽扣、缺口、茶杯、锅盖、圆桌、车轮……。答得越快，越多，表示流畅性越高。这是20世纪60年代，美国心理学家提出和推广的训练学生思维流畅性和灵活性的方法。实践经验表明，采用这种快速联想法的训练，对于学生的思维能力，不论从质量方面，还是从流畅性或灵活性方面，都有很大的益处；同时有助于创造性思维的发展。

猜想是想象的重要形式。猜想是指人们发挥思维的能动性，对事物发展进程和未来关系进行预测、设想的一种思维方法。

猜想法基于既有经验，又不受既有经验束缚的跳跃性。科学史上新的认识成果往往都首先来自科学家的某种大胆假说和猜想。大胆假设、小心求证，最后付之验证，获得真理性认识，是科学发展的有效途径。

猜想的方式是多种多样的，它可以运用事物的相似、相反、相近关系作联想组合；可以用试错的方法将毫无关联的、不相同的知识要素组合起来；也可以运用创造性想象来补充缺少的事实，设想可能存在的联系。总之，在猜想这一过程中，人们可以尽情地猜测、假设、试错、修改，突破原有的知识圈，在既有的感性材料上起飞，把尽可能多的反映物质世界的思路、方案、模式建造起来，然后再加以对比，进行研究和论证，逐步淘汰错误的猜想，形成真理。

1892年9月，瑞利在英国《自然》杂志上发表的一篇短文中写道：

“我用两种方法制得的氮气密度不一样。虽然这两个密度只相差千分之五，但是仍然超出了实验的误差范围。对此，我颇有怀疑。希望读者提供宝贵意见。

第一种方法：让空气通过烧得红热的装满铜屑的试管，氧与铜化合，剩下了氮。这种氮的密度为1.2572克/升，称为氮Ⅰ。

第二种方法：让氧、氮混合通过催化剂，生成水和氮气。这种氮的密度为1.2508克/升，称为氮Ⅱ。

二者密度相差0.0064克/升。”

请读者注意，这是在“空气中只有氧和氮”的假设前提下得出的矛盾。

面对这种矛盾，化学家拉姆赛推测说，氮Ⅰ比氮Ⅱ重的原因，是氮Ⅰ中含有某些密度较大的气体。氮Ⅰ是从空气中制取的，所以，空气中除了氧和氮，还有未知的气体。

为了证实这种推测，拉姆赛让氮Ⅰ通过赤热的镁屑，氮与镁生成氮化镁，氮耗尽后，剩下一种气体。它的体积是氮Ⅰ的1/80，密度是氢的20倍。

这就是大气中除氧和氮以外的气体的发现过程。后来根据光谱和其他实验得知，它是由氢、氦、氖等许多气体组成的混合气体。

从这个例子中，我们发现拉姆赛的猜想正是发现惰性气体的诱因。

要更好地实现想象，就要冲破现存事物和观念的束缚，对现在还没有产生，但有可能产生的事物进行大胆设想。

要进行大胆设想，首先，要破除迷信，摆脱束缚。要摆脱现有事物和观念的束缚，不能认为现有事物已能满足人们的需要，已经发展完善到完整无缺的顶峰，再无法提高和突破，更不能迷信权威和经典。其次，勤于思考，大胆怀疑。“怀疑是走向真理的第一步”，要大胆设想必须有勇于怀疑的精神，对现有的东西、经典理论、权威都可怀疑，没有怀疑就没有创新。16世纪的波兰天文学家哥白尼，持之以恒地对天象观察了30年，认真记录，勤于思索，对长期占统治地位的托勒密的“地心说”进行了大胆的怀疑，提出了“太阳中心说”，有力地批判了经院哲学的盲目信仰、烦琐论证，肯定了实践、经验的作用，捍卫了唯物主义世界观。再次，要敢于别出心裁。翻阅一下各种专利文献可以发现，绝大部分实用新型专利都是别出心裁的产物。电视机从黑白电视机到彩色电视机，显像管从普通显像管到平面直角显像管，再到纯平显像管、超平显像管也得益于大胆的设想。

在人类科学的发展史上，大胆设想，往往成为科学技术和社会生活重大变革的先导。1894年，俄国科学家齐奥柯夫斯基把未来的宇宙航行分为15步：（1）制造带翅膀和一般操纵机构的火箭式飞机；（2）以后飞机的翅膀略有缩小，牵引力和速度增加；（3）穿入稀薄大气层；（4）飞至大气层外及滑翔降落；（5）建立大气层外的活动站（人造地球卫星）；（6）宇宙飞行员用太阳能来解决呼吸、饮食及其他日常生活问题；（7）登月；（8）制造太空衣，以便安全地从火箭进入太空；（9）在地球周围建立宽广的居民点；（10）太阳能不仅用于饮食和生活舒适，而且用于按整个太阳系移动；（11）在小行星带上和太阳系里其他不大的天体上建立移民区；（12）在宇宙中发展工业，宇宙站的数目增加；（13）达到个人和社会的理想；（14）太阳系移民比目前地球上居民多1000多万倍，已达饱和点之后就要住到整个银河上去；（15）太阳开始熄灭，太阳系的残存居民转移至别的“太阳”。齐奥柯夫斯基作出以上大胆奇思异想时，莱特兄弟的飞机尚未问世，实用的火箭更没有诞生。然而90多年来航空和航天技术的发展，已基本将这一幻想中的前8步变成了现实。今天，当实用火箭、喷气式飞机、人造卫星、阿波罗登月计划、航天轨道站和航天飞机相继出现在世界上时，人们不得不对这位伟大先哲超前的想象表示惊叹。

创造想象的“原料”来自丰富的知识和经验，来源于广泛实践基础上的感性想象。要想发展自己的创造想象能力，就必须不断扩大知识范围，增加感性想象的储备。

四、利用非逻辑思维突破传统观念

非逻辑思维是突破传统观念的有效途径。非逻辑思维是指在思维过程中有意识地突破形式逻辑的框架，采用直觉的、模糊的和整体的思维方法。

非逻辑思维在承认逻辑方法在认识过程中的作用的同时，突出了科学直觉思维的非逻辑性在认识过程中的重要意义。苏联物理学家谢苗诺夫曾经指出：“如果认为只有在严格合乎形式数学逻辑的公理、公设和定理的条件下所产生的科学思维才是‘合乎逻辑的’和‘合理的’（理性的），那么，实际上所产生的科学思维不可避免地开始显出是无理性的（非理性的）。一般地说，科学开始看起来是某种‘疯人院’，但无论如何不像‘疯人院’中的活人。在‘疯人院’，依靠卫生员——逻辑学家的帮助，要遵守的只是表面制度，而‘疯人院’中的活人也只有幻想着似乎这种制度遭到了破坏。”

非逻辑思维主要包括以下几种：

第一种，模糊估量法。在面临一个课题或一道难题时，先对其结果作一种大致的估量与猜测，而不是先动手进行实验设计或逻辑论证。这是一种直觉方法。这种方法的根据是先前的经验和自己的直觉判断能力。这种方法有时会帮助研究者形成一种总体的、战略性的眼光，有时会导致一种假说的提出。

第二种，整体把握法。它要求人们暂时不注重于对象系统的某些构成元素的逻辑分析，而是重视元素之间的联系，系统的整体结构。

非逻辑思维的典型思维方式是超常思维。所谓超常思维是指遇到问题善于冲破常规和习惯势力的束缚，匠心独运、别出心裁地去思考、探索，寻求异乎寻常的解决途径，争取获得人们意想不到的效果的一种思维方法。

应用超常思维方法，一般有以下几种典型情况：

第一，冲破束缚，另辟蹊径。面对新情况、新问题，敢于冲破旧有的各种束缚，开拓新思路，开辟新境界。

在澳大利亚，流传着一段这样的名言："怎样才算是一个成功的商人呢？如果他连粪都卖得出去，而顾客又乐意花钱去购买，他就是成功者之一。"

这段名言，其实是一位大学老师上课时讲的一个比喻。它的意思是说，真正的商人会给顾客以实惠，给顾客以满足，不应欺骗顾客，不应以不正当的方式去竞争，要以创造性的工作去赢得顾客。当时听讲的学生约翰·马登深刻地理解了这段话的精髓，并且在毕业后不长的时间里实践了这个真理，从而使这段名言流传开来。

马登刚毕业时在悉尼市郊区的一个养马场打工。当他看到一车车马粪被运到附近农村贱价出售时，他真的打起了马粪的主意。他想，如果能以马粪为原料，制成一种高效、无污染、便于运输的肥料，一定能受到农户的欢迎，市场前景广阔。从此，他潜心学习和肥料有关的化学知识和农业知识。他用马粪做实验，从中提取便于农作物吸收的各种化合物。经过两年时间的钻研，马登果然发明了一种方法，能将马粪提炼加工成一种高效、无臭味的颗粒状肥料。他把肥料用塑料包装起来，并注明了农作物所需要的化合物成分，在悉尼以每包 2 澳元的价格出售。

发明新型肥料的消息不胫而走。这种肥料很快被悉尼的农场所接受，随后在澳大利亚推广，成了供不应求的畅销货。在一年的营销过程中，用马粪制成的肥料竟带来了近亿美元的收入。光缴纳的马粪税就达到 600 万美元。29 岁的马登也因此成了悉尼市的传奇人物。

在传统的观念里，马粪是废物、垃圾，而要改变其用途就要冲破束缚，另辟蹊径。将马粪提炼加工成肥料的成功之处，就是绕过马粪味臭和肮脏的直感缺点，寻求它具有肥田效能的本质，从而开发出一种新产品。

第二，匠心独具，超凡出众。福建姑娘阿华大学毕业后只身闯上海，寻找自己的经商门路。商海茫茫，商机何处寻呢？无奈中，想起了母亲。母亲已经去世，为了纪念，她把母亲的长发剪下，时时带在身边。头发是人生不朽的纪念品，她从此联想到用头发做纪念品的生意。

婴儿的胎毛是人生最原始的头发，对年轻的父母来说，是十分珍贵的纪念。用某种特殊的方式把胎毛保存起来，肯定能满足年轻父母的心愿。经过思考，她选择了制作胎毛笔，并设计了精美的笔杆、笔盒和纪念签。

这是一项前所未有的服务项目。开始时步履艰难，人们都抱着怀疑的态度。为了打开市场，她精心策划了“爱婴义务理发”的公益服务活动，培训了一批专剃胎毛的理发师，走街串巷上门服务。专找阳台晾着尿布的住户访问，从解决胎毛没地方剃的困难入手，赢得年轻父母的信任和好感。然后，向年轻父母宣传收藏胎毛的意义，推介胎毛笔业务。新颖的创意、特别的意义、精美的样品，让绝大多数家长怦然心动，爽快地掏出数百元定做胎毛笔。

就这样，阿华的胎毛笔业务做开了，做大了，并且垄断了上海市场。几年工夫，上海人几乎无人不知“小阿华”，小阿华也赚足了上海人的钱。后来，小阿华又把胎毛笔公司开到了其他城市。

创造性思维不仅是自然科学和生产技术的推动力，同时也是管理科学的推动力量。要实现创造性解决问题，就需要匠心独具、超凡出众的思考。阿华的成功就在于其打破了传统思维中头发作用一般、婴儿头发是没有用的东西等一系列传统习惯。

第三，处变不惊，“以假乱真”。1947 年，中国人民解放军在胜利地粉碎了国民党的全面进攻之后，即将转入敌占区作战，为解放全中国做好准备。第二野战军的任务是从豫北横渡黄河，挺进大别山。

此时，国民党沿河屯兵设防，以阻止我军横渡。白天侦察飞机隆隆，夜间探照灯不断照射，唯恐防务疏漏。

在司令员刘伯承和政委邓小平领导下的二野指战员不仅作战英勇，在这里还创造了一个以较少代价歼灭守河顽敌的奇特战绩。

他们向群众征集了几千只葫芦，给每只葫芦扣上一个钢盔放到河面上。

夜晚，北风吹来，被葫芦驮着的钢盔徐徐向南岸飘动。黑夜里，敌人在探照灯照射中看到这番情景，急切地向上级报告："共军主力正涉水强行渡河！"由于这里是黄河险段，敌将领不断以"不惜一切代价"的命令叫士兵向这些钢盔射击。在密集的炮火中，还真有一些血一样的颜色染红了河面呢！原来，那是我军用来迷惑敌人的红色颜料。我军指战员们事先用猪尿脬灌了红颜色水，捆在葫芦底下。猪尿脬一旦被枪弹打中，红水就会流撒在河面上。

在炮火中，这些"流血"的钢盔仍然不停地向前移动。正在敌军面对黄河惊恐万状的时候，从他们背后响起了真的刘邓大军的炮声。原来，就在几千只钢盔渡河的时候，二野的一部分主力已在上游一个不引人注意的地方乘木排渡过了黄河。

我军从敌人背后进攻势如破竹，很快歼灭了这些敌军。敌师长也被活捉。这次战役打得干净、利落、代价极小。

刘邓大军"以假乱真"，以葫芦驮钢盔的虚假表象，诱使敌人认识不到我军从上游某处进行横渡的实质。这种超常思维正显示了军事家的处变不惊、镇定自若。

第四，因果关联，纵深突破。从事物因果关系的无限连续性出发，进行纵深式思维，作出突破性决策。

世界上最早的自行车大约是在 1817 年诞生的。那时的自行车没有轮胎，只有两个木头轮子，骑起来很不舒服，速度也慢。

1887 年，苏格兰医生邓录普给他的儿子买了自行车。但是他看到儿子在鹅卵石道路上被颠簸得很难受时，十分心疼，总想把自行车改进一下。

邓录普是个花卉爱好者。有一天，他用橡胶水管在花园里浇花时，手握着水管，感觉到了水的流动。他故意把橡胶管握紧、放松，再握紧、放松，好像感觉到了水管的弹性。于是产生了一个大胆的设想：如果把这带水的橡胶管安装到自行车的轮子上，自行车轮就有了弹性，骑车时就不会颠簸得那么厉害了，骑起来一定舒服得多。

于是，邓录普开始试制。经过多次试验，制成了用浇花的橡胶管做成的注水轮胎。

然而这种装着水的轮胎很不方便。它不仅增加了自行车的重量，而且注水时也很麻烦。于是，邓录普在他原有发明的基础上又继续研究用空气代替水的方法。又经过多次试验，最终发明了充气轮胎。

大多数发明创造都需要多次试验、反复改进的实践过程。然而其最初的思想火花却可能是借助于某一事物的启发，或凭着已知事物基础上的想象而迸发出来的。上述事例就是发明者在浇花的橡胶管和自行车轮胎之间找到了因果关联，进而进行纵深突破，从而发明了自行车轮胎。

第五，巧施联想，出奇制胜。根据事物与周围环境之间的相关性原理，进行全方位思考。例如在听诊器未发明之前，医生总是用手叩击胸腔或用耳朵贴近胸腔，通过听到的声音来进行诊断的。

1816年的一天，法国医生雷内克为一位少妇诊病，病人自称心脏不适，请雷内克帮她检查一下。如果采用当时惯用的叩诊方法，由于病人过于肥胖，无法测得准确。当时没有听诊器，雷内克医生考虑用直接听诊的方法，但病人是位少妇，实在不便用耳朵直接贴附着她的胸部来听诊，雷内克有些为难。正在进退两难之际，灵感的火花突然让雷内克记起一件有趣的小事：一天，一群孩子在一棵圆木的一头用针“乱划”，而另一个小孩把耳朵贴近圆木的另一头，说是听见了“乱划声”，出于好奇，雷内克也把耳朵凑近圆木，果然也听到了清晰的声音。联想到圆木传声，雷内克请人拿来一张纸，并把纸紧紧卷成一个圆筒，一端放在那妇人的心脏部位，另一端贴在自己的耳朵上，果然清晰地听到了病人的心率声，甚至比直接用耳朵紧贴着病人胸部听的效果更好。

从那以后，每逢需要听诊，雷内克都不再用耳朵直接贴近病人的胸部，而是用纸筒来传声了。经过不断的实践和认真思考并根据上面陈述的原理，雷内克又把纸筒改成圆木，圆木的一端削平，适于贴紧患者的胸，而另一端做成小而圆的凸起正好插入耳朵，这就是原始的听诊器。后来，经过人们不断的改进，把贴近患者胸部的平头改成能产生共鸣的小盒，而另一端插入耳朵的凸起头由一个改成两个，用两个耳朵同时听诊，中间的圆木也改成胶管连接，不但使用方便，而且效果更好，这就是现在的听诊器。事实证明，大胆巧妙的联想、不断探索钻研的奉献精神就能达到出奇制胜的效果。

应该看到，超常思维方法具有积极取向的方面，也有消极取向的方面。前者是创造性思维，后者则是动歪脑筋，出歪点子。这里起决定作用的是人们的基本观念和文化知识素养，还有实践经验的积累。只有用科学知识武装头脑，树立了科学世界观和优良的道德品质，并善于不断总结经验的人，才能掌握并熟练应用具有积极取向的超常思维方法，创造出丰硕的成果。

第二节　保证逻辑思维的严密性

有这样一个题目：在一个完全封闭并且没有窗户的房间里，房门紧闭，从房间外面无法看到房间内的一切。房间里有三盏灯，在房间外边有三个开关分别控制着三盏灯。你可以在门外随便打开或关闭开关，在进行完操作后，推开房间的门，进入房间，然后判断哪一个开关是控制哪一盏灯的。

上述问题的解决方式是：在门外将三个开关分别编号；接下来，打开其中两个开关；然后，关闭已经打开的两个开关中的一个，并记下编号。在完成上述任务后，进入房间，房间内的三盏灯应为两盏灯关闭，一盏灯亮着。亮着的那一盏灯是受打开而没被关闭的开关控制的。用手去触摸两盏关闭着的灯的灯头，其中，一盏灯的“灯头”比另一盏灯的“灯头”要热一些，这盏灯就是打开并被关闭的开关控制的。第三盏灯则是由一直没有被打开的开关控制的。

表面上看，这个问题有一些难度，因为，灯与开关是一一对应的，而灯的状态只有开着和关闭两种状态。要解决这一问题，就要在灯与开关之间找出三组对应的逻辑关系。

创造性思维是以非常规的思维为基础，但是，真正的创造性的人类成果最终必须是符合逻辑的。因此，要想提高个人的创造性思维能力，就要提高其逻辑思维能力。

人们对事物的把握，是由浅显到深入、由低级到高级、由现象到本质或从抽象逐渐到具体的过程。因此，比较典型的逻辑思维方法就要由表及里、层层深入、剥丝抽茧。

马克思的鸿篇巨著《资本论》采用的正是层层深入法。《资本论》在思维形式上的特点类似自然科学中的理想方法，即根据事物抽象形态来考察事物，从抽象逐渐到具体。最初暂时撇开各种复杂而次要的因素，从论述对象的最一般的本质和规律出发来把握事物，然后随着分析的深入，再逐渐地把一些具体的因素加入进去加以考察。从整部《资本论》三大卷的思路结构看，第一卷最为抽象，它撇开流通过程，在纯粹的形态下，从最简单、最基本、最抽象的环节着手来揭示资本主义生产的本质。在第二卷中则是从资本的内部关系转到外部关系的研究，加进了产业资本的流通因素，将生产过程和流通过程统一起来考察，对比较具体的形态进行研究，更加接近于资本主义商品生产的实际。第三卷的第一篇到第三篇，补充了各产业部门的不等利润以及由于部门竞争而导致的平均利润规律。第四篇讲商业资本及其两个亚种商品经营资本和货币经营资本的运动规律。第五篇在分析过的产业资本和商业资本运动规律的基础上，进一步说明生息资本的特殊运动规律。第六篇深入研究级差地租和绝对地租。第七篇则是全书的总结。《资本论》的思维进程为两条抽象到具体路线的交叉进行。从范畴看：商品—货币—资本—利润—利息—地租；从规律看：价值规律—剩余价值规律—平均利润规律和利润下降规律—利息规律—地租规律。这里，我们可以看到，马克思惊人的逻辑思维能力，来自对层层深入法技巧高度娴熟的运用。

掌握逻辑思维方法，不仅要学会层层深入，还要善于比较，善于应用比较思维。所谓比较思维是把各种事物和现象加以对比，来确定它们的异同点和关系的思维方法。

任何事物性质的优劣、发展的快慢、数量的多少、规模的大小等，都是相比较而言的。没有比较，就没有鉴别。比较是一切理解和思维的基础。人们认识事物，把握事物的属性、特征和相互关系，都是通过比较来进行的。只有经过比较，区分事物间的异同点，才能识别事物，把它归到一定的类别中去。

比较，一般可分为两种类别，即同类事物之间的比较和不同类事物之间的比较。同类事物之间进行比较，找出其相同点，可以揭露事物的共性；找出其不同点，可以揭露事物的特殊性。不同类事物之间进行比较，找出相同点，可以揭示事物之间的联系；找出不同点，可以揭示事物之间的区别。

比较，一般可采取顺序比较和对照比较。顺序比较是把现在研究的材料和过去的材料加以比较。这是一种继时性的纵向比较。如今与古比较、新与旧比较等。这种比较，容易说明新事物的优越，新阶段比旧阶段进步等；同时还可以发现优越之特性，进步之表现，从中寻求规律、拓宽思路，预测未来事物的发展进程。对照比较是把同时研究的两种材料，交错地加以比较。这是一种同时性的横向比较。此种比较，可以对空间上同时并存的事物进行对照，以认识事物的异同和优劣。

横向比较必须在同类事物之间进行，如国家与国家比、人与人比、单位与单位比、地区与地区比。进行这种比较时，一定要注意它们的可比性。如在比较社会主义制度和资本主义制度时，只能比那些可比的因素，不可比的因素应当排除在外，这就是所谓“异类不比”。同时，应采取客观、公正的严肃态度。

不论是纵向比较还是横向比较，都要明确为什么而比，并站在正确的立场上，运用正确的观点去比，通过比较作出科学的历史的具体分析。否则，比较中的纵向可能导致单纯的回头看，产生满足现状或今不如昔的偏向；比较中的横向则可能变成现象间的简单笼统的对照罗列，或者导致对自己、对别人、对事物的全盘否定或全盘肯定，得不出合理的科学的结论。

要更好开展思维活动，进行有效的比较对照，就要关注如下几种形式的比较：

首先，进行新知识与旧知识的比较。在比较中了解新旧知识的异同，把新旧知识联系起来，使新知识的掌握建立在旧知识的基础上，加深对新知识的理解。

其次，进行新知识与新知识的比较。在比较中认识事物之间的共同性和特殊性，揭示事物之间的联系和区别，使学生所掌握的知识深刻化和精确化。

再次，进行旧知识与旧知识的比较。在工作中，把已经拥有的知识相互比较，以加深理解，加强巩固，并把知识系统化起来，形成解决问题的方案。

最后，进行理论与事实比较。使思考者根据事实了解理论，并检验理论的正确或错误，把理论和实际联系起来。

一般地说，确定事物之间的相异点比确定事物之间的相同点要容易一些、经常一些。所以，在进行比较时，最好先从寻找相异点开始，再过渡到寻找相同点，最后，明确异同之所在，达到既能看出同中之异，又能看出异中之同。

在对事物进行比较时，必须围绕着主题进行。当比较事物某一方面的特征时，不能把其他方面的因素掺杂到里面去。要经常注意找出哪些是事物的主要因素，哪些是事物的次要因素，不能将事物的次要因素当作主要因素。分清事物的主要因素和次要因素，有利于把握事物的本质特征。

逻辑上的层层深入和比较分析仅仅是创造性思维的基础，而提高理解力、判断力则是创造性解决问题的关键。

所谓“理解”就是对某个问题、某件事搞懂了、弄明白了。而“理解力”就是衡量一个人对这个问题、这件事搞懂、弄明白所用的时间长短。用时短，相对来说这个人理解力强，反之则这个人理解力弱。一个人的理解力大小、强弱不是天生的，它是人类在从事各种社会实践中不断学习、不断处理与解决各种问题，不断总结正反两方面经验所取得的。在各种实践中，锻炼了人的智力，使人不断聪明起来，从而才有可能使人类的理解力不断提高。这里要指出的是，一个人应该养成坚持学习、热爱学习的良好习惯，坚持活到老、学到老，这样才能给一个人持久地保持敏捷的理解力提供良好的智力基础。所谓判断力是通过人类对某个问题或某些现象的观察、分析，然后进行综合和推理，得出正确与否、是非与否，或者通过观察、分析、综合和推理又延伸得到新的结论。人类发明创造的历史证明：一个人的理解力和判断力的大小是人类取得创造成果或事业成功的重要的先决条件。

20世纪60年代初，日本人敏感地发现，北京大街上公共汽车上的煤气包不见了，这表明中国汽油缺乏已告缓解，但中国是从何处采出石油的，日本人一直蒙在鼓里。1964年4月20日，《人民日报》发表文章《大庆精神大庆人》后，日本企业界才知道中国有了新的油田，而且在大庆，但大庆在哪里呢？两年后，日本人从《中国画报》上看到刊登铁人王进喜的照片。从他戴的狗皮帽子判断出大庆在东北，他们又利用到北京洽谈生意的机会，观察原油火车上灰尘的厚度，估算出大庆到北京的距离。1966年10月，《人民中国》又登出王铁人同石油工人扛着钻机部件行进在风雪中的照片。从照片中依稀可见小火车站名“马家窑”，日本人查遍中国东北地图也找不到这个地方，但是，日本人分析，如果要将钻机人拉肩扛运抵井位，可以断定油田离火车站不远。他们沿中国东北铁路线逐段估测，比较准确地推知大庆油田是在中国东北松嫩平原人迹罕至的地带。日本人还推测出中国大庆油田开发时间是在1959年以后，因为中国报刊登载国庆10周年王铁人从玉门到北京观礼，从那以后他便在报刊上消失了。而在此之前，1960年7月《中国画报》曾刊登了大庆炼油厂的图片，日本企业界人士从中推测炼油塔的外径和内径，从而判断出其加工能力，估算出大庆年产原油约3600万吨。日本企业界根据上述蛛丝马迹，断定我国要大规模开发油田，必须进口技术和设备。事实证明：日本人不但比西方人想得早，甚至比中国人还想得早。结果，四年后我国就炼油成套设备向国外招标，其他国家在一无所知的情况下参加竞投，日本人却轻易夺了标。

日本企业可以中标，就是基于获得的很少的信息，通过我国的某些新闻信息来分析判断，进行合理的逻辑推理，得出的结论。

掌握思维的方向是更好地运用逻辑思维的关键。要掌握好思维的方向，就要应用循踪追迹思维，沿着一个不被人关注的现象进行逻辑思考。

循踪追迹思维法是指在科学研究或其他工作中，对于呈现在面前的某种现象紧追不舍，做深入细致的观察和寻根究底的研究，从而透过现象揭示事物的本质和规律的一种思维方法。

应用这种思维方法有助于人们做到有所发现、有所发明、有所创造、有所前进。例如从事细菌学研究的英国科学家弗莱明在1928年某日上班时，忽然发现在葡萄球菌的培养器皿中，有一小块如土碴一般的尘埃物，培养液受到破坏。通常的处理方法是，清除污染，重新培养。弗莱明则不然。他并不轻易放过这个现象，认真地加以观察，进而发现"土碴"周围的球菌不仅没有生长，而且变成一滴滴露水的样子，于是他反复思考这"土碴"为什么对球菌有特殊的抑制作用？"土碴"里面究竟含有什么东西？最后他终于从中分离出一种能抑制球菌生长的抗生素——青霉素。后来根据这项发现，人们研制成一种新药——青霉素针剂，用于医学临床，对于球菌感染引起的疾病有特殊疗效。有人估计，青霉素的发现使全人类的平均寿命延长了10岁。要是有人对现在世界上三大疾病——心脏病、高血压和癌症发明出某种特效药，人类平均寿命也不过延长10年。弗莱明对人类的重大贡献终于使他在1945年获得了诺贝尔医学生物学奖。弗莱明此项重大发现同他应用循踪追迹思维方法是分不开的。

同弗莱明形成鲜明对比的是日本科学家古在由直，他对这种青霉素现象的发现早在弗莱明之前，然而他没有从中发现青霉素，这同他没有应用循踪追迹思维方法有关。他认为这种污染现象是一种普通的、熟悉的现象，这是由于被污染的霉菌迅速繁衍，消耗了器皿中的养分而导致球菌的消失。因此，本来具有重要研究价值的现象，就悄悄地在自己眼皮底下溜走了。

更好地运用逻辑思维就要加强对外界信息的收集，并充分利用这些信息进行分析，做出判断、预测、决策。这一过程，被称为反馈思维。反馈思维又可以分为前馈思维和后馈思维。

反馈思维是指控制系统把信息输送出去，又把其作用结果运送回来，并对信息的再输出发生影响，起到控制调节作用，以达到预定目的的思维方法。

反馈是自然界的一种普遍现象。在自然现象中，人和动物必须呼吸，吸进新鲜氧气，呼出二氧化碳。如果没有绿色植物吸进二氧化碳、放出氧气这样一种“反馈”。生命运动就会停止。在人体运动中，大脑通过信息输出，指挥人的各种活动，同时，大脑又接受来自人体各部分与外界接触所发回的反馈信息，不断调节并发出新的指令。如果没有反馈信息不断输入大脑，那么，人体运动就是不可设想的。在生产体系中，从投入原料到制成产品，历经各道工序，每道工序在半成品输出后，都要检验样品，并把检验数值与计划指标、技术参数作对比，得出误差数值，然后反馈到有关工序。有关工序根据偏离程度，及时调整工艺，使次品消灭在生产过程中。

反馈思维方法被广泛应用于自然科学、社会科学等各个领域。任何一个系统，只有通过反馈信息，才能实现控制，达到预定的目标。没有反馈信息，要实现调节、控制是不可能的。例如，人类复杂的反射活动都是通过神经系统的反馈而实现的。实现反射活动的神经通路叫反射弧，它包括感受器、传入神经、神经中枢、传出神经和效应器（肌肉和腺体）五个环节。前三个环节（感受器、传入神经、神经中枢）的任务是接收信息，后两个环节（传出神经和效应器）是执行机构。但复杂的反射活动，并不是一次单向传导所能完成的，而是经过传入和传出部分来回就近传导，借助大脑多次反馈调节的结果。正是依靠这种反馈调节，才保证了人类对外界精确、完整、连续的反应和对自身活动的准确控制。人的任何有意识的活动，无不含有反馈。简而言之，没有反馈，就没有生命，更谈不上人类的智慧和创造。

人学习知识的过程，首先是获取大量信息，然后由大脑对它们进行编码、改造，而后将思维的产物利用各种途径输送出去，公之于众，回收外界对它的评价，从而检验学习效果和学习深度，进而在原有知识基础上，有针对性地进行再学习、再思考、再创造，使之更趋全面和成熟。这一过程也就是反馈思维过程。对一个学习者来说，通常存在两种反馈信息：一是由输入引起的感受器官的反应，称为“内反馈信息”；一是通过输出（即知识的运用），获得来自外界的反应，称为“外反馈信息”。无论哪一种反馈都具有调节学习和激发动机的功能。当反馈信息揭示了学习中的不足时，它就能为调节学习、重新制订学习计划、改进学习方法提供依据；当反馈揭示了学习的成效时，它便能激发学习的积极性，起到鼓舞和鞭策作用，使学习兴趣更浓，信心更足也更大。

成功的创造者和发明者都善于进行反馈思维。例如，他们在掌握知识的过程中，能向能者求教，交流探讨，并运用知识于实践，发现问题，总结经验；又能把别人对自己知识的评价，加以整理分析，提取有益成分，反馈至知识的输入端，实现对学习内容、方法和学习目标的选择和控制。由于他们能勤于输出信息，从中获取反馈，所以能获得成功。

总之，反馈思维可以使学习和创造者找到不足，弥补缺陷，改进方法；同时寻找良师益友，加以指导，少走弯路，找到捷径。所以，反馈思维法是加速学习成功的要诀，是人才创造活动的重要智力因素。在学习和创造中，为了取得成功，必须学会反馈思维，如主动质疑、寻师求教、不耻下问、运用知识、同学间相互切磋等，都是强化反馈信息的有效方法。

以反馈思维对已有的现象进行分析，就可能发现矛盾；而以矛盾分析为基础，就可以揭示新的现象，引发新的发现。亚当斯和勒维烈发现海王星就是这样一个典型事例。

开普勒总结出了行星运动定律以后，人们对于行星如何围绕太阳运动这个问题已经知道得相当清楚了。

19世纪初，法国天文学家布瓦尔受法国当局委托，计算了木星、土星和天王星的“星历表”（星历表就是预报一批星球每天某些时刻处在天穹上什么位置的数据表格）。对于木星和土星，计算结果与观测十分相符。唯独对于当时所知道的最远行星——天王星，其计算结果不能令人满意。布瓦尔的“表”是在1821年公布的，过了9年，表中的数据就和观测结果差20″，而到了1845年，这个差值便超过了2′。

面对这种计算与实测不符的现状，科学家有不同的猜测和想象：一种猜测认为，牛顿万有引力定律不适用于遥远的天体，因而根据这个定律计算出来的“运行时刻表”与事实有差异；另一种则想象在天王星以外，存在着一颗人们尚未观测到的行星，是这颗行星的引力影响了天王星的运行规律。虽然持后一种观点的人是多数，但是没有人能拿出确凿的证据。

英国剑桥大学的学生亚当斯，1843年他才24岁的时候就开始对这个问题进行深入的研究。在此之前，人们所解决的问题都是根据观测到的已知行星来计算它的轨道；而现在所要解决的是根据天王星运行的偏差反过来推算这颗未知行星的位置，这是前人所未遇到过的逆向推理课题。1845年9月，他根据对天王星“运动失常”的研究，推算出该未知行星的轨道、质量和当时的位置。一年后，他又改进了这个结果。

住在巴黎的法国天文学家勒维烈，在不知道亚当斯的研究工作的情况下，也钻研着同一难题。1846年8月，勒维烈发表了他的研究结果。实际上，他所预言的未知行星位置与亚当斯所预言的只相差1°。

他写信给当时拥有详细星图的柏林天文台的工作人员加勒：“先生，请你把望远镜对准黄道上的宝瓶星座，也就是在经度326°的地方，那么你将在离此点1°左右的区域内见到一颗未知的行星。”

当年9月23日，柏林的青年天文学家加勒在收到来信的当天晚上，按照勒维烈指定的位置，果然搜索到了这颗前所未知的行星。这就是现在所说的海王星。

后人风趣地说：“别的星球都是用望远镜发现的，唯独海王星是在纸上推算出来的。”

在创造活动中，具有创造性的想象、联想是重要的，但是要形成现实的有创造性的发现或发明，就必须通过详实的考察、考证、搜集、推理、实验等诸多实际工作，在这些工作中，反馈思维是使考证、推理得以顺利进行的有效保障。这些实际工作往往非常艰辛浩大。人们在发现天王星的运行与星历表不一致以后，产生了“在天王星之外还有一颗行星”的创造想象。然而真正捕捉到这颗亮度很低的行星，还需通过亚当斯和勒维烈的以反馈思维作引导实施的创造性计算。

有些人在学习中很少有成果输出，遇到难题往往闷在肚子里，不敢进行质疑，其主要原因就是缺乏输出的反馈意识，或者缺乏自信，怯于“现丑”，长此以往，不仅使运用知识的能力受到抑制，而且对自己掌握知识的程度也不甚了解，因而无法实现自我控制，达到预期的学习目标。要改变这种状况，只有增强反馈意识，克服怯于输出的不良心理，才能做出有创造价值的成果。

反馈思维按照思维方式可以分为前馈思维、后馈思维。

前馈思维指人们在工作过程中，注意在客观情况发生新的变化之前争取时间、搜集信息，从中洞幽察微、见微知著，从而超前构思相应的对策，超前做好必要的调节控制准备的一种思维方法，也称超前反馈思维方法。

前馈思维方法早就引起古人的注意。所谓“凡事预则立，不预则废”。我国春秋后期的范蠡就是善于预测市场供求和物价的变化而取得成功的。他发现“贵上极则反贱，贱下极则反贵”的价格摆动现象，进而提出了“水则资本，旱则资舟”“夏则资裘，冬则资稀”的策略。本，指桑木，即农业。稀，意为薄的东西。范蠡这段话的意思是：靠江河湖水的地方，渔业变得普通，那么养桑种田的人反而能把农产品卖个好价钱；缺少水的地方，撑船打鱼的人更能挣到钱。夏天，别人都卖夏衣，只有你卖冬衣；冬天，别人卖冬衣，你卖薄薄的夏衣。物以稀为贵，反向经营反而得大利，这就是事物变化的辩证法。

受到当时生产条件的影响，古人的前馈思维大多数是经验型的，现代的前馈思维必须与科学的分析、推理相关联。

1982 年我国足球队参加第十二届世界杯“亚大区”出线权的决赛阶段比赛，最后和新西兰队争夺最后一个出线名额，在新加坡参加附加赛失利，举国为之震动。江苏省一个从事橡胶业生产的乡镇企业的负责人在报纸上看到这一消息后，就和专家们一起共同分析，预测到我国将会兴起儿童足球运动，于是做出了一项超前决策，研制了标准型中国儿童足球“贝贝球”；并不惜重金，通过各种渠道做广告，扩大影响，使该企业名声大振，蜚声域外。仅仅几年时间，产值就从 176 万元增长到 6000 万元，出口额 600 余万元。

该企业在儿童足球生产上取得成功后，马上抓住了我国有 12%~15% 的少年儿童是扁平足这一现象，开发学生运动鞋市场，又获得了成功。

后馈思维就是用历史的联系、传统的力量和以前的原则来制约现在，使现在按照历史的样子继续重演的思维方法。

后馈思维又可称为习惯性思维，是一种循轨思维。它面向历史，总是用过去怎么做、祖先怎么样、以前的经验怎么样来要求现在。因此后馈思维也是一种反馈式思维，它是思维的一种惯性运动，把思维方式固定化、绝对化。后馈思维总是要把“现在”反馈为“历史”的重复。所以，它也是一种“滞后型”的思维。它的向心力和惯性力的基础在历史。后馈思维的一般模式如图 3-2 所示。

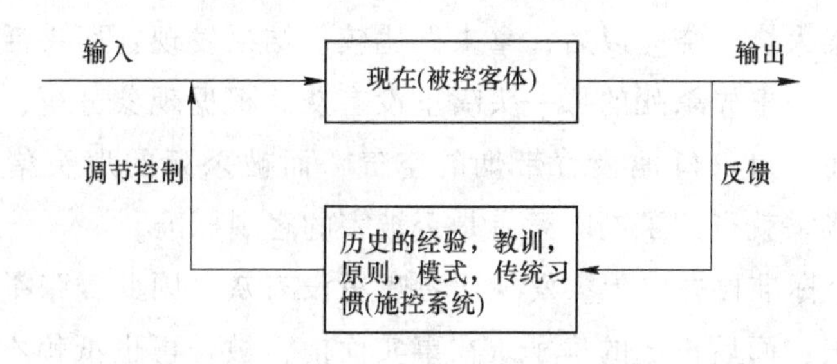

图 3-2 后馈思维的一般模式

后馈思维具有的典型的特点是指向性。一般来说思维都具有一定的指向性，所不同的是，后馈思维是把现在往历史上引导的指向性思维。它的“兴奋中心”总是历史上的某个阶段、某种情况，是一个通过“想当年”“要恢复到某某时的情况”的思维过程。后馈思维的指向性会产生两种结果：一种是对现在的缺陷、弊病感到不满，要以历史的成功经验和优良传统“改变”现在，这是积极的，因为创造是必须以固有的事物为基础的。后馈思维的另一种指向性是对历史“理想化”“厚古薄今”，其结果是以历史来“今变”现在，这是消极的。对此要进行具体分析。当一件事情已经发生，但对于事情的某些细节不十分清楚，而又要求了解这些细节的时候，就需要以后馈思维对已有的现象进行分析，因为在后馈思维的指导下，人们就可以进行适当的还原性的模拟工作。这一方法在科学研究工作中应用十分广泛，在地球演化研究中还原性的模拟作用巨大。不仅如此，在刑事案件的侦破过程中，在后馈思维的指导下还原性的模拟也十分有效，下面的故事就是这样一个典型事例。

东汉时期，句革县衙受理了这样一桩人命案：弟弟状告嫂子谋杀亲夫，要求偿命。而嫂子披麻戴孝泣不成声，疾呼喊冤。并且边说边哭“丈夫命苦”，说是丈夫醉酒后睡在床上，家中失火，丈夫没有跑出来，被烧死了。

原告则完全不理会这些陈词，一口咬定是嫂子害死了哥哥之后故意纵火烧房子，以制造假象。

原告被告各执一词，僵持不下。

按照当时衙门里的惯例，知县可以下令对被告施刑，逼她招供。但是审判此案的知县张举却没有这样做。他用了一个非常科学的办法，明断了这桩案件的真情。

张举叫差人弄来两头猪。杀死其中的一头，另一头还活着。把它们都放在猪圈里用柴火烧。烧完以后，拿来做比较。结果发现：那头活活被烧死的猪嘴里有灰，而事先杀死的那一头嘴里没有灰。根据现象分析，活着的猪在被烧死之前还一口一口地吸着带烟的空气，而被杀死的那头猪没有这个过程。这样，张举就得到了判断死者是否被害的客观标准。

根据这个标准再去验尸。发现死者嘴里没有灰。因此，张举断定被告是先害死了丈夫，而后再烧的房子。在事实面前，被告再也抵赖不了，承认了自己的杀夫之罪。其他官吏、差人、附近的老百姓，也都为张举创造了这样一个明断真情的办法而赞叹不已。

知县张举根据人和猪的共性，想到用猪做实验的模拟方法。从死猪和活猪被烧后的对比中，找到了它们之间的差异，断案使众人心服口服。特别是故事发生在近两千年前，他发明的这种断案新技术就显得更具创造性。

后馈思维既有消极因素，也含有一定的积极成分。我们要发挥它的积极作用，联系客观实际，正确对待传统的文化遗产，以实现思维的创造性。

第三节 变换思维角度

阿西莫夫是美籍俄国人，世界著名的科普作家。他曾经讲过这样一个关于自己的故事。

阿西莫夫从小就很聪明，在年轻时多次参加“智商测试”，得分总在160左右，属于“天赋极高”之列。有一次，他遇到一位汽车修理工，是他的老熟人。修理工对阿西莫夫说：“嗨，博士！我来考考你的智力，出一道题，看你能不能回答正确。”

阿西莫夫点头同意。修理工便开始说：“有一位聋哑人，想买几根钉子，就来到五金商店，对售货员做了这样一个手势：左手食指立在柜台上，右手握拳做出敲击的样子。售货员见状，先给他拿来一把锤子，聋哑人摇摇头。于是售货员就明白了，他想买的是钉子。聋哑人买好钉子，刚走出商店，接着进来一位盲人。这位盲人想买一把剪刀，请问：盲人将会怎样做？”

阿西莫夫顺口答道：“盲人肯定会这样——”他伸出食指和中指，做出剪刀的形状。听了阿西莫夫的回答，汽车修理工开心地笑起来：“哈哈，答错了吧！盲人想买剪刀，只需要开口说‘我买剪刀’就行了，他干嘛要做手势呀？”

阿西莫夫之所以答错，就在于他在思考问题时没有及时变化思维的角度。

古人在《题西林壁》诗中这样写道：“横看成岭侧成峰，远近高低各不同。不识庐山真面目，只缘身在此山中。”在实际的生活中，人的思维正如诗中写到的那样，往往受到自己所处环境和传统思维习惯的影响，而不善于变换思维角度。请看下面的两幅歧义画，图 3-3 是 J. 亚斯德罗的《鸭子和兔子》，图 3-4 是 W. 希尔的《年轻的妻子和岳母》。

图 3-3　《鸭子和兔子》

图 3-4　《年轻的妻子和岳母》

如图 3-4 所示，如果把埋在大衣领间的白色部分看成没了牙的嘴巴和下颌，接着向上看去，就会看到一个戴白头巾穿毛领大衣的老太婆。如果把老太婆的鼻子看成一个侧过去的脸的下颌，将老太婆的嘴巴看成脖子和套在脖子上的项链，老太婆的眼睛被看作耳朵，于是，就出现了一个漂亮的少妇像，虽然大衣和头巾对于头有些比例失调，但是谁也不会计较这一点。又是少妇，又是老妪，一个形态被看成了两个不同的形象，只有变换思维角度，才能看到这样两个不同的形象。

要实现创造性思维，就要适当改变思维的方向、变换思维的角度。传统的思维是一种正向的思维方式，要变换思维角度，就要采用逆向思维、侧向思维、合向思维和水平思考法，增加思维形式，促进思维的多样化。

一、逆向思维

有这样一个题目：有两支香，粗细、长短各不相同，但它们完全燃烧完毕的时间都是 1 小时。现在除了火柴以外没有任何工具，请测出半小时和 45 分钟。

上述问题的解决方案是：用火柴同时点燃两支香，一支香点燃一头，另一支香点燃两头；当点燃两头的一支香燃烧尽时，将另一支香的另一头点燃。这样，第一支香燃烧尽时，时间为半个小时；第二支香燃烧尽时，时间为45分钟。

在习惯的思维里，香是从一个方向点燃并燃烧的，而使香从两个方向点燃并燃烧，需要的不仅仅是突破思维习惯，更需要变换思维角度。而逆向思维就是一种典型的变角度思维。

逆向思维也叫反向思维，是一种创造性思维，它强调要从事物的反面或对立面来思考问题。逆向思维与正向思维相对应。正向思维是指人们运用过去的知识和经验，在已有理论指导下思考问题和解决问题的一种能力或方法。正向思维在人们日常思考和科学研究中起着巨大的作用。但是，由于人们受心理倾向、心理定式的影响，即在思考问题时，采取一次特定的思路，下一次采取同一种思路的可能性就很大。在一连串的思想中，一个个观念之间形成了联系，这种联系紧紧地建立起来，以至于它们的联结很难破坏，这样，就容易导致人们形成一种固定的思维模式，即习惯性思路或思维定式，如“守株待兔”的千古笑谈就是其中一例。

逆向思维则需要突破这种习惯性思路或思维定式。它是从事物常规的相反方面去探索思考问题和解决问题的一种思维方法。根据唯物辩证法的基本原理，事物都存在着正反两个对立面，所以，人们在对待事物的时候就需要既看到正面也要看到反面，既看到前面又看到后面，既看到外面又看到里面。这就是逆向思维得以成立的基础。

人们的思维，在主流上是正向思维，即凭借以往的经验、知识、理论来分析和思考问题，这是人类文明得以源远流长和发扬光大的内在源泉，也是每一个体系得以逐步完善的根本所在。但是，其中的负效应也助长了人们思维定式或习惯思路的形成，知识越多，经验越丰富，思路也就越教条，越循规蹈矩。天才和聪明人正是心中藏着逆向思维才获得成功的。相反，一个知识或经验十分丰富的人，如果堵死了逆向思维的通道，遇到难题就只能一条思路走到底，最后陷入死胡同而不能自拔。由此可见，逆向思维对于开阔人们的思路是非常重要的。

（一）逆向思维的基本形式

首先，在思维活动中通过正视事物矛盾的对立来认识和把握事物。事物都包含着对立的两方面，人们的认识和主观思维必须符合事物的实际，如果只注重一个方面而忽视了另一个方面，只看到矛盾的正面作用或正效应，而忽视了矛盾的反面作用或负效应，就会在实践中碰壁。只有看到事物矛盾着的两个方面，在事物对立着的两极中思维，才能全面而正确地反映事物、认识事物，在实践中取得成功。爱因斯坦正是有意寻求对立双方的同时存在和相互联结的情形，才能从对立事物中找到完美的统一，从表面上看来似乎不合逻辑的情况提出合乎逻辑的假说。

其次，在思维过程中通过从事物矛盾的反面来思考，以达到认识事物、表达思想、进行发明创造和实现科学决策的目的。

事物都有正面和反面，相反的方面不仅相互排斥，而且可以互相联结，具有同一性。从事物的反面进行思考，比起从事物的正面进行思考显得思考的角度更加广泛。认识事物不是只有一个角度，也不是只有两个角度，而是可以从多个侧面、多种不同的角度来揭示。各种事物、现象之间既有必然的联系，又有偶然的联系；一种原因可以产生多种结果，一个主攻方向上屡攻不克时，应研究悖逆以往的分析、解决问题的途径，把问题的重点从一个方面转向另一个方面，从而打开一条新的思路。也就是说，思维在一个方面受阻时，就可以从相反的方向试试；反向思考如果不能解决问题，还可以再改换一下角度，另找几个侧面去试探。就如打仗一样，正面攻击敌人不利，就可以从后面或侧面发动进攻。

圆珠笔漏油问题的解决就充分显示了从事物的反面进行思考的巨大作用。早期生产的圆珠笔，由于笔珠磨损导致漏油而未得到广泛应用。为了解决这个问题，人们按照常规的思维方式进行思考，即从分析圆珠笔漏油的原因入手来寻求解决问题的办法。漏油的主要原因是笔珠受到磨损而增大笔球与笔芯头部的间隙或蹦出，油墨就随之流出。因此，人们首先想到的解决办法就是增强圆珠笔的耐磨性。于是按照这个思路，人们在增强圆珠笔的耐磨性的研究上投入了大量的精力，甚至有人想用耐磨性极强的宝石和不锈钢作笔珠。经过反复试验，这种思路又引发了新的问题，由于笔芯头部内侧与笔珠接触的部分被磨损，仍然可以使笔珠蹦出，也能导致油墨流出，漏油的问题还是没有解决。正当人们对漏油问题一筹莫展之时，日本发明家中田鹰三郎打破了思维常规，运用逆向思维解决了圆珠笔漏油问题。他认为不管使用什么材料作笔珠，圆珠笔都会在写到 2 万多字的时候开始漏油，那么，解决问题的关键便不是选取什么材料作笔珠，而如果控制圆珠笔的油墨量，使所装的油墨量在漏油前已经用完，不就可以解决漏油的问题了吗？于是他便改变圆珠笔的油墨量，使所装的油墨量只能写到15000字左右便用完了，漏油的问题迎刃而解。从这个例子里，我们不难体会到逆向思维的巨大作用。

在社会生活中，从反面来思考，有时是通过利用人们的逆向心理来实现的。逆向心理即抗拒心理，也叫心理抵抗，是指人们对某种行为、思想或宣传采取方向相反的态度，或仍保持原来的状态。有人认为，逆向思维与逆反心理无关，其实这种说法有些欠考虑，因为逆反心理正好为逆向思维提供了社会心理基础。三国时诸葛亮玩“空城计”，也正是在一筹莫展之际，充分利用了司马懿的逆反心理而获得成功的。司马懿以为诸葛亮向来用兵谨慎，怎么会在此设一空城呢？想来必有伏兵，赶快撤退，恰好中了诸葛亮的计策，过后司马懿追悔莫及。

最后，凡做一件事情都从反面想想，可以弥补只从正面思考的不足。

在分析问题、进行决策时，逆向思维的作用不可低估，人们常用“凡事预则立，不预则废”的古训来提醒自己，这里的“预”，也包括把事情反过来想一想。第二次世界大战结束之后，有一个英国人和一个美国人同时到一个岛上去推销鞋。他们到了该岛之后，发现该岛上的人全都赤着脚，根本就不穿鞋。于是英国人向总部发回电报：该岛上的人根本不穿鞋，没有销售市场。而美国人则相反，报告总部说，该岛上目前还没有人穿鞋，极具市场潜力。后来，美国公司免费赠送给该岛居民许多鞋子，并且教会他们如何穿用，让岛上居民逐渐体会到穿鞋的好处，从而占有了整个鞋业市场，大大赚了一笔。

由此可见，在商业竞争中，谁能从反方向来思考一下问题，谁就可能抓住商机。日本的丰田第一任老板田章一郎说：“我这个人如果说取得了一点成功的话，是因为我对什么问题都倒过来思考。”倒过来思考，才能不断提出新问题，比别人想得更深、更全面，找出更多的“第二正确答案”。对于一个濒临破产的企业，如果能找出第二种正确答案，就能起死回生，卷土重来。一个优秀的企业家往往能突破单一的思维定式，找出第二个正确答案，使企业在竞争中立于不败之地。

在体育比赛中更是如此，正如奥斯本所说，最好莫过于提出这样的问题：我们的竞争对手为了超过我们会做什么？1981年中国女排在参加世界杯之前，为了迎战世界强敌苏联队，主教练袁伟民专门从全国男排冠军队——江苏男排调来3名主力队员，模仿苏联队的打法给中国女排作陪练，从技术战术等方面加强自己队伍。终于在该年度的世界杯赛中战胜了苏联队，第一次夺得了世界冠军。众多的球队在比赛之前，都是把对手的比赛录像拿过来反复研究，包括球队惯用阵型、打法乃至对每个队员都进行分析，从而制定出克敌制胜的奇招。

美国微软公司的总裁比尔·盖茨在开始创业之时，只是一个大二学生，既无资金，也无厂房。当时，大型计算机几乎控制着整个计算机行业，而小型机也只是刚刚占有一席之地，微机还是个人可望而不可即的奢侈品。比尔和他的同事另辟蹊径，把注意力放在个人计算机系统软件的开发上，开发出个人计算机不可缺少的操作系统——DOS，使个人计算机的使用上了一个新台阶。而后，他又大胆地逆向思维对DOS不加密，占领市场，当个人计算机普及之时，他利用独有的市场条件，提出了与个人计算机捆绑销售的策略，获取了巨大的财富。

总之，逆向思维告诉我们，在优越感中要警惕危机的因素，而在危机中又要看到优越的所在；在顺利的环境中要看到逆境的存在，在逆境中要看到顺利的可能；在成功中看到有失败的部分，在失败中更要看到成功的基因；富裕和贫乏、团结和分裂、前进与倒退等都是相互渗透、相互依存、相互交融的。

（二）*逆向思维应用实例*

逆向思维好比开汽车需要学会倒车技术一样，如果不学会倒车技术，一旦你的汽车钻进了死胡同，就出不来了。思考问题时，人们有时也会钻进死胡同出不来，逆向思考就能帮你退出来。正像我们用不着总开倒车来显示自己的倒车技术一样，我们也用不着总使用逆向思维方法，但是一旦需要时，如果不会使用它，你就会陷入困境。

逆向思维主要表现为思维逻辑逆推、方向、位置、顺序等的逆向思考。在具体的应用过程中，主要有如下表现形式：

第一，思维逻辑逆推。所谓思维逻辑逆推，就是指从要解决问题的结果出发，从结果推向解决问题的方法。邓小平理论中的很多论断就是这种逆向思维。

1978年10月开始，在中国大地上展开了一场关于真理标准问题的讨论。

这场全党全国范围的大讨论，冲破了“两个凡是”的教条主义禁锢，推动了全国性马克思主义思想解放的运动，也为邓小平理论的创立提供了条件。在研读邓小平理论时，我们不难发现邓小平理论的许多方面论断都体现着逆向思维的特点。

例如，“三个有利于”标准体现着典型的逆向思维。

1992 年春，邓小平同志在南方谈话中，精辟地分析国际国内形势，科学地总结了十一届三中全会以来党的基本实践和经验，明确地回答了经常困扰和束缚我们思想的许多重大认识问题。并且郑重告诫全党全国人民，判断是非的标准，应该主要看是否有利于发展社会主义生产力，是否有利于增强社会主义国家的综合国力，是否有利于提高人民群众的生活水平。这“三个有利于”后来被写进十四大报告和中国共产党党章总纲，成为判断各方面工作是非得失的根本标准。

从这里我们不难发现如图 3-5 所示的这样一个模式。

“三个有利于”目标 ⟹ **判断是非的标准条件**

图 3-5　“三个有利于”的思维模型

从图 3-5 我们可以清楚地看到“三个有利于”标准体现着典型的逆向思维。因为一个社会主义国家的目标便是发展生产力、增强综合国力、提高人民群众的生活水平，所以，我们可以从这个目标出发，逆向推出我们应该采取的路线、方针和政策，然后再按照已经确定的路线、方针和政策去实现我们的目标。

第二，方向反向。所谓方向反向就是通过改变事物的方向来解决问题。我国北宋大臣、史学家司马光在幼年时候砸碎水缸救人就是利用方向反向，从逆方向思考获得成功的典型实例。

儿时的司马光，和许多同龄的孩子们一起玩耍。一次，一个孩子不慎跌进了盛满水的水缸里，眼看就要被水淹死。在场的孩子们都因为没办法救他而急得手足无措，哇哇乱叫。只有小司马光沉着冷静地举起一块大石头砸向水缸。水缸被砸破了，缸里的水流了出来，跌进缸里的孩子得救了。为什么多数孩子急得手足无措呢？那是他们习惯于传统的正向思路，想把被淹的孩子从水里捞出来。孩子们没有那么大力气，也没有那么高的个子，所以只是干着急。司马光砸缸救人，就是从反方向考虑，实现了位置方向的反向：不必让人躲开水，而是叫水躲开人，同样能够达到救人的目的。用这种方法救人，只要用石头把缸砸破就行了。工业设计中的液压泵与液压马达、吹风机与排气扇、空气压缩机与活塞泵、电磁原理等均属方向相反的逆向思维的实例。

第三，位置反向。所谓位置反向就是通过改变事物中组成部分所处的位置来解决问题。日本在修筑大阪城时，解决从海岛搬运重量巨大的原材料——“巨石”的办法就是典型性的位置反向。

在日本，有个著名的“巨石载船”故事。日本大正11年（即1522年），丰臣秀吉平定了战乱之后准备修筑大阪城。为了把大阪修成一座固若金汤的名城，需要很多巨大的石头。经过调查，得知在日本西部的一个海岛上可以采到合格的石块。但这些石块每块有50张席子那么大，搬运很不方便。特别是装船东运时，一装船就要把船压沉到水下，试了几次都不能把这样的巨石运走。就在大家无计可施的时候，一个人站出来说：“看来用船载石是不可能了，那就用石载船吧！”大家按照他的说法，把巨石捆在船底，使石头完全淹没在水中，而船却有一部分露在水面之上，这样果然顺利地把石头运到了大阪。

为什么这样能使船正常地航行呢？大家知道，水作用于物体的浮力，等于该物体所排开的水的重量。石头在船上时，如果石头很重，船所排开的水不足以使其浮力与总重量达到平衡，船必然沉入水下。而石头在船下时，首先把大体积的石头全部淹没，产生了相当的浮力，而后船体再排开一部分水，又产生一定的浮力，这样，总浮力就可以和总重量平衡了。

巨石载船的妙计，就是打破传统思路，运用逆向思维的结果。

下面的设计压力容器密封盖位置的例子，也是属于位置反向的典型实例。设计者将密封盖从罐体外侧移入内侧（如图3-6所示），由于借助法兰的自身强度和罐内有压物质的压力，既可提高密封效果，又可大大缩小螺栓的结构尺寸，节省材料。

第四，顺序反向。所谓顺序反向就是通过改变事物顺序来解决问题。下面的例子就是一个典型的案例。

海南省崖县的农民孙会照1982年开始养鸭，每只都养到6~7斤才出售，结果因鸭大而滞销，顾客嫌一次性花钱太多不想买。孙会照反向经营，变大为小，把鸭养到2~4斤就上市，滞销变畅销。通常情况下，人们的思路是鸭

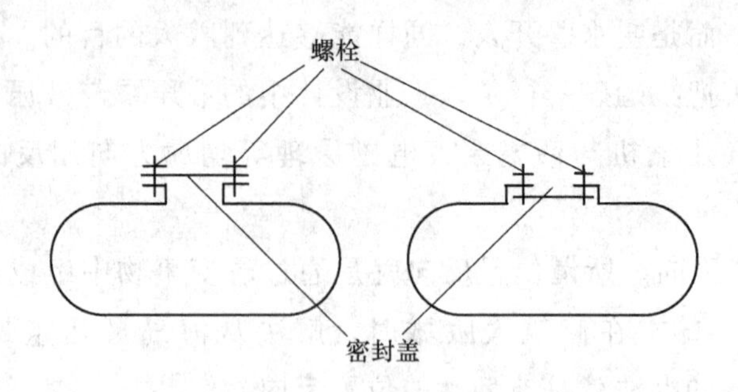

图 3-6 压力容器的密封盖

养的越大越能赚钱，如果滞销了，只会怪顾客中吃鸭的人少了。而孙会照不仅细细琢磨顾客的心理，还来个逆向思维，巧妙地解决了这个问题。

后来，孙会照又从市场供需中得到启示，每年鸭上市都集中在夏秋两个季节，这时鸭旺价贱，旺季一过，价格回升。能不能再进行逆向思考，反季节养鸭呢？于是，他通过大胆实践，饲养的鸭在淡季上市，从中获得较高的效益。

孙会照所使用的方法叫时差反弹——与季节相反，推出产品。目前在北方比较流行的反季节蔬菜种植也是典型的顺序反向。物以稀为贵，反向经营反而得大利，这就是事物变化的辩证法。

第五，优缺点反向。中国有句古话，叫作“有则改之，无则加勉”。就是说，有了缺点和错误，一定要想办法改正；即使没有缺点和错误，也要时刻提醒自己，不要犯类似的错误。因此，一提到“缺点”，人们就习惯地抱以否定的态度。有谁会喜欢缺点呢？然而世界上没有十全十美的事物，因而事物的缺点在所难免。如果我们能化解对缺点认识的抵触情绪，想到巧用缺点的办法，不但能将损失降到最低点，而且有可能取得意想不到的效果。

詹姆士·杨是新墨西哥州高原上经营果园的果农。每年他都把成箱的苹果以邮递的方式零售给顾客。有一年冬天，新墨西哥高原下了场罕见的大冰雹，一个个色彩鲜艳的大苹果被打得疤痕累累，詹姆士心疼极了。“是冒着会被退货的危险呢，还是干脆退还订金？”他越想越懊恼，歇斯底里地抓起受伤的苹果拼命地咬。忽然，他发觉这苹果比以往更甜更脆，汁多味美，但外表的确非常难看。“唉，多矛盾！好吃却不好看。”他辗转反侧，夜不能寐。一天，他忽然产生了一个创意。第二天，他根据构想的方法，把苹果装好箱，并在每个箱子里附了一张纸条，上面写着：“这次寄送的苹果，表皮上虽然有点受伤，但请不要介意，那是冰雹的伤痕，这是真正在高原上生产的证据呢！在高原因气温较低，因此苹果的肉质较平时结实，而且产生一种风味独特的果糖。”在好奇心驱使下，顾客莫不迫不及待地拿起苹果，想尝尝味道。“嗯，好极了！高原苹果的味道原来是这样！”顾客们交口称赞。

陷入绝望的詹姆士·杨所想出来的创意，不但挽救了他重大的危机，而且大量订单专为这种受伤的苹果而来。

追求完美是人之常情。对于事物的缺陷，是否就该一概排斥呢？

詹姆士·杨的成功给了我们一个特别的启示：巧用缺陷也是一个能助你走向成功的好方法。

优缺点反向也称“缺点逆用”“巧用缺陷”，它的目的是要化弊为利。使用这一思维方法，首先要发现事物可利用的缺点。一般来说，发现事物的缺陷并不困难，但要找可以利用的缺陷却不容易。因为缺陷多是人们在特定场合要排斥的，所以，人们往往习惯地认为在其他场合也应加以排斥而不考虑运用。在发现可利用的缺陷后，紧接着要分析缺陷，抽象出这种被认定为缺陷的现象后面所隐藏的可以利用的原理和特性。在一定科学原理的指导下，便可构思巧用缺陷或设想的方案了。

第六，无用、有用反向。无用、有用反向就是把无用之物变成有用之物，生活中有很多物品往往由于为它寻找到新的适用位置而获得新价值，也可以说是变废为宝。

战国时惠施有一次对庄子说，别人送给我一个大葫芦种子，我种下后结出一个100多斤重的大葫芦，用它盛水，重得拿都拿不动，剖开做瓢，又想不出该用它盛什么，实在是太大了，因为没什么用我就把它砸碎了。庄子听了之后说，其实每件事物都有它自己的用场，你认为它无用，是因为你没把它安排到合适的位置，假使有朝一日派上用场了，无用的就能变成有用的了。像你的大葫芦，如果让它浮在江湖之中，做个盛酒用的酒器不是很好吗？

1859年，只有20岁的美国药剂师切斯博罗在参观宾州新发现的油田时，遇到了一件值得思考的事：在油田里，石油工人们非常讨厌“杆蜡”，杆蜡是油井抽油杆上的蜡垢，是一种毫无用处的废物，工人们必须经常清除这种废物，才能使抽油杆有效地工作。

切斯博罗想，杆蜡是和石油一起生成的矿物质，说不定在什么地方会有用的。于是便进一步问道："这东西难道真的一点儿用处也没有了吗？"工人们告诉他说："杆蜡对钻井或许是一无是处，但用它来治疗烫伤和割伤倒还有点用。"切斯博罗听了心里一动，他收集了一些杆蜡的样品带了回去。

他研究提炼、净化这些渣滓的方法。终于从这些石油渣滓中提炼出了一种油脂，并把它净化成半透明的膏状物。这种膏状的油脂有什么用呢？因为他是个药剂师，自然往医药方面想得多一些。

有一次，他的手腕碰伤了，找来一盒药膏准备敷伤。可他打开药盒时发现药膏变质了，上面有绿色的霉点。他向卖药的药房主管询问，主管说："药膏是用动物油和植物油调制的，时间长了就要腐坏。"切斯博罗听了心中豁然开朗，连声说："谢谢，非常感谢！"捂着手腕就往回跑。药房主管非常诧异，心想：药膏变霉不要求赔偿，还说谢谢，真是个怪人！

切斯博罗弄来了一些药物，开始用他制作的油膏做调制药膏的实验。第一个被试验的就是他自己。他把这种药膏涂在自己的手腕上，很快就养好了。为了完善这项发明，他还不止一次地把自己割伤、刮伤、烫伤，看看这种药膏对不同伤口的作用如何。经过一些改进，效果也都不错。

1870 年，他完成了研究工作，建立了第一座制造这种油膏的工厂，并把油膏定名为"凡士林"。现在，凡士林油膏行销 140 多个国家，消费者找出了上千种方法使用它。

(三) 应用逆向思维的注意事项

应用逆向思维要注意以下几方面问题：

首先，逆向思维的运用有其限度，这个限度就是要符合逆向思维的方便性原则。即在正向思维能充分起作用的限度内，一般不动用逆向思维，只有在正向思维使用不灵便时才起用逆向思维。在数学的证明中就充分体现出这一点，只有当直接证明不能实现时才使用间接证明。正如反证法的运用，先假定需要证明的问题为假，然后由此推导出逻辑矛盾，从而得出原假设论题为假，即原命题为真。反证法是直接证明方法的有效补充，是逆向思维方法的典型应用。

其次，逆向思维的作用方式有其规范性。虽然，逆向思维既可以从事物矛盾的反面进行逆向思考；但是，其反面必须与事物矛盾的正面相关，否则这种逆向思考将不成立。对待不同的具体问题，需要进行不同形式的逆向思维。

最后，逆向思维的作用具有不扩散性。逆向思维并不要求对任何的小事都来一番思考，恰恰相反，在大量常规场合，都是正向思维在起作用。比如一个企业的规章制度在制定之后，必须坚决地加以执行，这与逆向思维并不矛盾。

总之，我们在使用逆向思维时，需要的是科学的怀疑态度和叛逆精神，而不是逆历史潮流而动；需要的是敏捷创新，而不是畏缩不前，左右摇摆而不进。

二、侧向思维

在20世纪50年代，有一次外国记者问周恩来总理："中国银行有多少钱?"面对这一不友好的询问，若从正面无论怎样回答，都不会产生良好的效果。只见周总理坦然地笑笑说："中国银行嘛，共有拾捌元捌角捌分钱，人民币是中央人民政府发行的货币，具有极高的信誉。"在场的中外人士经过短暂的惊讶而反应过来之后，立即钦佩地报以热烈的掌声。因为当时流通的人民币共有10种面值，即：拾元、伍元、贰元、壹元；伍角、贰角、壹角；伍分、贰分、壹分，它们相加的总和正好是"拾捌元捌角捌分钱"。外国记者本意是想让总理说中国银行里没多少钱，进而产生尴尬局面，但周总理改变思维方向运用侧向思维作出的巧妙回答，可谓语惊四座。这种出神入化的思维既无懈可击，又极大地维护了中国金融的威信。

发明家莫尔斯在发明电报的过程中，遇到了一个极大的问题，即电报信号在长途传输过程中发生衰减现象。他一直陷在苦思冥想之中。一天，他坐驿车从纽约到巴尔的摩，一路上都在沉思他的问题，当驿车到达驿站时，车夫更换了马匹，又重新以极大的速度奔向前方。莫尔斯望着奔驰的骏马，望着飞快掠过的路面，眼睛一亮：驿站换马，解决了马在长途奔跑中力量衰减的问题，那么在电报的线路沿途设置放大站，不断放大信号，不就解决了电信在长途传播过程中的衰减问题吗?他经过实验，终于获得了成功，发明了电报。驿车换马与电报信号传输，原本毫不相干，但由于"驿站换马"这个诱因的刺激、启发，引导了莫尔斯向另外的方向去思考，侧向思维使发明家产生灵感，联想到电信传播，从而解决了问题。

由此可见，侧向思维是指从其他离得很远的事物中，通过联想获得启示，从而产生新设想的一种创造性思维方法。

“任意角等分仪”的发明，就是运用侧向思维法的结果。一开始，研究者感到需要简便地等分任意角时，并不知道这是一道著名的世界难题，即用圆规和直尺不能三等分已知角。当研究者知道这是一道著名的世界难题后，并没有退却，而是想尽各种办法，决心使这项研究继续下去。一天，研究者无意中打开扇子，突然受到启发，惊奇地发现，把几个等腰三角形连接起来就像一把扇子，而打开扇子就看到许多等分角，扇子的轴就是几个角的公共点，从而使研究者联想到等分角的办法。经过进一步研究发现，沿着等腰三角形底边上的高，开一条导向槽，用一枚大头针配合，公共顶点就可以沿槽任意移动，这样就可以任意等分角了。用此方法，就发明了非常精致简单而又经济实用的任意角等分仪。

我国杰出的科学家、地质学创始人李四光，有一次看见家里的狗跟小猫钻洞，但怎么也钻不进去，急得汪汪直叫，他的女儿跑来赶狗，李四光笑着说：“你是否学学牛顿，在这个洞口的旁边再开一个阿龙（狗名）可以通过的大一点的门呢？”一提到牛顿，当时正在进行地质力学研究的李四光受到启发，想起了反作用力，从而提出“地应力”这个概念。

研究免疫力而获得诺贝尔奖的俄国生理学家梅契尼科夫曾为机体同感染作斗争的机理问题绞尽脑汁。一天，他对海盘车的透明幼虫进行观察，还把几个蔷薇刺投进一堆幼虫中，那些幼虫马上把蔷薇包围起来吞食掉。他立刻联想到刺扎进手指时，白细胞就把刺包围起来，把这个异物溶解掉。经进一步研究，于是产生了吞噬作用学说，从而揭示了高等动物身上的吞噬细胞，在炎症过程中起着保护机体的作用。

自古以来，西瓜的瓜蔓都是趴在地上，长出来的西瓜也是躺卧在地上。中国有句古谚：“瓜田不纳履，李下不整冠。”（出自汉朝古乐府）说明西瓜匍匐在地上的现实至少存在1800年了。长久的存在，使人们认定这是一种必然现象。

河北省新乐市邯邰镇是个产西瓜的地方。为了改善西瓜的质地和产量，镇政府组织科技人员和老瓜农成立了专题研究组。他们从黄瓜、丝瓜、冬瓜等都是在架子上开花结果的现实，联想到西瓜也有这种可能。并且想象，西瓜一旦爬上了架子，由于光照的均匀和空气的畅通，西瓜的质地和产量都将大幅度提高。就是根据这些基本设想，从1996年开始，他们进行了试验研究。

经过3年试种，他们积累了丰富经验，创造了奇特的业绩：(1) 躺卧在地上的西瓜，在和地面接触的地方有一块颜色浅淡，这里面瓜瓤口感欠佳。而在架子上结的西瓜处处都非常鲜美，引来许多瓜商千里迢迢前来订购。(2) 爬架的西瓜种植密度高。平均亩产由原来的3000~3500公斤增加到5000公斤左右。(3) 上市时间提前。按1999年的情况，爬架西瓜上市时间提前了20天，经济效益显著提高。

由于研究组的创造性工作，爬架西瓜种植面积年年扩大，群众受益不断提高，种植西瓜成了邯郜镇的支柱产业之一。

邯郜镇的科技人员和老瓜农从西瓜和黄瓜、冬瓜的类比中，根据它们的共性和个性，创造了种植爬架西瓜的新技术，使产量和质量都大幅度提高。由于他们能冲破传统观念，源于和有关事物类比的联想，发现了新规律，创造了新办法。

侧向思维法不仅在科学创造发明中起着非常重要的作用，也是艺术创造的一个重要思维方法。如19世纪俄国著名作家列夫·托尔斯泰在他的世界名著《安娜·卡列尼娜》中详细地描绘了出色的肖像画家米海依洛夫的一个创作故事。一天，米海依洛夫着手作画，他想画出一个人的盛怒面孔，可怎么也画不好。这时他想起了以前曾画过一幅类似的画，也许可以做些参考，便让小女儿把那幅弃置一旁的画取来。他眯起眼睛，盯着这幅沾满蜡烛油渍的旧作，忽然，他从油脂污点的奇形怪状中得到启发，随即信手挥毫，妙笔所至，画中人平添了几许怒色。这是侧向思维法帮助艺术创造取得成功的一个例子。

在改变思维方向的过程中，思考者可以根据以往的知识和经验或某一指导原则，判断出解决某一问题的方法所在的方向，于是撇开其他方向，敏锐地直接选择这一方向进行思考和研究。这种典型的侧向思维方法被称为直接定向强方法。

这种方法可以用公式$A \to X \to Fa$来表示。其中A为已知材料，X为新现象，Fa为答案。由于新现象X与已知材料A之间有直接的联系，使思考者能够迅速地识别该新现象的模式，判定答案Fa直接蕴含在已知材料之中，从而瞄准这一方向寻求正确答案，而不必尝试用别的方法来解决问题。

在人类历史的早期或者人类刚刚涉足的领域，人们往往在没有经验指导或缺乏足够专业知识的条件下，不得不在多种可能性之间进行反复的比较、分析、试错、修正，最后筛选出解题所需的信息。这种方法被称为试错方法，也被称为无定向探试弱方法。

无定向探试弱方法，是与直接定向强方法相反的方法。可用公式 $A \rightarrow X \rightarrow F^a \rightarrow B$、$C$、$D$、…来表示。其中 X 为新现象，F^a 表示受阻，从已知材料 A 中得不到正确答案，只有跳出已知材料 A，才有可能借助与 A 不同的信息 B、C、D、…不断探试选择，最后找到正确的答案。

无定向探试弱方法以尝试和易变为特征，思维效率不一定高，有时还要冒几分风险，但选择信息的回旋余地大，运用得当，常可有突破性的创造。

例如爱迪生和他的合作者在解决电灯灯丝问题时，是在试验了6000种不同的材料后，才找到了最恰当的钨丝。

又如，美国病毒学家科克斯博士，花了很多时间和精力去改进在组织培养中生长立克次体微生物的方法。他曾尝试加进各种提取液、维生素和激素，但都没有成效。有一天，在做试验准备时，用作组织培养的鸡胚胎组织不够了，他便使用了在以前由别人扔掉的蛋黄囊。以后，在检查这些培养物时，他又惊又喜地发现，在放进了蛋黄囊的那些试管中产生了大量的有机体。次日，他又第一次将立克次体微生物直接注射到蛋黄囊中，就这样科克斯发现了大量生长立克次体微生物的简便方法。

无定向探试弱方法常用于那些久久徘徊于创造者脑海中非常规、高难度的创造性课题。面对这类课题，许多常规的、定向的思维方法难以奏效，不得不把它转让给无定向探试弱方法去解决，通过不断地摸索，取得突破性的创造。

值得注意的是，无定向探试弱方法虽然是一种试探性的、自由度很高的思维方法，但使用该方法绝不等于可以无根据地盲目冒险蛮干，否则将一事无成。

侧向思维方法的一种有效方法是趋势外推法。趋势外推法又称趋势外括法或趋势分析法，是一种属于探索型预测的思维方法。

趋势外推法的前提是：过去发生的某一事件，如果没有特殊的障碍，在将来仍会继续发生，它是依据事物从过去发展到现在再发展到未来的因果联系，认为人们只要认识了这种规律，就可以预见未来。正因为如此，在运用趋势外推法时，对于事物的未来环境并不作具体的规定，而是基于这样一种假说，即影响过去时期发展的主要因素和趋势，在推测时期中是基本不变的，或其变化的趋势和方向是可以认识的，因而未来仍将按从过去到现在的趋势发展下去，人们也就可以从现实的可能出发，从现在推向未来。

趋势外推法是以普遍联系为其理论根据的。根据普遍联系的观点，客观世界的事物都是相互联系、彼此影响的。从横向看，每个事物都处于普遍联系的链条中，都是普遍联系的一个环节，认识和把握其中一个环节，可以认识到其他的事物；从纵向看，每个事物都有其自身发展的历程，即都有过去、现在和将来的发展过程。可见，趋势外推法有两个方面。

首先，趋势外推一般从横向联系来预测事物发展的趋势。著名历史小说《三国演义》里“孔明借东风”的故事就是一个生动的例证。曹操大军已到江边，迫使孙刘联合。由于敌强我弱，不能硬拼，只能智取，于是决定用火攻摧毁对方的船只。但火攻须借助风力，当时真是“万事俱备，只欠东风”。正在这关键时刻，孔明答应可以“借东风”。结果到进攻敌人那一天，果真刮起了东风，一举烧毁了曹操的船只。孔明为什么能“借东风”？因为他精通天文地理，能根据天气的变化趋势，预测到那一天具备刮东风的条件。

其次，要更好地实现侧向思维，仅仅通过“趋势外推”是远远不够的，通过加强外界刺激来促进思维方向的转移则是更有效的策略，而要更好地加强外界刺激就要寻求诱因。寻求诱因是以某种信息为媒介，从而刺激、启发大脑而产生灵感的创造性思维方法。

寻求诱因方法往往是以某个偶然事件（信息）为媒介，它通过刺激大脑而产生联想，豁然开朗，迸发出创造性的新设想而解决问题。当一个问题百思不得其解时，诱发因素是极其重要的，所谓“一触即发”，就包含了诱因的媒触作用。

诗仙李白的诗人人皆知，百读不厌，他的许多绝句都是在饮酒时创作的。李白只要一喝酒，灵感就会迸发，因此有“李白斗酒诗百篇”之说。

以诺贝尔奖闻名于世的艾佛雷德·诺贝尔是一位杰出的化学家和语言学者。他的最大贡献是发明了“达纳炸药”，给世界工业的发展开拓出美好的前景。与此同时，也使诺贝尔家族发了大财，为以后设奖奠定了经济基础。

诺贝尔父亲的火药制造工厂由诺贝尔管理，他一边经营一边研究比火药威力更大的炸药。开始，他开发出硝化甘油液体炸药。尽管这种炸药有极大的爆炸力，但是受到冲击时极易爆炸，安全性很差。工厂接连发生几次爆炸事故，因此运输时要格外小心。

有一次，工厂把装着硝化甘油的油桶堆在海滩上以备装船。不知为什么，有一个桶底出现了漏洞，把“硝化甘油”漏到了海滩的沙子上。诺贝尔想，硝化甘油是炸药，那么被硝化甘油浸湿的沙子会不会也是炸药呢？于是他悄悄地把带油的沙子带回去做试验。出人意料的是，这些被硝化甘油浸过的沙子不怕冲击和敲砸，但是在用火靠近时发生了爆炸。就这样，在油桶底漏油之后，偶然地发现了既不怕冲击又能够爆炸的物质。在这个基础上，又经过多次试验研究，最后在 1867 年发明了既有爆炸力又安全可靠的一种新炸药，这就是“达纳炸药”。

“达纳炸药”的发明虽然出于一个偶然机会，但正是这个诱因与诺贝尔富于想象力思维的有机结合，硝化甘油从桶底漏掉才成为发明“达纳炸药”的关键环节。

X 射线的发现，是物理学的一项重大突破。在 19 世纪末，物理学中的力学、热学、光学和电磁学都已经建立了比较完整的理论。而 X 射线的发现，引发了一系列重大发现，揭开了现代物理学的序幕。它的发现者伦琴因此获得了 1901 年的首届诺贝尔物理学奖。

X 射线是德国物理学家 W. K. 伦琴在用真空管产生阴极射线时偶然发现的。据他本人回忆，1895 年的 11 月，他在连续几天的阴极射线实验之后突然发觉，在通电流时旁边凳子上的亚铂氰化钡纸产生了一条荧光。按常理说，这种纸只有受到光线照射时才能产生荧光。现在电子管被黑纸蒙得严严实实的，光线透不出来，为什么还能产生荧光呢？伦琴毕竟是伦琴，他抓住这个奇怪现象穷追不舍。在多次实验中证实，这是眼睛看不见的一种特殊光线。它的穿透力极强，不仅能穿透黑纸，还能透过金属。伦琴又用他的夫人的手，拍出了第一张人体透视照片，这种特殊的光线称之为 X 射线。人们把它叫作伦琴射线。后来证明，X 射线实质上就是波长极短的电磁波。现在它在医疗诊断、海关检查、产品质量检验，以及许多科学研究领域都有广泛的应用。

在偶然现象中获得的重大发现和发明，这类成果中凝聚着科学家的敏锐观察和超凡思维。装好待运的硝化甘油被漏在沙滩上，一般人对此多限于可惜，而诺贝尔把思维扩展到被浸泡过的沙子上。伦琴发现不受光线照射而产生荧光的怪现象时，联想到可能产生了一种超常的射线。这些成功都是面对偶然现象带来的诱因引发极具创造性的侧向思维。科学史上的记载表明，在伦琴发现X射线之前，汤姆生、勒纳德等好几位物理学家碰到了这种现象。他们都与发现X射线的机会擦肩而过。只有经过长期磨炼、在研究中一贯严谨自觉、摆脱了思维定式的伦琴，才抓住了外界诱因赐予的机遇，做出了杰出的新发现。

科学史上，牛顿从苹果落地展开侧向思维，导致了万有引力定律的提出；哈维借鉴大自然中水的循环体系而提出人体的血液循环；邓录普在浇花草时由水管的弹性受启发而制造了轮胎；秦观受到苏东坡“投石于水”的提示而对出了苏小妹的对联等，都是由于偶然事件的刺激，而产生创造性思维。表面上看，有诱因就可以解决一切问题，似乎“机遇就可以带来成功”。事实上，诱因并不是引发侧向思维的关键，“机遇可以是导致成功的重要因素，但机遇绝不是导致成功的完全因素”。面对诱因，要保持高度敏感，并且积极调动自己的固有知识。而侧向思维并非在任何情况下都能发挥作用，必须具备一定的条件。这个条件就是：所研究的问题必须成为研究者孜孜以求、坚定不移的研究目标，一直悬念在心。只有在这种情况下，人的大脑皮层才会建立起一个相应的优势灶。优势灶有两个基本特征，即神经细胞对刺激的敏感性大大提高和脑细胞长时间保持兴奋状态。因此，侧向思维一旦受到某个偶然事件的刺激，就容易产生与思维相联系的反应，从而对所研究的问题形成新的设想，或者提出新的问题，使侧向思维在创造活动中发挥重要作用。这一点，正如法国化学家巴斯德所指出的：“机遇偏爱那些头脑有准备的人！”

三、合向思维

一个古老的寓言故事讲，有位神秘的智者，具有非常丰富的知识和洞悉事物前因后果的能力。他答复任何问题从来不会答错。

有一个调皮的男孩对其他男孩子说：“我想到了一个问题，一定可以难倒那个智者。我抓一只小鸟藏在手中，然后问他，这只小鸟是死的还是活的？如果他回答是活的，我就立刻将手里的小鸟捏死，丢到他脚边；如果他说小鸟是死的，我就放开手让小鸟飞走。不论他怎样回答，他都肯定是错。”

打定主意之后，这群男孩子跑去找到那位智者。调皮的男孩子立刻问他：“聪明人啊，请你告诉我，我手上的小鸟是死的，还是活的？”

那位长者沉思了一下，回答说：“亲爱的孩子，这个问题的答案就掌握在你手中。”

智者的回答看起来好像是一个两头堵的方法，而实际上却考虑了事物的一切可能，是一个典型的合向思维。

沈括在他的名著《梦溪笔谈》之中记录这样一个典型事例。

宋朝真宗年间（公元11世纪初），皇宫曾经被焚。皇帝急命大臣丁渭负责重建，限期完成。丁渭深知重建皇宫的工程浩大：一要从城外取来大量泥土做地基，二要从外地运来大批的建筑材料，三要把用剩下的废料污土运出城外。工作量惊人，时间又紧，无论是工程质量出问题，还是延误了工期，都是要杀头的。

怎样完成这个浩大的工程呢？他想，如果能统一筹划，在实施第一步工程的同时，为第二步工作做好准备；在进行第二步工作时，又为下一步工作打下基础，这样，各项工作互相补充、互相依存，就可以达到既快速又保证质量的目的了。于是，他制定了以下的统筹方案，进行建设。

一开工，丁渭就命令民工“借道铺基”，在城里通往城外的大道上取土，用来铺设皇宫的地基。土沿着大道运来，没几天就把地基铺好了。这时大道成了又宽又深的大深沟。

接下来，“开河引水”。就是把取土造成的大沟和城外的汴水河挖通，使原来的大道成了一条河，这条河和汴水河通着。于是，外地的大批建筑材料可以沿着这条河一直运到工地旁边，使取用材料极为方便。在这样的条件下，工程建设日夜不停，进展很快。

最后，在皇宫建成之后，丁渭命令：“断水填沟”。就是把汴水河与大沟截断，在排水之后，把一切废料、垃圾全部扔进大沟。很快，大沟又变成了一条新的大道。

丁渭的这一套妙计创造了投入少、工期短、质量合格的工程建设奇迹。按现代的说法，就是创造性地应用“运筹学”的典范。1000年前，世界上还没有运筹学这门科学，当时我们的祖先运用这门学科的思想就已经很精湛了。

丁渭的这一成果，从科学理论应用角度看属于“运筹学”应用，而从思维角度看则是典型的合向思维方法应用。所谓合向思维就是将思考对象有关部分的功能或特点汇集组合起来，从而产生新设想的一种创造思考方法，又称合并思维法、组合法。

合向思维法是一种简单实用的创造性构思法，人们在发明创造中经常运用，在科学实践中取得了广泛的成果。美国画家海曼·利普曼是个粗心的人。他在工作室作画的时候常常丢掉橡皮。想用橡皮的时候又不知它掉到什么地方，或许被埋在纸堆里，也许被放在什么角落，添了不少麻烦。为此他用细绳把橡皮拴在铅笔后端，这样一来，只要手中握着铅笔，便不会把橡皮丢掉，什么时候都不用为找橡皮花工夫。

他的朋友威廉看到了拴着橡皮的铅笔心想，何不索性把橡皮和铅笔融为一体，成为一件东西呢？经过几次试制、改进，生产出了带橡皮头的铅笔，它比把橡皮拴在笔上更方便。威廉为这件小发明申请了专利，并向生产这种铅笔的厂家收取了技术转让费。由于这种产品受到了广大消费者的认可，销量连年递增，威廉靠这项专利技术转让赚了大钱。

这就是历史上最简单而又很成功的组合发明成果。事实上，在发明史上这样的例子很多，例如，拖拉机与大炮的合并，出现了坦克；闪光灯加上自动调节器，再加上照相机，组成了“傻瓜”照相机；收音机加上录音机，再加上音箱，便成了组合式收音机；汉语拼音和扑克结合，发明了在娱乐中增强学生记忆的“汉语拼音扑克”；蘸水笔与墨水瓶的组合，出现了书写方便的自来水笔；电子计算机技术和机械技术的组合，发明了数控机床，等等。

合向思维在不同领域中的表现形式各不相同，在科学研究、调查决策活动、技术发明中常用的合向思维表现为下列形式。

合向思维在科学研究中的表现形式为“辏合显同”法。所谓“辏合显同”法是通过把原来是杂乱的零散材料聚合在一起，再从中抽象出一种显示它们本质的新特征的创造性思维活动和方法。

“辏”，原是指车轮聚集到中心上，后引申为聚集，“辏合显同”就是把所感知到的对象依据一定的标准“聚合”起来，显示出它们的共性和本质。

“辏合显同”在科学研究中是非常有用的。1742 年，德国数学家哥德巴赫写信给当时著名的数学家欧拉，提出了两个猜想。其一，任何一个大于 2 的偶数，均是两个素数之和；其二，任何一个大于 5 的奇数，均是三个素数之和。这就是著名的哥德巴赫猜想。从猜想形成的思维过程来看，主要是“辏合显同”的作用。我们以第一个猜想为例，“辏合显同”的步骤可表述为下面的过程：

4 = 1+3（两素数之和）

6 = 3+3（两素数之和）

8 = 3+5（两素数之和）

10 = 5+5（两素数之和）

12 = 5+7（两素数之和）

这样，通过对很多偶数的分解，“两素数之和”这个共性就显示出来了。

“辏合显同”法主要有以下几种类型：

第一种，审视法。这是“辏合显同”的先行方法，即对研究的对象用审视的眼光去分析，为能显同打下基础。世界上的事物尽管形形色色，各不相同，但只要我们对研究对象的形态、属性、结构、功能以及运动过程等进行抽象概括，就能找出同类事物的共同点，确定其共性。

第二种，综合法。即通过把原来是杂乱的零散的材料聚合在一起，并进行综合考察，分析研究，从而得出创造性效果的方法。比如，在 1935 年，有一个名叫雅各布的德国新闻记者，出版了一本小册子，书中详尽地描绘了希特勒德国军队的组织机构、参谋部的人员分布、160 多名部队指挥官的姓名和简历、各个军区的情况，甚至还谈到了最新成立的装甲师里的步兵小队。这些极端重要的军事秘密，是怎样泄露出去的呢？希特勒勃然大怒，下令追查此事，德国情报机关设法将雅各布绑架到柏林审讯他。雅各布说，他这本小册子里说的每一件事情都是德国公开的报纸上登过的，而且把证据都拿出来了。原来，雅各布长期搜集德国报刊上发表的所有涉及军事情况的消息报道，做成卡片，进行细致的分析，就连丧葬讣告或结婚启事之类也不放过。日积月累，零星材料越来越多，雅各布再经过分析、比较、推断，综合成了一幅德国军队组织状况的清晰图画，而这幅图画与真实情况竟然相差无几。

第三种，集注法。即集中力量贯注于研究对象的思考方法。法国昆虫学家法布尔用毕生精力对昆虫世界进行观察，鲁迅称他是一个在科学上“肯下死功夫”的人。一次，他在路上行走，突然看见许多蚂蚁正在齐心协力搬运几只死苍蝇，立即抓住这个观察和研究蚂蚁生活习性的好机会。他不顾潮湿肮脏，趴在地上，用放大镜专心致志地一口气观察了 4 个小时。行人觉得他的行为怪异，纷纷前来围观，说他是“呆子”和“怪人”。法布尔对此全不在意。为了观察雄性蚕蛾如何向雌蛾求偶，竟用了 3 年时间，他的观察正要取得结果，“新娘”不巧被一只螳螂吃掉了。法布尔很难过，但没有泄气，从头再来，又用了大约 3 年时间，终于获得了完整准确的观察资料。根据自己对 400 多种昆虫的猎食、营巢、生育、抚幼、搏斗等现象的研究，法布尔写出了十卷本巨著《昆虫记》，揭示了昆虫世界的种种规律。

在进行按“辏合显同”的思维活动时，必须对大量杂乱零散的材料进行“去粗取精、去伪存真、由此及彼、由表及里”的加工改造制作，即要选择材料、鉴别材料、联系材料和深化材料，只有这样，才能在异中显同，抓住事物的本质和规律。

KJ 法是在调查、决策活动中常用的一种典型的合向思维方法。KJ 法是日本东京工大教授川喜多二郎在尼泊尔喜马拉雅山从事多年的探险所积累经验的产物。1964 年提出来以后，作为一种新的思维方法，被广泛运用。KJ 是川喜多二郎英文名字的字头。

这种方法，首先将收集到的大量事实以及与课题有关的分散想法进行组合、归纳、整理，找出课题的全貌，从而发展成一种新的想法。

KJ 法的程序如图 3-7 所示。这种方法，一般多用于全面考虑一个课题时使用，在使用这种思维方法时，往往要考虑的问题是较为复杂的。而且参与的人员较多，尤其是有许多评价要参与其中使用。KJ 法应用的范围很广，使用此方法可以使原来零乱的材料自然地编成整体，从细碎的情报中挖掘潜能，使用此方法可以使使用者养成重视收集零星材料的习惯，提高分析和综合问题的能力。

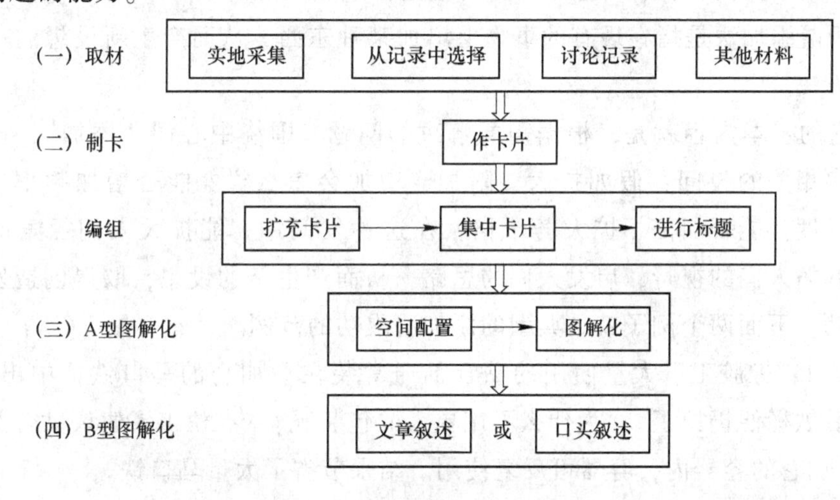

图 3-7　KJ 法的程序

例如，对一个待解问题的方案进行评价就可以采用该方法。一般在应用的时候采用如下步骤：

第一步，取材。即通过多种渠道，采取各种方式调查搜集与该课题相关的情况和材料。

第二步，制卡。参加评价的人员制作卡片，通过所掌握的材料，将自己的分析和结论写在卡片上，但作者在卡片上不署名。卡片制作好以后，主持人将卡片收起来进行混合，再发给每个人；这时，要尽量使每个人拿到的不是自己的卡片。然后，主持人任意叫一个人读手中的卡片，读完后问有没有与此相同的卡片，如果有，也读一遍，以加深印象，再将这些内容相同的卡片放在一起，重复这一过程，直到所有卡片都读完为止。这一过程结束后，对每组卡片进行总结，确定一个标题。

第三步，A 型图解化。将这些分好组的卡片放在一张大白纸上，内容有联系的放在一起，然后再将各张卡片贴在纸上，按照评审方案的标准，划出各张卡片的范围。这样，通过空间配置和图解化，对方案的评价结论就基本上出来了。

第四步，B 型图解化。将卡片上的意思写成书面材料或者作口头叙述，得出对这个方案的评价结果，以确定该方案的去留。通过 KJ 法，一方面对方案进行评价，另一方面在评价过程中使参加评价的人员培养了自己的思维能力。

在技术发明中，合向思维往往是通过添加法实现的。

所谓添加法是指在现有的事物上增加某种东西，从而产生新设想的一种思维方法。

它的基本内容就是，根据需要解决的问题，围绕中心词“添加”，提出一连串相关的设问：假如扩大、附加、增加会怎么样？能否增加频率、尺寸、强度？能否加倍、扩大若干倍？在这种发问中，能扩大人们探索的领域，开拓人们的视野，启发人们的思路，从而产生新的设想，取得创造发明的成功。下面两个例子就是典型的添加法成功的范例。

例 1：橡胶工厂大量使用的黏合剂通常装在一加仑的马口铁桶中出售，使用后铁桶便扔掉了。“为什么不用更大的包装呢？”有位工人建议黏合剂装在 50 加仑的容器内，容器可反复使用。结果节省了大量马口铁。

例 2：从 20 世纪 60 年代初，木板装配式房屋在日本发明以来，它在各类住宅中所占比例不断扩大，到1987年已达到15%。据测算，到2000年将扩大到65%。

这种房屋的原始构思，起源于年轻的三泽千代治患病住院期间。那时，他刚从理工学院建筑专业毕业。仰卧在病床上，望着天花板，陷于冥想："柱子，房子里为什么非要柱子不可呢？还有梁，不也是多余的吗？""能不能建造出既没有柱子也没有大梁，结构简单的房子呢？只有墙壁，难道就建不成房子吗？"

三泽出身于木材商家庭，自幼就拿着锯、斧、锤等工具制作各种实物。他的思路进一步深入，最后达到终点：如果用黏结剂把墙壁和墙壁黏合起来，就可以省去钉钉子等许多麻烦事。对！只要黏合一个长方体的箱子就可以成为住房。三泽把这种方法称为"木板黏合法"，这就是前所未有的装配式住宅的基本技术。

为使这项技术更加完备，并取得政府的认可，三泽回到母校，找他的导师和建筑专业实验室为他作鉴定。实验结果证明：用"木板黏合法"建造的住宅强度比一般木结构高3~5倍。原因是所使用的木板正反两面都贴有一层胶合板，大大地增加了木板的强度。

有了科学实验数据，三泽建造的新式住宅便为法律所认可。于是在1962年1月，他创建的"三泽木材装配式住宅公司"正式营业。

这种方法从表面看来似乎很单纯，但人的头脑往往会陷入经验主义而逐渐僵化，想不到使用这种单纯的思维方法。一旦使用这种方法，在任何一种事物上添加过去未曾想到过的机能或者加上新的事实，便有可能产生很多新的设想，取得意外的效果。

日常生活中有很多事情都是采用了添加法而取得成功的。如大家都知道牙膏的本来用途是为了清洁牙齿，它是一种涂在牙刷上、便于刷牙的清洁润滑剂。但防酸牙膏和以往的一般牙膏相比，已经加入了各种药物，使人们在每次刷牙时，自己的牙齿得到各种药物的治疗；对无口腔疾病的消费者来说，则起到了防治的作用。所以，防酸牙膏受到了人们的欢迎。上海防酸牙膏、广州洁银药物牙膏、安徽芳草药物牙膏、上海中华药物牙膏等，这些新型药物牙膏的诞生，都是制造者采用了添加法而取得的结果。

香港有一家味精公司的老板，为了使味精的销售额上升，曾要求全体职工每个人都必须在近期内提出一个以上的设想。因此，营业部、宣传部及制造部等各部门，纷纷开始设想各种花招，包括什么“附奖”“赠送”等吸引人的广告，甚至改装味精的容器形状等。这时，有个年轻女职员非常烦恼，因为规定的期限已经到了，她仍然没有一个好主意。这天她正在家里吃饭，和往常一样，她拿起装海苔香料的罐子，但因为受了潮，香料把洞口塞住了，倒不出来，于是，她就用牙签把洞口弄大些，问题立刻就解决了。就在这同一刻，她的灵感来了，她想到可以把味精的内盖洞口加大，如果人们不加注意，就觉得使用起来还像平常一样，这样无意之中就增加了味精的使用量。结果，“加大”这个巧妙的设想使她得到了老板的奖励。投放市场后，味精的销售额很快上升。

以上事例充分说明，使用添加法，无论在日常生活还是创造发明中，都会给你带来很多新的设想，帮助你取得成功。当然，在你使用时，关键要摆脱习惯性的思维方式。

合向思维看似简单，但是如能尽量把不同质的、意想不到的东西加以组合，这个想法便是前所未有的、崭新的了。合向思维的运用很广泛，不仅可以将物体与物体合并，创造出一系列新产品，也可以将某种科学技术同各种方法组合起来，从而形成一种新的解决问题的方法。例如，超声波是一种物理现象，它与洗涤工艺组合，便产生超声波洗涤器，用于洗涤钟表零件；它与探测技术组合，便产生鱼群探测器；与焊接技术组合，便产生超声波焊接技术；也可将某些科学技术同一种方法组合，如将不同领域的科学技术与导航方法组合，便形成了惯性导航、天文导航、地磁导航、无线电导航、红外线导航、卫星导航、程序控制导航，等等。用合向思维进行创造发明的天地无限广阔。

第四节　科普志愿者解决问题训练

下面几个日常生活中的例子都可以说明创造性解决问题无处不在。

一个求三角形面积的问题对于有小学高年级文化水平的人可以说是一个没有问题的“问题”，而对于一个没有学过面积计算方法的人（无论是成年人还是儿童）他们都将面临一个计算难题，如果他们没有借助外来的知识或帮助而准确地计算出三角形的面积来，尽管方法可能笨拙但对本人计算的结果和方法无疑是一次创造（创新的过程）。

一个学徒工按照师傅给定的工艺参数和刀具角度加工一批钢质零件，由于磨刀时产生一个方向的误差，使加工的零件成为废品，这就产生了问题。为了解决问题，起码要使刀具恢复到原来的经验刀具角度。如果他在磨刀时产生另一个方向的误差，使加工的质量和效果都有提高，他就会坚持使用这种刀具，尽管他本人没有认识到刀具变动的原理，但确是一次实实在在的革新。

一位野外旅行者行进中鞋跟脱落了一只，继续走路便成了问题。要解决问题首先应当想到的是修复。当缺少修复条件时，拆掉另一只鞋跟变成了一双平跟鞋以解决突发的问题，也不失为一个绝妙的创举。

如果是遇到一段泥泞的道路而又不想脏了你的新鞋呢？完全可以利用路边的秸秆捆成束，再紧紧地绑在鞋底变成高底鞋，帮你渡过难关，其中也同样存在创意的构想。

雪地里行走拄着手杖无疑起到了防滑和增加支撑的双重作用，但是如果手杖打滑将会造成更大的问题（因为手杖是一个主要的支点）。如果在手杖端头加一个尖钉就可以解决手杖打滑的问题。要把此种构想用在成批生产的手杖上，应该说是一个很不错的创新。

电动汽车从环保节约能源等视角看是机动交通工具发展的大方向，然而就目前的条件和科技水平，蓄电池的容量和重量是阻碍电动汽车发展的关键难题。如果能沿着这个思路研究产生创造性成果就是很有价值的创造。

从以上几个例证中我们可以发现，每个人都有创造的机会和创造的潜力，只要不断地充实自己的知识，树立敢于创造的信心，就会有意想不到的收获。

引发创造动机的因素是各式各样的，而激发其创造火花的触媒却只有一个，那就是“问题”！

问题也是多种多样的，从内容到形式都是千差万别的，但它们有一个共性：就是都是由人们面临一项任务或某种需求，而又没有直接的手段去完成时所产生的。问题是人们遇到的一个情境，一个没有直接、明显的方法、想法或途径可以遵循的情境。但是，社会工作与生活中产生问题了，都必须解决。要实现创造，首先也必须研究问题。

“问题”一般说来有三个要素：

(1)“问题”的初始状态。“问题”的初始状态是指一组已经明确知道的，关于问题的条件的描述。

比如汽车“舒适性”问题，其条件是汽车作为弹性系统，在刚性（实际也有弹性，只是很小）路面上行驶，路面纵横方向均有不平度，人坐在汽车上（座椅可能是弹性的，也可能是刚性的），人与汽车均有一定的重量，汽车行驶系承担全车重量，承受和传递路面作用于车轮的各种力和力矩，吸收振动和冲击。这些初始条件都直接影响到汽车的舒适性问题。

初始条件是问题产生的原因，要解决问题也必然与初始条件密切相关。

菜刀由钢制成，一面开有刃，这就是刀锋利还是不锋利问题的初始条件。要解决刀不锋利问题，就必须了解初始条件——钢的牌号、成分、厚薄、热处理规范，以及最好的磨砺方法等。

（2）问题的目标状态（目的）。问题的目标状态（目的）是构成问题结论的明确描述，即问题要求的答案。

在前面的例子中，汽车“舒适性”问题的目标是乘坐者无不舒适感觉。刀刃问题的目标是锋利。两者都要求达到要求的指标。

（3）差距。差距是指问题的给定目标与初始状态之间直接或间接的距离。差距必须通过一定的思维活动和具体措施才能找到答案，并进一步通过技术措施达到目标。差距的大小直接反映了“问题”解决的程度。

问题有不同的类型，依据性质可把问题归结为明确的问题和模糊的问题；按问题情境可以划分为呈现型问题、发现型问题和创造型问题；按问题的目的又可划分为研究型问题和应用型问题。

解决问题的过程是千变万化的，一般可以分为四个阶段：提出问题、确定问题、解决问题和评价问题。因此，笔者认为要提升科普志愿者能力，就要沿着解决问题的过程进行相应训练。

一、提出问题和确定问题训练

提出问题又称之为形成问题，是创造的起点。形成问题就是在以前经验或直觉分析的基础上，对问题情境的认知状态，是发现与组织问题的过程。

在研究型的问题中，往往提出一个创意，就在很大程度上解决了一个问题。

在发现型问题和创造型问题情境下，提出新问题、新的可能性和以新的角度去考虑老问题，则必须有创造性的想象，也是科学创造取得进展的标志。如果人们发现了前人未知的思维产品，如设计出某种新产品，或一个问题的解决模式、一个新的概念……就是一种创造性的活动。

提出问题不是简单的概念描述。为使创造过程深入发展和取得创造性成果，必须明确创造的目标（寻求的结果）和阻止解决问题的各种因素（障碍），这样才能更清楚创造开发的努力方向，并且更进一步地提出有价值的问题。提出问题的具体策略与方法有如下几种。

（一）发散加工

发散加工就是采用发散性思维，以寻求思维的广阔性，尽可能在求解过程中产生尽可能多的设想性方案或问题。一般采用以下方法：

（1）提问法。提问法是发散加工的基本方法，通过对问题的结果和障碍进行提问，并仔细查问这些疑问，发现有价值的新问题作为创造活动中的求解目标。

（2）列举缺点和希望点。列举缺点和希望点是提问法的一个变式。

列举缺点即首先将问题层次化，然后分析事实、发现缺点并从中找出可能克服或改进的方式方法。

列举希望点是通过提出对事物的希望或理想，将问题的目的聚合成焦点来加以考虑。

列举缺点和希望点是一个问题的两个侧面，但这两种方法在程序上的相似性和应用上的相同目标性，使两者可以融合在一起对创造性开发起到同样的启发作用。

缺点和希望点列举法最适合于硬件领域，但也可适用于软件领域。在硬件领域可以用来寻找产品质量、产品性能等当中的问题点，在软件领域可以用来寻找政策、管理、实施方案等问题。

（3）列举属性。列举属性是一种提出问题的技术。进行属性列举时，首先将事物对象分解成各个组成部分，并针对每个组成部分，寻找其属性与功能特征，再按属性特征找出对应的可行性方案和替代办法。

事物的属性是客观的，事物单元分得越小，就越容易发现问题。比如：刀是钢的，细化为刀体是钢的，进一步细化为刀刃是45号钢的，就可以根据45号钢的特性解决刀不锋利的问题。

属性列举法应用范围很广泛，既可用于寻找问题，又可用于创造性训练。

（二）收敛加工

在发散加工中提出了很多问题，这些问题中有些可能是无意义的（不客观、不具备实施条件、超出想象等），收敛加工的目的就是在众多问题中，根据客观条件选择具有重要意义的领域进行创造性活动，以追求最好的结果。

选择的领域应当是客观的、有价值的和现有条件下能有所作为的。收敛加工具体有两个方面：

（1）关系收敛。关系收敛是问题领域与研究人员主体的协调问题。收敛加工的标准是：第一，选择的问题领域是研究主体影响力足够的范围；第二，和研究主体的动机是一致的。本着上述原则，对研究主体力所不及的应坚决剔除或以后再行考虑。

（2）展望收敛。展望收敛是指运用一定的选择标准，选择最有价值的问题，其标准是：第一，熟悉程度。越熟悉的问题解决起来越容易，因此，应尽量选择较熟悉的领域，以避免半途而废。第二，重要性。通过需求状况、理论价值、经济效益等方面分析，应尽可能选择比较重要的问题，争取获得较有价值的成果。第三，紧迫性。就是分清轻重缓急，注意时间和进度，将急迫的问题放到优先位置考虑。第四，稳定性。就是摆正时空位置，优先考虑时空、结构环境等变化，保证解决问题结果的稳定性。

（三）运用创新技巧

正确运用创新技巧，可以更好地发现有研究和开发价值的问题。运用创新技巧，主要要关注如下几方面问题：

首先，增强问题意识。问题意识就是对问题的感受能力。创造活动首先源于问题意识，没有问题意识，也就难以注意和提出新的问题，创造活动也就无从谈起了。日常工作与生活中随时都会遇到问题，有些问题是稍纵即逝的，因而只有保持对问题的敏感性，才能为提出问题奠定基础。

其次，保持好奇心与提高观察力。好奇的人不一定都有创造力，而有创造力的人大多数都很好奇，真正的好奇心经常带来意想不到的创新。好奇会给人带来机会，而得到机会还要观察和思考，否则也难以发现问题，而只能是走马观花。有好奇心还要坚持探索，才能深入某个领域，加深了解，这样常常会得到意想不到的结果。

最后，掌握问题产生的途径。掌握问题产生的常见途径可以有效地提高一个人对问题的敏感度。提高对问题敏感度的方法主要有如下几种：

（1）抓住经验事实同已有理论的矛盾。抓住经验事实同已有理论的矛盾是产生科学问题常见的途径。新的观察和实验结果以及多数反常现象，都可能与现有的理论概念发生冲突；冲突积累到一定程度，现有理论及辅助原理、假设等难以解释这些经验事实时，新的科学问题就必然会产生。最重要的是要能从一些变化中洞察到其中不相容的程度，从而提出新的问题。

（2）抓住理论的逻辑矛盾。理论的一个基本要求应该是自洽的，如果理论内部出现逻辑矛盾，就将产生矛盾的论断。因此，抓住理论的逻辑矛盾是实现理论突破的关键。必须牢牢抓住此类问题。

（3）抓住规律性的不良现象（故障、次品、缺陷等）。规律性的现象反映了本质上的联系和问题。找到规律及其现实条件，在质疑中寻找问题。

（4）注意争论。不同学术观点的争论是科学史上的常事，争论的焦点问题也是学术研究的重点问题。

（5）注意不同知识领域的交叉地带。科学的发展呈现出细化、交叉、综合的大趋势，在交叉区域边缘之处，也是有意义的课题潜在之处，从中寻求有意义的课题，可以为科学发展作出开拓性贡献。

（6）从急待开发的领域寻找问题。急待开发的领域，因为“新”，也是问题比较集中的地方。开发过程就是创新的过程，开设的关键部位，也是问题突破的重点和取得成果之处。

（7）在拓宽研究领域和应用领域中寻求问题。在拓宽研究领域和应用领域中寻求问题有三个主要方向：

第一，寻求领域拓宽的途径。眼睛只盯着一个问题领域，往往会阻碍发现更新鲜、更充分、更值得探讨的问题。当思维的惯性使自己在一个特定领域中循环思索时，要努力使自己从循环中跳出来，从其他方向寻找材料得到启发，就会有新的问题展现出来。

第二，在拓宽研究和应用领域过程中把障碍作为问题研究，因为对于可以拓宽的领域，遇到的障碍就是问题。

第三，把由外部世界观察到的刺激强制地与正在考虑的问题建立起联系，使其原本不相关的要素变成相关，进而产生待研究开发的问题。

总之，提出问题的策略与方法很多，只要认真去寻找并形成问题，就找到了创造的起点。

确定问题实际上是一个问题重新组合的过程。在这一过程中，为了更好地重组问题，就要对问题的要求进行研究，一方面，可以通过对目标要求进行分析，找出问题的实质目标；另一方面，可以通过对目标要求进行分析，转化要求。

有一个著名的九点问题（见图 3-8）：“用铅笔把九个点用最少的直线连接起来，在画线时，铅笔不准离开纸面。”很多人都设想画的直线只能在九个点组成的直线内，尽管这种限制在问题中并没有被提到过。如果画线的人让自己把直线拓展到图形之外，那么只要用四条线就可以完成任务。这个问题曾引起了诺贝尔物理学奖获得者、“夸克”的提出者盖尔曼的兴趣。他总结说“问题的阐述涉及发现问题的真正边界”。九点问题给我们最大的启发是，许多难题产生于解决者在潜意识中将问题的规则作了过严的规定。这也是一种思维的惯性，自己很难打破它，除非别人点拨，因为这些规则是无意识中认定的，自己很难发现。

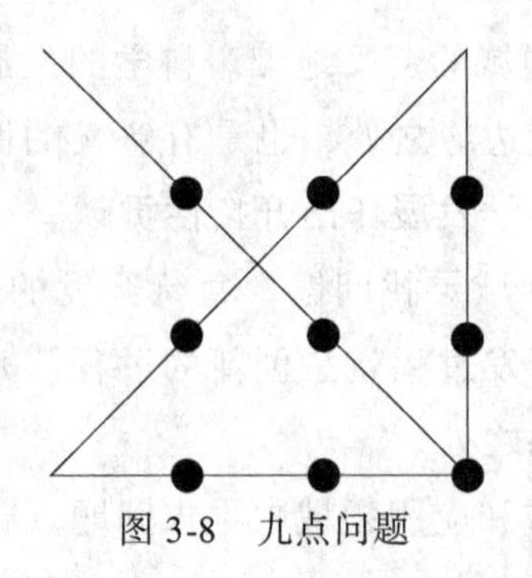

图 3-8 九点问题

九点连线的问题，就是通过找出问题的实质目标，找到解决方案的实例。前文提到的亚历山大王到了哥丹城，一剑劈开“绳结”的故事就是通过对目标要求进行分析、转化要求使问题得以解决的实例。

二、解决问题训练

在解决问题阶段，首先要从需要解决问题的整体思考问题，分析整体中各要素的结构是否达到合理配置优化。

中国历史上有一个著名的孙膑赛马的故事。春秋战国时，一次鲁国和齐国比马，各牵上、中、下三匹马进行比赛。孙膑分析，如果着眼于局部，齐国的上马未必比得上鲁国的上马，中马、下马也是如此。但从整体考虑，只要胜两局就赢了全局。于是他用上马与鲁国的中马比，用中马与鲁国的下马比，用下马与鲁国的上马比，虽然一局输的惨，但是却胜了两局，从而在整体上超过了鲁国。这就是从整体考虑，得出一个得胜的最佳方案，他不过是把赛马的顺序给调整了一下。

其次，面对问题可以利用规则去解决问题。

从前有两个相邻国家关系很好，不仅互通贸易，而且货币也互用，即甲国的100元就等于乙国的100元。一次，两国发生摩擦而导致关系恶化，虽然两国人民还可以自由往来，但甲国国王却宣布乙国的100元货币只能兑换甲国的90元货币。随即乙国国王也宣布甲国的100元货币只能兑换乙国的90元货币。某人虽然手中只有甲国货币1000元，却乘机大捞了一把，发了横财。他的具体做法如下：先在甲国用甲国钞票1000元购物100元，并声称自己将到乙国办事，要求找给乙国的钞票。由于甲国钞票的90元等于乙国的100元，所以找回乙国钞票1000元。然后，他跑到乙国又用乙国钞票1000元购物100元，再要求找回甲国钞票。此后又到甲国购物，如此往返下去，他自然要发一笔横财。

这个例子正说明，有时解决问题的规则是存在漏洞的，只要利用规则，就可以创造性地解决问题。

再次，面对较难的问题可以通过改变规则和打破规则去解决问题。

古时候，阿拉伯有一个大财主，家财万贯。财主的两个儿子为了能在财主死后多分得财产，你争我斗、绞尽脑汁。财主担心自己死后两个儿子将因争夺财产而互相残杀，决定用一个公平的方法解决财产分配问题。一天，财主将两个儿子都叫到跟前，对他们说："你们骑马跑到沙漠里的绿洲去吧，谁的马胜了，我就把财产传给谁。但这场比赛不比往常，不是比快而是比慢。我先到绿洲去等你们，看谁的马后到。"

兄弟俩听了财主的话后，骑着各自的马开始慢吞吞地上路进行赛跑了。可是在干燥炎热的沙漠里，骄阳似火，慢吞吞地赛马叫人无法忍受。两人正在痛苦难耐、下马歇息的时候，一位智者过来开导了他们几句，兄弟俩听了之后都非常高兴。稍后他们上马开始快马加鞭、绝尘而去。智者给兄弟二人的建议就是让兄弟俩互换马匹。由于财主父亲为两个儿子设立的比赛是以谁的马迟到为胜，所以让自己的马迟到就相当于让对手的马早到。因此，互换马匹以后，两兄弟都会策马飞奔。

这个例子正说明，有时解决问题的规则可能是没有活力的，只要改变规则，就可以创造性地解决问题。

一天，小酒店里进来三个身佩手枪的牛仔。在喝了几瓶烈酒以后，其中一个牛仔指着桌上的四个空酒瓶说他能用三枪将其全部打碎，他把其中的两只酒瓶摆成一条线，用三枪将四个空酒瓶全部打碎。第二个牛仔则说他两枪就可以打碎四个瓶子，他把四个空酒瓶分别以两只酒瓶为一组摆成一条线，用两枪将四个空酒瓶全部打碎。第二个牛仔说他一枪就行了。这时，第一个牛仔和第二个牛仔提出摆成一条线的空酒瓶最多不能超过三只，第三个牛仔仍然说可以实现。他举起枪，一枪打断了桌子腿，桌子被打坏了，桌子上的所用的酒瓶都落到地上而被摔碎了。

这个例子正说明，有时解决问题的固有规则可能是没有办法直接解决问题，只有打破规则，才可以创造性地解决问题。

三、评价问题训练

解决问题过程中，除了独特性、新颖性的追求外，还要保证方案的适宜性。因此需要在提出解决方案以后，对其进行评价。评价的标准侧重于有效性、恰当性、实施性和可行性。因此，对问题的评价就显得十分重要。

对于实际生产、生活中问题的评价一般包括技术评价、经济评价和社会评价三个方面。

技术评价是以所提出的方案能否满足要求的技术性能及其满足程度为目标，来评价方案在技术上的先进性和可行性。具体包括性能指标、可靠性、有效性、安全性、保养性、操作便利性和能源消耗等方面。技术评价要利用理论计算和试验分析获得的数据资料。有时，为了便于在几个方案之间进行分析比较，可以把一些技术指标换算成评分指数。

经济评价是围绕方案的经济效益进行的评价，要求方案的成本最低，效益最大。经济评价要考虑以下一些指标和内容：

（1）成本：应以制造成本和使用成本最低为主要目标。

（2）利润：利润是销售收入扣除成本与税金后的金额。不同对象降低成本提高利润的方式不同。有的成本低，利润也少，应考虑薄利多销；有的成本高，利润也高，适合顾客对产品性能高和坚固耐用的要求。

（3）企业经营需要：评价方案价值的高低要考虑其是否符合企业的长远

规划、经营方针和中、短期经营目标。要考虑产品的经营寿命周期、市场规模及竞争企业、竞争产品等情况。还要考虑方案的适用期限。期限太短，满足不了社会和企业经营的需要；期限太长，又会由于技术逐渐陈旧而可能对企业与社会不利。

（4）实施方案的措施费用、损失费用、节约额与回收期：实施新方案一般需付出技术组织措施费，如添置设备和研制费。原有设备因停止使用另行处理会造成一定损失。新方案的实施会带来人力、物力、财力的节约。对于所需费用较大的改进方案，应考虑投资回收期，回收期越短越有利。

（5）方案实施的生产条件：应考虑实施方案需要的生产条件是否具备，如设备、人力及技术、原材料供应、资金来源、厂房、销售运输条件等。

社会评价是评定方案实施后对社会带来的利益和影响。社会评价考虑的因素相当多，一般视不同情况而有所侧重。要评价的方面有：

（1）是否符合国家科技政策和国家科技发展规划的目标。

（2）是否有益于改善劳动环境和社会环境，如考虑空气、水、噪声污染；减少工伤事故和产品事故；防止交通堵塞；防止对心理、风俗和习惯的不良影响等。

（3）是否有益于提高人民生活水平，包括有利于人民生活的多样化、高效化；有利于扩展人们的活动范围；有利于提高文化教养。

（4）是否有益于提高生产力，包括扩大生产规模、提高生产率、加工制造的高效化、节省人力、物力。

（5）是否有益于资源利用，包括节省资源和能源，扩大资源利用范围和程度，开发新能源，可否回收再利用等。

评价方案社会效果的内容较多，有些内容一时难以权衡利弊得失。例如，第二次世界大战期间发明了DDT，对防治虫害起了巨大作用，发明者获得了诺贝尔奖。但是人们何曾想到它的广泛施用威胁了生态平衡，以致最后不得不禁止使用。此外，遗传工程和人工智能的发展也都出现过争论。可见，同前两种评价相比，社会评价更为复杂，非确定性因素更多，它与生态平衡、社会发展，人的生理、心理和生活习惯等都有密切关系。因此，社会评价更要求评价者有广博的社会知识和战略眼光。

在方案设计和挑选的过程中，常常要进行多次评价。在创造性地提出解决问题的种种初步设想或初步方案之后，要先进行概略评价，把不可行的或水平不高的方案舍掉，留下少数较好的方案；然后，对少数方案做技术设计或施工图设计；再行详细评价，选出供实施的最好方案。不论概略评价还是详细评价，都是从技术先进、经济可行、社会有益三方面着眼的，并把这些指标联系起来进行综合比较。

四、问题意识及其相关训练

（一）问题意识训练

一切人类创新均来自问题。发现和认识问题有着同等重要的意义。待解问题的目标就是使消费者可以使用上更优质的产品，这就要求解题者善于发现和提出问题，根据问题，解题者才会不断寻找新的目标，有意识地及时研究和解决新问题。

例如下面问题：一次性的喝水杯轻便实用，在会议场合使用广泛；但使用者在会议休息时间离开会场，外出回来后，人们常常会疑心自己的杯子是否被动过而搞混，导致不敢继续使用；遇到这种情况就只好更换水杯，这样就造成杯子不必要的浪费。怎么样才能不使杯子弄混？

面对问题我们发现：这显然是一个看起来很平常的问题，即分清一次性杯子。解决问题的办法很多，比如在生产一次性杯子时将杯子印上编号，这样人们就不会担心杯子被拿错现象的出现。这个发明设想看似简单，却可以大大节省原材料，避免资源的浪费。

培养问题意识，在解题训练中需要注意一些问题：

有些选题可能在原理和方案可行性、新颖性上都没有问题，但却没有市场价值，因此是不可选的。在计算机汉字录入系统开发的过程中，各界人士开发的录入方法有几千种之多（软件也号称“万码奔腾”），但最终被大家所使用的仅仅几种而已，究其原因就是选题确定的方案不实用。因此，在选题训练阶段，要注意选题是否容易被大众所接受。同时，还要充分考虑解题方案的原理和结构是否成熟、现实，因为原理正确但技术不成熟也会使工作失败。计算机的思想模型——“图灵机”早在几百年前就已经被提出，但由于物理学的不发达，“图灵机”的设计思想根本无法实现。

要防止这种现象的发生，在进行训练时就要培养科普志愿者问题意识，针对一个设想多问几个为什么。以实现发明为例，就可以问：

（1）发明的原理与科学上早有定论的观点矛盾吗？

（2）发明的方案所需的技术早已成熟了吗？

（3）发明设想带来的结果弊大还是利大？

（4）发明可能产生的产品有生存价值吗？

（5）发明可能产生的产品有多大的应用范围？

（6）发明可能产生的产品容易被别的产品替代吗？

（7）发明可能产生的产品会受到使用者欢迎吗？

（8）发明可能产生的产品会收到良好的经济效益吗？

科普志愿者在训练时，常常将上述问题提出来，不断提醒自己，渐渐地就可以养成良好的问题意识。技术创新来自丰富的想象，但并不是每一个设想都会变成现实的产品；要提高解题的成功率，就要提高问题的针对性。因此，在科普工作开始前，科普志愿者应该将可以想到的问题问过自己以后，连同方案一起交给其他合作者进行再次推敲。

（二）问题明确训练

创新源于问题，但问题不等于具体题目和创新的具体任务。要实现解决问题的目标，就必须明确任务，也就是在众多信息中确立目标问题。

问题明确主要包括两种情况：第一种是由一个问题转化成另一个问题，第二种是将一个较难求解的问题转化成一个相对容易求解的问题。

如果问题明确的情况属于前一种，就需要解题者不断缩小思考范围，一步一步地达到目标。这样就可以把与核心问题关系不大的枝节性问题一点一点地剥离掉，进而发现关键问题。

例如下面问题：发明一种能在公共汽车上指示沿途各站的报站装置。分析这一问题，就会发现发明的目标是将沿途信息传递给乘客。发明的核心问题就是如何将沿途各站情况显示出来，是一个大问题，而该问题又与一组问题相联系。如果单纯是显示，只要把线路图画出来即可。但是由于要考虑乘客可能对路线不太清楚，就需要将动态信息显示给乘客。于是，就可以考虑设计一个报站的字幕。由于车上乘客可能很多，因为拥挤导致部分乘客看不见或看不清字幕，发明者可以考虑发明一种传播声音的录音报站器。

通过上述的分析工作，显示站名的问题就变成如何制作一个可以自动报站的录音播放装置的问题。这样一系列如何显示、传播信息的问题就变成了如何用录音报站的问题。

通过这个例子我们可以发现，当面临问题是一个大问题时，它大多是一系列问题的组合，要把大问题转化成小问题，就要归纳问题涉及的范围，指出该问题的核心内容，再构造一个新的问题表达方式。如果转化后的新问题仍然能够准确表示解题目标，就用该问题替代原来的问题。问题确定不一定是一次就能完成的，因此，该工作是一个循环往复的过程，当最后的目标使解题者认为满意了，待解的问题就可以确定了。

而对于一些较难解决的问题，往往因为看起来较难，问题一被提出就会被一部分人放弃；但是，如果把比较难的问题分解或转化，就可能解决问题。

例如，在飞机发明之前，人就有过像鸟一样飞翔的想法。鸟飞翔靠的是翅膀，而翅膀是靠胸肌来推动的。人的体重很重，并且没有发达的胸肌，即使使用发动机代替胸肌，也会因重量太大、功率小而难以解决。这一难点，实际上就成为如何找到载人的轻体材料，或者是重量轻而功率大的发动机、使用何种安全可靠燃料、如何安全起飞和着陆等一系列问题。这些问题一旦找到了答案，飞机的发明自然出现了希望。飞机的发明人并不一定将发明飞机分解成上述问题。但是一个个分解问题的解决却为飞机发明创造了条件。

再如设计一个方案，让苹果表面有一个漂亮的图案或印记。显然，如果用刀刻上去，苹果很快会烂掉；用纸贴上去，纸一掀下去，图案就没有了；怎样才能使印记和苹果一体，而又不伤害苹果的外形和果肉呢？只能让印记和苹果一起长大，但这看起来似乎是一个不可能的想法。而如果在苹果基本长大但还发青时，在苹果外皮上贴上带有字或图案的深色剪纸，则当苹果长红后，由于在贴纸处与其他地方的光照不同，其表皮颜色与其他地方必然存在差异。撕下贴纸后，苹果皮上必然留下发青的字迹或图案。

一个较难的求解问题，经过转化以后同样是可能解决的。因此，解题者欲实现目标就要敢于提出设想，并且努力寻找将设想转化成可以实现的表达方式。

待解问题目标明确以后，要解决问题还必须建立一个具体的实施方案，并且要对方案加以细化，这就是方案细化工作。这里仍然以录音报站器为例，为了使报站器适合于安装在汽车上，就要使报站装置体积小、声音清晰、成本低。方案细化阶段就要围绕这些问题，找出相应的解决方案。要达到装置体积小，就需要用电子集成产品；要使声音清晰就要外接扬声器；要降低成本就要用初级电子产品。组合各项性能指标，用单片机类型的语音存储芯片连接一个扬声器就可以解决问题了。

第四章　科普志愿者口头表达能力训练

口才，顾名思义，就是说话过程中所体现出来的个人语言才能。生活在信息高度发达的时代，人际交往是每一个社会人不可避免的。正如美国演讲训练大师卡耐基所说“现代人的成功，15%靠实力，85%靠口才”，口才的重要性也就不言而喻了。一个口头表达能力强的人，往往具有全方位的素质。

科普志愿者与人交往机会更多，因此提高口头表达能力十分重要。在参与科普活动之前，志愿者应当掌握口头表达技巧，进而实现在交际活动中提高表达效果。

第一节　科普志愿者应当掌握的典型口头表达技巧

在科普活动中，志愿者常用的口头表达技巧包括幽默、模糊、委婉等。下面我们将一一介绍。

一、幽默

（一）幽默的含义与构成

1. 幽默的含义

“幽默”本是外来语“Humour”的音译，源自拉丁词“(h)ŭmor”，原意是动植物里起润滑作用的液汁；后来变成心理学术语，以其比拟决定人的心理情绪的“体液”，此后又演变成泛指人的性情气质或脾气并进而变为特指对荒谬、滑稽等具有独特反映的一种特殊的性格、气质或脾气；到18世纪初才演变成我们现代意义上的以诙谐的形式来表现具有美感意义内容的美学术语[1]。据说这个词传入中国后，一直没有妥善的译名，有“语妙”“谐

---

[1] 田建民，田小军. 幽默学［M］. 呼伦贝尔：内蒙古文化出版社，2004.

穆”等译法。1924年林语堂撰文以“幽默”对译“Humour”，最终得到世人认可，沿用至今。

幽默属于特殊的审美范畴。对于如何认识幽默的特质，历来众说纷纭。古希腊一位医生认为，幽默是治疗疾病的调节方法。黑格尔说，幽默是“丰富而深刻的精神基础”。列宁说：“幽默是一种优美的健康的品质。”也有人说幽默本身就是一种艺术，一种增进关系、改善自身评价的艺术……因此，关于幽默的定义也不下百种。实际上，从2000多年前至今，世界各国人士也还没有哪一位讲得清楚幽默到底是什么。所以，1901年英国哲学家索列曾经这样谈到幽默：“语言中几乎没有一个词，比这个人人熟悉的词更难下定义。”

按照多数中外研究者的意见，我们大致能得出如下结论：幽默是一种使人心灵愉悦的艺术；幽默主体普遍具有乐观、旷达的心胸，以及敏锐的洞察力。幽默区别于其他逗笑方式的特质即为：在融合了荒诞与合理、愚笨和机敏等对立属性的内容中不动声色地渗透着深刻的意义或自嘲的智慧风貌。基本具备上述品质的言行才能归入幽默的范畴。真正的幽默不依赖于夸张的动作、不只靠文字游戏，应该是由不协调性的内容才引起的意味深长、会心的微笑。

最容易误被大众归入幽默范畴的就是“滑稽”。滑稽也是审美范畴中的一种，它与幽默既有区别又有联系。二者都能使人捧腹，令人开怀；但滑稽是显露的，多借助插科打诨的言辞、夸张的举动或姿态引人发笑，取得的效果往往是一笑而过，缺少回味的余地；而幽默则是含蓄的，能使人在展颜欢笑的同时对其中蕴含的意义与哲理涵咏不止。

例如，一个小丑在徒劳无功地说了一堆笑话却没使一位客人露出笑容后，便一头栽在床上号啕大哭，随后一边念叨着自己要失业了，一边拼命地擤鼻涕、绝望地跺脚。看到他这样，客人们哄堂大笑。但我们知道，人们大笑只是觉得他小题大做的表演滑稽有趣而已。此类寓意苍白而缺少探胜之妙的表演或笑话不是真正的幽默。

巴黎的大铁塔，举世闻名，可是它的设计者——艾菲尔却一度鲜为人知。他曾幽默地表达过他难以形容的心情：“我真嫉妒铁塔。”简简单单的一句话，既流露出对作品举世闻名的自豪之感，又蕴含着对自己现状的无奈之感，意味深长幽远。

我国相声表演艺术家侯宝林说过："幽默不是耍贫嘴，不是出怪相、现活宝，它是一种高尚的情趣，一种对事物矛盾性的机敏性的反应，一种把普遍现象喜剧化的处理方式。"所以，能引起什么样的笑，常常成为判断幽默与否的标准。幽默意味深远的特质将其区别于一切粗浅拙劣、毫无内涵的搞笑与恶作剧。"'幽默'外谐内庄，它引人发笑，但不庸俗、不轻浮，它言语含蓄，话里含哲理、存机智，它是一种诉诸理智的'可笑性'的精神现象，是语言使用者的思想、学识、经验、智慧的结晶。"[1]

2. 幽默的构成

美国幽默表演大师卓别林说："所谓幽默，就是我们在看来是正常的行为中觉察出来的细微差别。换句话说，通过幽默，我们在貌似正常的现象中看出了不正常的现象。"

简而言之，幽默的构成机制就是一套策略和手段。说话者转弯抹角地设置各种"圈套""陷阱"，听话人先是单纯的"乐不可支"，转而恍然大悟，进而不得不惊叹说话者的机敏与足智多谋，同时也为自己最终能够识破其"阴谋"而会心地微笑。常见的幽默形成机制表现如下：

（1）期待落空。理性的语言表达强调逻辑上的连贯一致，而大量的笑，尤其是幽默的笑却恰恰由于语义的逻辑发展突然中断，使听话者原有的心理期待陡然落空而产生。这种笑属于顿悟的笑，因为结局虽出乎意料，但细想想又确在情理之中。修辞上将这种表达方式称为"衬跌"。"衬跌"由"衬"（按正常逻辑陈述相关联的事物，暗示语义发展方向）和"跌"（给出意料之外的结局）两部分组成。例如：

西奥多·罗斯福在任总统之前，曾在海军服役。一天，一位朋友向他问及在某地生产潜艇的计划，罗斯福看了看四周，压低声音说："你能保守秘密吗？"

"当然能。"朋友保证道。

"那么"，罗斯福微笑着说："我也能。"

罗斯福预设的动作——"看了看四周"、提问——"你能保守秘密吗？"都使他的朋友认为接下来罗斯福肯定会将自己知道的情况一一道来，没有遭到直接的拒绝想必也令那位朋友欣喜不已，但罗斯福接下来的一句让他大跌眼镜，却又无从抱怨，只能笑笑了事，因为他自己前面的回答意味着如果他

---

[1] 索振羽．语用学教程［M］．北京：北京大学出版社，2005．

处于罗斯福的位置一样不会泄露计划的有关事宜。罗斯福的幽默感使其既达到了目的，又没伤了朋友情谊。

歇后语的构成机制也是如此。歇后语的上半句为“衬”，制造悬念，“歇”后一“跌”，由下半句给出令人顿悟的答案，引人发笑。

猪八戒吞钥匙——开心

困在玻璃窗上的苍蝇——有光明，没前途

三更半夜放大炮——一鸣惊人

捋着胡子过河——谦虚过度

（2）倒置。“倒置”机制表现为在言语交际过程中，通过改变正常的主客、因果、轻重等关系造成语义逻辑发展方向的颠倒从而引人发笑。

乞丐：先生！两年前你每次给我10元钱，去年减为5元，现在只给1元。这是为什么？

施舍者：两年前我是单身汉，去年我结婚了，今年又添了个小孩，为了家用，我只能节省开支。

乞丐：您怎么能用我的钱去养活您的家人呢？

乞丐对施舍者的责备明显有悖常理，令人在吃惊之余发笑。

有一位拳击手，在一次比赛中与对手较量到第二回合时，头部挨了一拳，倒在地上。对手在他身边跳来跳去，准备在他爬起来后给他更致命的一拳。可这位拳击手爬起来后却笑嘻嘻地朝对手说：“我把你吓坏了吧？”对手不解地眨着眼睛。“你一定吓坏了”，他说：“你害怕会把我打死。”那位对手松开紧咬的牙关也笑了。

拳击手对自己在处于下风却还能让对手害怕之原因所做的反常解释，向对手、向观众展示了他的一颗平和的心，轻松应对落败的姿态委实令人钦佩。

（3）归谬。“归谬”就是顺着对方的逻辑错误进一步推导；或是按照对方的推导逻辑仿造一种更为荒谬的说法，以其人之道还治其人之身，使其错误进一步明朗化，尽显荒唐可笑。

妻子对丈夫说：“我打算假期去旅游一次。”

丈夫说：“干吗花那个冤枉钱，买本《旅游》杂志看看，又开眼界又省钱。好啦，别瞎想了，快去买菜做饭吧。”

妻子马上答道：“买菜？干吗花那个冤枉钱，买本菜谱看看，不是又开眼界又省钱吗?”

妻子用自己的机敏把丈夫荒谬的逻辑与结论用演绎的方式返还给他，令丈夫哑口无言，又不得不佩服妻子的智慧与语言的艺术性。

一个吝啬的雇主让伙计汤姆去买酒。汤姆向他要钱，他说：“用钱买酒，这是谁都能办到的；如果不花钱买酒，那才是有能耐的人。”

一会儿，汤姆提着空瓶回来了。雇主十分恼火，责骂道：“你这个笨蛋，你让我喝什么?”

汤姆不慌不忙地答道：“从有酒的瓶里喝到酒，这是谁都能办到的；如果能从空瓶里喝到酒，那才是真正有能耐的人!”

对待如此吝啬又强人所难的雇主，争辩是没用的。汤姆使用归谬法给予老板很好的反击，机敏幽默，有理有节。

（4）语义偏移。偏移机制的特点是：违背约定俗成的语音、语义、语法规则超常规使用语言，造成现实话语与语言规范之间的矛盾，从而产生幽默情趣。如用修辞学术语进行描述，其表现形式主要包括“反语”“飞白”“易色”“降用”“曲解”等。

1）反语。“反语”就是用与本义相反的词语来表达本义，从而产生幽默讽刺的意味。

勃拉姆斯是德国音乐史上最后一个有重大影响的古典作曲家，他的乐曲有很大一部分是以抒情的旋律见长，因此总能使许多年轻女士陶醉不已。

有一次，勃拉姆斯被一群女士团团围住，她们喋喋不休地问这问那，搞得他心烦意乱，几次想借故脱身，但就是突不出重围。无可奈何的勃拉姆斯取出一支雪茄抽了起来。女士们受不了浓烈的烟味，就对他说：“绅士是不该在女士面前抽烟的。”

勃拉姆斯一边继续吞云吐雾，一边悠然地说：“女士们，哪儿有天使，哪儿就一定祥云缭绕。”

勃拉姆斯以“天使”指代女士，用“祥云缭绕”指代吸烟造成的烟雾，用体面的词语优雅地批评了那群聒噪而不识趣的女子。

2）飞白。“飞白”是因说话者读错音、用错词或是故意援引他人讲话中出现的错误而取得诙谐效果的一种修辞格，即“明知其错故意仿效”（陈望道语）。

玉莲听不懂什么是持久战，她悄悄向金香问道：“金香，顾县长说的是什么‘战’呀?”

“你真是个笨蛋！连个‘吃酒战’也不知道。”金香自以为是地说道，“就是喝醉酒打架嘛！喝了酒打人最厉害了，我后爹喝醉酒，打起我妈来没轻没重。”(马烽《刘胡兰传》)

这里，吃酒战”与“持久战”在语音上相近，但在概念上却是“风马牛不相及”，作者通过制造内容与形式的背道而驰，使人物的语言滑稽有趣。

如果说上面例子中金香将“持久战”误解成“吃酒战”是受知识、见识所限，幽默效果是在无意中制造的，那么现今一些广告作品则属于“明知故犯”，有意为之。

香港某化妆品广告：趁早下“班（斑）”，请勿“逗（痘）”留。

六神特效花露水广告语：六神有主，一家无忧。

3）易色。“易色”就是改变词语的感情色彩、语体色彩、时代色彩等，包括褒词贬用、贬词褒用、雅词俗用、古词今用等。

《天下无贼》中葛优扮演的“黎叔”有这样两句话：“我本将心向明月，奈何明月照沟渠啊!”

文绉绉的古诗词从一个江洋大盗口中吐出，而且抒发的还是刘德华扮演的窃贼不肯与之合作的遗憾之感，言语与角色的错位真是令人忍俊不禁!

又如《不见不散》中男主角抱怨女主角对他的示爱总是无动于衷时说道：

“你这人最大的优点就是能在关键时刻大义灭亲，说翻脸就翻脸，稍加训练就能成立一恐怖组织，还绰绰有余。”

将赞扬不徇私情精神的成语“大义灭亲”用在这样的男女感情问题上，而且是用来指代对方的不买账，褒词贬用，幽默有趣。

4）降用。“降用”即把通常用于大场合、大事件的词语用于与其不相称的小场面、小事情。这种大词小用、小题大做的方法造成词语和语境之间的极度不和谐，从而产生幽默的效果。

电影《不见不散》中，葛优扮演的刘元对徐帆扮演的李清描述自己梦想的时候有这样一段台词：

“这是喜马拉雅山脉，这是中国的青藏高原，这是尼泊尔。山脉的南坡缓缓伸向印度洋，受印度洋暖湿气流的影响，尼泊尔王国气候湿润，四季如春。而山脉的北麓陡降，终年积雪，再加上深陷大陆的中部远离太平洋，所以自然气候十分恶劣。”

“如果，我们把喜马拉雅山脉炸开一道，甭多了，50公里宽的口子，世界屋脊还留着，把印度洋的暖风引到我们这里来，试想一下，那我们美丽的青藏高原从此摘掉贫穷落后的帽子不说，还得变出多少个鱼米之乡来呀……”

如此深奥的科学理念，配合着葛优描述时的板书与专注神态，真有一种亦庄亦谐之感。

5）曲解。语言是一种受规则制约的有意图的行为。“曲解”则是人们在说话时或因语言歧义，或有意转换话题，使答语不着边际、文不对题。曲解，有的属于故意，有的出于误解。曲解方法运用得当，会取得很好的幽默效果。

富翁问学者：为什么学者经常登富翁的门槛而富翁很少登学者的门槛呢？学者毫不犹豫地说：“很明白，这是因为学者懂得财富的价值，而富翁根本不懂得科学的价值。”

富翁本想在贫富问题上耀武扬威，有嘲笑学者贫寒的意味；学者顺势将话题转移到谁更有价值判断力的问题上来，语出便见智慧高下，学者于幽默中维护了自尊，富翁却作茧自缚。

幽默的构成还有其他很多方式，如：

比喻：

介绍人吸了一口烟，然后问道：“姑娘，你对刚才那个小伙子印象如何？”

姑娘：他说话时和你抽烟一样。

介绍人：自然，潇洒？

姑娘：不，吞吞吐吐。

夸张：

四个乌龟在一起打扑克，突然发现啤酒喝光了。大家凑了一些钱，请最年轻的乌龟去买啤酒。两天过去了，他还没有回来。一个乌龟说：“他准是带着我们的钱逃走了。”只听年轻的乌龟在门外叫道：“又说这种话，我干脆不去了！”

对于幽默的形成，研究者还归纳出诸如精细法、婉曲法、欺诈法、自嘲法、机械重复法、童言稚语法、啰里啰唆法等多种技法，不一而足。其实，对于幽默的形成机理我们是无法，也没必要一一罗列、面面俱道的。而且很多幽默并不是说话者心里先想着某个方法然后再依样画葫芦制作出来的，而是兴致所至、即兴创作所产生的。因此前面我们只是抓住幽默形成的主要途径做了蜻蜓点水式的介绍，旨在探索产生“会心的微笑”的内在机理，帮助读者更好地理解幽默的本质，更好地运用幽默，提升自身的语言魅力。

（二）幽默的作用

在著名喜剧表演大师查理·卓别林眼里，“幽默是人类面对共同的生活困境而创造出来的一种文明。它以愉悦的方式表达人的真诚、大方和心灵的善良。它像一座桥梁拉近人与人之间的距离，弥补人与人之间的鸿沟，是奋发向上者和希望与他人建立良好关系者不可缺少的东西，也是每一个希望减轻自己人生重担的人所必须依靠的‘拐杖’。具有幽默感的人，都有一种超群的人格，能自己感受到自己的力量，独自应付任何困苦的环境，并且这样的人最受欢迎”。❶

作为凡夫俗子，我们有着七情六欲，我们无法避开诸多人世间的困惑与烦恼。但我们可以拥有一个快乐的法宝——幽默，用幽默来使自己愉悦，让自己的精神感受到真善美的力量；用幽默来改善现状，为生活添加一些情趣；用幽默来使自己令人难忘，同时传达我们的友爱与宽容；用幽默来改变我们的生存方式，减少我们的压抑与忧虑，通过笑释解人与人之间的隔膜与冷漠、偏见与误解，使人类真正达到融洽与和谐。

1. 缓和矛盾

日常生活中，利益冲突、言语碰撞有时不可避免。当发生争论时，一种方法就是尽力寻找对方的缺陷、失误进行攻击，以图压倒对方；另一种方法则是采用轻松幽默的方式缓和气氛，求得和解。后者不像前者那样声嘶力竭，但交际效果却是积极有效的。美国作家特鲁讲过：“当我们需要把别人的态度从否定改变到肯定时，幽默力量具有说服效果，它几乎是一种有效的处方。”

美国电话电报公司总经理卡普尔主持了一次股东会议，会上群情激昂，一连串的批评、责问和抱怨使气氛越来越紧张。其中一位妇女不断指责公司对慈善事业漠不关心，捐赠太少。她挑战似地发问：“公司去年在慈善事业

❶［美］罗伯特·斯坦恩．幽默的艺术·序言［M］．北京：民主与建设出版社，2002.

方面究竟花了多少钱?”当卡普尔说出一个数字时，她装模作样地用双手捧着额头说：“噢，少得可怜，我真要昏倒了。”卡普尔不动声色地说：“是吗?那会使你我都松一口气。”随着大多数股东的笑声，包括挑战者自己在内，紧张的气氛一下子缓解了下来。

卡普尔善意的调侃调解了现场紧张的气氛，表达出了十足的人情味，让那位喋喋不休的女股东也不得不钦佩他的克制与忍耐。

有一对夫妇前去迈阿密海滩附近开会。当他们进到已经预订好房间的一家旅馆登记住宿时，才发现旅馆已经客满，而且没有他们预定的纪录。前台职员设法使盛怒中的丈夫平息下来：“我们会给你们一间蜜月套房。”“荒唐!”那位丈夫大叫：“我们已经结婚15年了!”“先生”，职员说：“要是我把你们安置在舞厅里，你们也不一定非跳舞不可，对吧?”

应对盛怒中的客人，一味好言相劝有时不能很快见成效，跳出原有思路，恰当地调侃，反而易于让对方平息下来。

2. 化解尴尬

幽默能让我们从那些人为或自己制造的尴尬中顺利、漂亮地脱身。

苏格拉底的妻子是个远近闻名的泼妇，经常当众让丈夫难堪。而我们这位哲人凭着自己的智慧，却也能幽默应对，见招拆招，挽回自己的面子。

一次，苏格拉底的老婆又发起脾气来，大吵大闹，很长时间都不肯罢休。苏格拉底只好出门躲躲。他刚走出家门，那位怒气未消的老婆突然从楼上到下一大盆水，把他浇得像个落汤鸡。这时，苏格拉底打了个寒战，不慌不忙地自言自语道：“我早就知道，响雷过后必有大雨，果然不出所料!”

在一次社交宴会上，一个小伙子对近旁的某位成熟女士颇有好感，希望能有进一步的接触。于是他主动向该女士发问：“您好！女士，请问您的丈夫怎样称呼?”没想到女子的回答却是：“抱歉，我还没嫁人呢……”小伙子灵机一动，做恍然大悟状：“哦！原来你的先生是个光棍!”女士忍俊不禁!

可以说，弄错女士的婚姻状况乃社交场合之大忌，好在小伙子脑筋转得快，用诙谐的语言使被他冒犯的女士在笑声中原谅了他的过失。

传说中国古代有个石学士，一次骑驴不慎摔在地上，一般人一定会不知所措，可这位石学士不慌不忙地站起来说：“亏我是石学士，要是瓦的，还不摔成碎片?”一句妙语，说得在场的人哈哈大笑，自然这位石学士也在笑声中免去了难堪。

3. 应对难题

在社交场合，常常会突然遭遇一些让人难以应对、回答的问题。如果正面招架，多少显得有些无趣；如果避而不答，则又有点失礼。这时如果避重就轻、巧妙地转移话题，就能顺利地帮助自己摆脱困境。

一对年轻夫妇带着孩子好不容易才找到一个出租房屋的人家。房主见他们带着一个小孩子，拒绝道："我从不把房子租给有孩子的人，因为我怕吵闹。"不等父母回话，活泼机灵的孩子立即接过话头说："请您把房子租给我吧，我没有孩子，只有父母。"这句话一下子把房东给逗笑了。

这个孩子的推理也许是无意的，却充满趣味，出人意料地制造出了幽默，解决了父母都无能为力的难题。

其实在我国古代，这样聪慧的孩子也是不胜枚举。《太平广记》中记载了这样一则故事：

晋杨修九岁，甚聪慧。孔君平诣其父，不在。杨修时为君平设，有果杨梅，君平以示修："此实君家果。"（修）应声答曰："未闻孔雀是夫子家禽也。"

孔君平逗杨修玩，把杨修说成是杨梅。杨修才思敏捷。应声还击，暗示孔君平：如果我是杨梅，那么您就是孔雀喽！童子的快言快语有时真令人拍案惊奇！

4. 批评劝谕

幽默是批评劝说的有效手段。

某市一个青年司机三次违章驾车出现事故，事故科的警察说："若论开车出事故你可数第一吧！你三次抢道都碰伤了人和车（虽然这些车都是轻伤），真是'百发百中'啊！"警察这一席幽默的"赞扬"引起了在场观众的哄笑，连这位青年司机也不好意思地苦笑了，笑过之后，抓了半天后脑勺，很难为情地低下头，表示今后再也不违章开车了。

如果警察换个方式训斥他："你三次闯下祸端，不是罚款、吊销执照的问题，严重了让你坐监狱！"这样不仅教育的效果要大打折扣，而且还很可能使这个青年滋生对警察的抵触情绪。

林肯无疑是美国历史上最幽默、最伟大的总统之一，他传奇的一生为我们留下了无数的幽默故事。即便是批评下属，他那幽默的话语也总能让当事人在清楚地意识到自身问题的同时又不觉得难堪，从而心悦诚服地改正错误。

林肯对麦克伦将军未能很好地掌握军机深感不满，于是他写了一封信：

“亲爱的麦克伦：

如果你不想用陆军的话，我想暂时借用一会儿。”

又如：

台奥多尔·冯达诺是19世纪德国著名作家。他在柏林当编辑时，一次收到一个青年作者寄来的几首没有标点的诗，附信中说：“我对标点向来是不在乎的，如用时，请您自己填上。”

冯达诺很快将稿件退回，并附信说：“我对诗向来是不在乎的，下次请您只寄些标点来，诗由我填写好了。”

幽默用于批评总是意存宽厚，态度明确但不热辣，不至于灼伤人。冯达诺的批评是诙谐含蓄的，达到了让那个浅薄者知难而退的目的。

5. 回敬侮辱、挑衅

幽默对嘲笑、戏弄、侮辱而言是有力的反击武器。

普希金年轻的时候并不出名。有一次，在彼得堡参加一个公爵家的舞会时，他准备邀请一位年轻而漂亮的贵族小姐跳舞。这位小姐十分傲慢地说：“我不能和小孩子一起跳舞。”普希金微笑地说：“对不起，亲爱的小姐，我不知道你怀着孩子。”说完礼貌地鞠躬离开了。

在当时的情况下，如果普希金对那位小姐无礼的话置之不理，他心理会不平衡；如果进行辩驳，难免因口舌之争而增添尴尬，所以普希金选择了不直接的反唇相讥，让那位失礼在先的小姐落个自讨没趣。

有一次，歌德在魏玛公园散步。在一条只能过一个人的过道上，他迎面遇到了一个曾经对他的作品提过尖锐意见的批评家。这位批评家大声喊道：“我从来不给傻瓜让路！”“而我则恰恰相反！”歌德边说边微笑着让在一旁。

歌德的幽默、从容与那位批评家的粗俗、狭隘形成了鲜明的对比，我们也许无法取得歌德那样的文学成就，但我们可以历练自己像他那般超凡脱俗。

从前有个财主少爷，见一年轻美妇在木桥上淘米，便嬉皮笑脸地凑上前去，对她哼道：“有‘木’便为‘桥’，无‘木’也念‘乔’；去‘木’添个‘女’，添‘女’便为‘娇’，阿娇休避我，我最爱阿娇。”少妇无端被他轻薄，甚是羞恼，看到笸箩中的米，灵机一动，回应道：“有‘米’便为‘粮’，无‘米’仍读‘良’；去‘米’添个‘女’，添‘女’便为‘娘’，老娘虽爱子，子不敬老娘！”

地主少爷妄图通过做点文字游戏占少妇便宜，无聊透顶。被这种无赖纠缠本是急不得，恼没用的。没想到机智的少妇效仿他增减字形的方式，巧妙地降低了他的辈分，幽了他一默，使之“偷鸡不成反蚀一把米”，反倒沦为别人的笑柄，却也奈何人家少妇不得。

6. 自嘲

《笑林》中有这样一个故事：一个书生多次参加科举考试，总是考不中。妻子看着着急：“你考得真困难，像我们女人生孩子似的。”书生回答：“比你们生孩子困难多了。你们生孩子肚子里早就有，我这肚子里没有东西啊！”

书生把自己肚子里没有“墨水”的状况比之于妇人怀孕生子之事，而且相比之下自己还不如有孕在身的妇女。在视科举考试为圣事的封建时代，书生的这种自嘲精神还真是难得！我们在笑其幽默的同时，是不是还会为科举考试耽误了很多人的青春而深思呢？

笑自己的身材、长相、年龄，或是自己做得不漂亮的事都会使自己变得更平易近人，更有人性。

一位著名的女演员说：“我不敢穿上白色的游泳衣去海边游泳。否则飞过上空的美国空军一定大为紧张，一定认为他们发现了一艘航空母舰！”

其他诸如：

“我并不老，才到人生盛年而已。只是我花了比别人更多的时间才到盛年。”“我是一个谦逊的人，我拥有许多让我谦逊的事情。”

凡此种种，会帮助他人喜欢你、尊敬你，甚至钦佩你，因为你的幽默向他们证明了你具备善良、洒脱的品质。

幽默是一门魅力十足的艺术，在很大程度上体现的是一种快乐、成熟的生活态度，掌握它就等于掌握了智慧的结晶，知晓了如何去面对纷繁复杂的人生。

二、模糊

语言具有许多貌似对立的属性，明确与模糊就是其中的一对。就语言本身而言，语言表达应该是越准确、越清晰越好；然而在实际运用中，人们却发现模糊语言同样不可或缺，没有模糊语言的世界是枯燥、生硬、不可接受甚至是无法继续的。因为在表达者看来，在客观事物或人们的思想中，有相当一部分内容是不能够精确表述或不必精确表述的。对此，只能采用模糊语言。例如，最常提到的“早晨”“中午”“晚上”就是模糊词语，关于它们的具体所指未曾有过精确的规定；“冷”与“暖”、“宽”和“窄”、“胖”与“瘦”等都是相对而言，其语义界限也是模糊的，这是语言自身模糊性的表现。如果非要把它们“量化”为几点几刻至几点几刻、几摄氏度、长宽多少厘米、体重多少公斤，反倒阻碍了交流的正常进行。

又比如，一位35岁的女士请一位先生猜她的年龄，这本是件很难为人的事情：猜大了，女士心里肯定不痛快；往小里猜，如果与实际相貌相差太大难免令人觉得虚伪；恰好猜对了，又很有可能会令该女士失望——毕竟她能向异性提出这样的问题，应该是出于自认长相年轻的心理。面对如此难题，这位先生做出了如下恰当的回答。他说：“以你的模样应该减去10岁，但以你的智慧应该加上10岁。”绕开具体的年龄，使用模糊语言为自己留下较强的伸缩空间正是这位先生的聪明之处。

可见，模糊语言的用途是很广泛的。模糊语言凭借语义不精确、内涵丰富、概括性较强等基本特征，使得言语表达具有很强的伸缩性与开放性。从某种意义上说，这类模糊语言恰恰是保证交际得以顺利进行的重要前提。

（一）模糊的作用

1. 提高语言的表达效率

一般而言，信息的传递要求既快速又简约，为此，人们常常求助于模糊语言。譬如出于礼貌的日常寒暄：路上遇到的友人问你：“最近在忙什么?”我们只需以“工作上的一些事”“在写点东西”等笼统概括地回答即可，如果非用精确的语言进行介绍，不仅要多费不少唇舌，而且多余的信息易使听话者心生厌倦。使用模糊语言则寥寥数语就能解决问题。

2. 增强语言表达的灵活性

在言语交际中，受话题、语言环境等因素的影响，为了避免把话说得太死、太绝对，说话者往往运用模糊语言来为自己留下一定的回旋余地。有经验的导游遇到答不上来的问题时会说“我不能确信我知道答案，我们可以在今后讨论”以维护自身形象。众所周知的“研究研究”“考虑考虑”也属模糊语言。模糊语言的功能之一就是为交谈双方创设充满变数的缓冲空间，事实证明，说得太肯定、太精确、太明白反而会把自己推向被动的尴尬的境地。比如，你答应别人一定出席宴请，事实却没有做到，容易给人留下不守信用的不良印象；倒不如答应时便讲明："没有意外我争取准时到场"。这样可以给自己留有进退的空间，万一去不了，也不至于影响到人际关系。有时，语义要求过于明晰和精确，反而使交际无法进行下去。

3. 创造想象空间，提高修辞效果

在语言的修辞艺术中，模糊观念比清晰观念更富有表现力。许多修辞手法，如夸张、双关、婉曲等，都是通过模糊语言实现的。战国时期楚国的宋玉写过一篇《登徒子好色赋》，赋中这样描述绝代佳人"东家之子"的美："增之一分则太长，减之一分则太短；著粉则太白，施朱则太赤……"这女子生得真是恰到好处，可谓美的典范。其实"东家之子"之所以美得令人浮想联翩，根源就在于其模样的不确定性上——宋玉并没有交代她究竟有多高、多白、多赤。反之，如果用精确的数字、语言对其身高、肤色、体重等做以界定，不仅容易引发异议，而且还会因为缩小了观赏者的想象空间，令人产生倒胃口之感。其他诸如称赞一个人美得"沉鱼落雁""闭月羞花"，笑起来"一笑倾人城，再笑倾人国"等，都运用了这样一种模糊的表现手法，其效果实在令人击节赞叹。

4. 表达不便明说之意

在各种交际活动中，受条件的制约，人们时常需要表达不便明说之意。借助模糊语言，他们往往能成功地实现交际目的。医生面对重症患者关于病情的询问，可能会说"你现在身体状况不太好，要尽量卧床休息，补充各方面的营养"。这既证实病人确实有病，又不至于给病人造成过重的思想负担；在新闻事件的采写过程中，由于真相尚未大白，所以记者常常这样报道："在当地政府的指导下，各部门正在积极开展救援工作。事故原因正在（还在）调查之中。"外交活动更是离不开模糊语言的恰当运用。对于一些敏感的政治问题，使用模糊语言常常可以起到掩饰或回避的作用。比如，说"××之间的会谈是建设性的"是在暗示双方会谈虽然取得了一些进展，但距离解决争端仍相去甚远；而"两国领导人的会谈是在坦诚的气氛中进行的"实际上是委婉地表明双方在一些问题上仍存在分歧，没有达成任何协议，但是通过双方高层的往来增加了对对方态度和立场的了解。[1]

---

[1] 引自《环球时报》（2004年2月27日第14版），有改动。

5. 改变语言的可接受程度

言语交际的礼貌策略之一是当说话者要表达一些可能对听话者造成心情不快或者对其不利的信息时，经常会选用模糊语言，因为模糊语言使言语表达更为委婉、含蓄，显得更为礼貌。比如，顾客拿着已经开封但尚未使用的物品要求换货，销售人员以“能不能满足您的要求我需要请示经理，结果我不敢保证，但我一定努力为您争取”做回应就比用直通通的“不行，我没有这个权力”要亲切得多。不管顾客的目的是否达到，起码会让他感觉你是想帮他，只不过实在无能为力而已，有助于缓解消费者的不满情绪。

此外，话如果说得过于绝对，还容易激起听话者的反感和怀疑。如果在表述中加入模糊的成分，将易于彼此间的言语沟通，效果可能会更理想。广告是很典型的例子。没有商家不想把自己的产品描述成世间仅有、完美无瑕的，但举世无双、绝对完美的东西又是不存在的，所以能广为消费者接受的广告语在描述产品性能时往往使用一定的模糊语言。比如：

例1：没有最好，只有更好。(澳柯玛系列电器的广告语)

例2：夏天里的一场雪。(美的空调广告)

例3：农夫山泉有点甜。(农夫矿泉水广告)

例1中没有确定到达什么程度才算“更”好，但成功地树立了本公司将会精益求精、不断改进产品质量的企业形象；例2中没有说明这场雪是小雪、中雪、大雪还是暴风雪；例3中没有交代“一点”究竟是多少，然而这些不确定的承诺却已在不经意间勾起了人们的购买欲望，模糊的语用效果不同凡响。

（二）口语表达中模糊语言的运用

在日常交际中，模糊语言的使用范围十分广泛。不论是书面还是口头语言，不管是正式还是非正式场合，它的使用频率都非常高，而且使用动机也比较复杂。

1. 日常交往中的模糊语言

(1) 批评。有经验的管理者在“表扬与批评”的问题上都知晓一个基本原则：表扬须明确、批评宜模糊。表扬优秀人物、先进事迹时一定要讲得明确具体，有时甚至要不厌其烦，因为这样方能激励被表扬者，进而带动其他人，提高表扬的效力。批评以及给别人提意见则恰恰相反，应顾及对方的自尊，批评应以治病救人为出发点，提意见也以点到为止为佳。所以有的管理者在批评手机干扰会议的现象时说："今天开大会，好像又有人不关手机，虽然你可能是事出有因，虽然铃响没几声，但上次是张三响，今天是李四响，这会场纪律还要不要了？你响两声，他响两声，还要不要顾及其他人的感受了？希望今后会场不要再响起铃声了！"

这几句批评的话语很讲究策略，运用"好像""可能""没几声""张三""李四"等模糊语既警示了不注意会场纪律的人，又避免了直接点名训斥容易引发的抵触情绪，既达到了批评的目的，又维护了被批评者的自尊，收效显著，该部门后来的历次会议都没再被铃声打扰过。

（2）拒绝。生活中我们经常会遇到热情十足的推销员，极力鼓动大家购买他的商品。你不想买又不忍伤他的面子——毕竟人家滔滔不绝地介绍了半天，那么你可以说："买不买我暂时还没想好，今后需要，我再联络你好吗？"这里虽然没有直接说出不买，但你给了他一个模糊的答案，实际上也就表明了拒绝之意。

又比如，有些年轻女子在被异性问及自己的芳龄时，如果对其没有好感，不想有进一步的交往，就会闪烁其词地答道："二十出头，三十不到。"让对方知难而退，又不令他十分难堪。

（3）掩饰不足。任何人的知识面都是有限的。在有些交际场合，交际对象可能会提及一些自己不熟悉的话题。此时，若不懂装懂，往往更容易暴露自己的不足，有失颜面；若沉默不语，则谈话很可能陷入僵局。这时摆脱困境的方法之一就是巧用模糊语言。

北宋著名改革家王安石的儿子王元泽小的时候，有一次有人把他领到一个装有一獐一鹿的笼子跟前，问他："你能说出哪只是獐，哪只是鹿吗？"王元泽确实是分辨不出，他苦思良久，然后答道："獐旁边的那只是鹿，鹿旁边的那只是獐。"

王元泽回答时所用的就是模糊语言，不仅掩饰了自己的不足，又让别人无法辩驳，顺利摆脱了困境，显示出模糊语言的神奇力量。

2. 外交斡旋中的模糊语言

外交人员受语言环境、话题敏感度以及事物多变性的制约，为了某种政治目的，有时需要闪烁其词，避免直接提供信息，故而常用模糊语言回答提问。

2006年6月13日下午，我国外交部女发言人姜瑜首次主持例行记者会。其中的一问一答比较具有代表性：

记者：欧盟三国、美国和俄罗斯可能会和伊朗就伊核问题进行直接谈判。中方有可能加入谈判吗？

姜瑜：中方一直主张通过外交谈判和平解决伊核问题。我们支持国际核不扩散体系，反对核武器扩散，不希望看到中东地区因为伊核问题出现新的动荡。我们一直主张有关方面提出切实可行、能为各方接受的方案，以推动伊核问题谈判。中方一直就伊核问题与有关各方保持着密切联系。近日，胡锦涛主席、温家宝总理分别与美国总统布什、德国总理默克尔就此通电话，李肇星外长与伊朗外长穆塔基、欧盟共同外交与安全政策高级代表索拉纳、西班牙外交大臣通电话，并会见了来华磋商的伊朗副外长阿拉格齐。中方将继续发挥劝和促谈的建设性作用，与有关各方一道，为通过外交谈判妥善解决伊核问题而努力。[1]

就记者的问题“中方有可能加入谈判吗?”而言，答案应该只有两个——可能或是不可能，但对这个敏感的国际政治问题，发言人只能选择回避的策略来作答，所以我们在姜瑜的答话中找不到“可能”或“不可能”。但通过“一直主张”“支持”“不希望看到”“保持密切联系”“继续发挥……建设性作用”等词句，还是可以窥视我国政府对于伊朗核问题的态度，那位提问的记者也挑不出什么毛病。此例诠释了模糊语言在外交辞令中的重要作用。

3. 表演艺术中的模糊语言

在影视剧、小品等艺术表现形式中，演员经常利用词语本身的模糊性制造笑料，增加表演的幽默色彩。

崔永远、赵本山、宋丹丹三人表演的小品《昨天、今天、明天》中有这样一段对话：

崔：谈话节目它有话题，今天的话题是：昨天、今天、明天。

赵：昨天在家准备一宿，今天上这来了，明天回去。谢谢！

崔：我是让您往前说。

宋：前天俺们得到的乡里通知，谢谢！

主持人口中的“昨天”“今天”“明天”使用的是这三个词语的泛指意义，相当于过去、现在和将来；小品中的“白云”（宋丹丹饰）、“黑土”（赵本山饰）却对之做了具体化的理解，产生应答与提问背道而驰的结果。

---

[1] http：//news. xinhuanet. com/world/2006-06/13/content_4690934. htm，2006-06-03.

此处正是利用了词义本身的模糊性特点取得了幽默效果。

又如小品《卖拐》：

赵本山：说你们家的小狗为什么不生跳蚤？

范伟：因为我们家小狗讲究卫生。

赵本山：错。

高秀敏：因为狗只能生狗，生不出别的玩意来。

同样是借助模糊语言“生”制造笑料，因为“生”在表义上身兼数职，在赵本山的问话里意思不明确，既可以是因不卫生而产生跳蚤，也可以是生育跳蚤的意思，所以范伟在没弄明白具体意思的时候，根据常识冒然作答才上了赵本山的圈套。在这个小品里，范伟多次被赵本山设计戏弄，问题就在于他没能弄清某些词的具体所指。

4. 案情讯问中的模糊语言

讯问人员在讯问犯罪嫌疑人时，一是受掌握的材料和认识的限制，在案情尚未明朗之前讯问语言不能说得太确切；二是出于某种讯问策略的考虑，会有意利用语言的自身语意模糊性和犯罪嫌疑人理解的灵活性，引导犯罪嫌疑人产生错觉，造成其思维的混乱，促使其产生错误的判断并使判断被反复强化，以至达到瓦解其心理防线的目的。

警方为寻找并确认一起杀人案的可靠证人时，对犯罪嫌疑人进行了下面的询问：

问：“你是否知道，除陈××（犯罪嫌疑人之一）外，还有人看到你掐死吴××（被害人）的过程？”（突然地）

答：“有谁看到了？”（突然一愣，急促地）

问：“你来回答。”

答：“我知道。”（低下头，沉默片刻，深深吸了一口气）

问：“当然你知道，别人也知道。”

答：（低头不语）

问：“抬起头，请回答我们的问话。”

答：“我说，我说，吴××的三女儿在炕上睡觉，不知道什么时候醒了，看到我们掐吴××就哭了，陈××吓唬她说：‘再哭，别人听见就没有妈了’，她才没哭。”[1]

---

[1] 黄红梅. 试论模糊言语的讯问效应［J］. 铁道警官高等专科学校学报，2004，3（14）：62.

在上面的讯问中，讯问人员成功地使用了模糊言语进行发问。第一句问话中“还有人看到”的“还有人”所指模糊，引发犯罪嫌疑人的恐慌；第二句中的“你来回答”又没指明让他具体回答哪些情节，增加他的焦虑不安，心理防线开始崩溃；第三句中“别人也知道”的“别人”笼统概括，更让嫌疑人深信不疑警方已经完全掌握了他的犯罪事实，促使他很快放弃抵抗，彻底交代做案过程，帮助警方找到了想要的证人。

人类的言语交际是一个十分复杂的过程，受交际对象、谈话内容、交际目的制约，人们往往需要综合运用多种表述方式和技巧才能取得交际成功。模糊词语虽然看似模棱两可，表意不清，事实上正是它的这种特点，反而极大地增强了语言的秉性和张力，充分发挥了语言交际功能的灵活性。所以说模糊语言是一种艺术性较高的语言。

三、委婉

（一）委婉的作用

在人们的言语交际中，传情达意的方式多种多样，且各有所长。直言不讳、开门见山地表明意图固然给人简洁明了之感，但在某些特定场合、特殊的情境之下或针对特定群体之时，这种方式却未必是最好的选择，委婉含蓄的表述曲径通幽、合宜得体，可能效果更佳。

委婉，在修辞方式上亦称婉曲。它是指说话人为避免刺激对方、更好地沟通，或显示自身的教养，故意曲折地表达本意的一种语言运用方式。烘托、暗示、替代等都是委婉表达经常借助的手段。委婉的表述有显、隐两层含义，主要是利用显见的表层意思来暗示、烘托隐含的那层意思。由于意在言外，就需要听话者经过思考才能明白说话人的真正用意所在，而且越揣摩越能体察说话人的善良用意，越会发现其含义深远，给人以“言有尽而意无穷”的回味余地。

在人际交往中，委婉如润滑剂一般，具有削弱刺激、避免尴尬、缓解矛盾、消除碰撞等功能。正因如此，委婉存在于各个民族的交际生活之中，被各行各业的人士所青睐、所普遍采用。

1. 削弱刺激

在社会交际中，有些事物不被谈论，不是因为它们不能被表述出来，而是因为人们谈论时会觉得不舒服，如排泄、疾病、死亡、人体缺欠、夫妻离异、关系失和等。使用隐约闪烁之词代替或委婉地加以暗示不仅能削弱因话题的敏感而带给对方的刺激，同时也是有文化、有教养的一种体现。

“死亡”是个沉痛的话题，但有些时候我们不得不当众提及，这时，人们多数选择其他含蓄的词语加以替代。

恩格斯在悼词《在马克思墓前的讲话》中不可避免要首先交代这位伟大思想家辞世的实情，他使用了下面这种表述方式：

“3月14日下午两点三刻，当代最伟大的思想家停止思想了。让他一个人留在房里总共不过两分钟，等我们再进去的时候，便发现他在安乐椅上静静地睡着了——但已经是永远地睡着了！”

“睡着了”，并且是“永远地”，一方面委婉而清楚地交代了事实，同时也再现了马克思离世时的安详，加上前面语境的铺垫，恩格斯对挚友的眷恋之情已跃然纸上，深沉而有节制。

在中国古代，人们是很讲究委婉语的使用的。如《左传·僖公三十二年》中，秦晋崤之战之前，秦国大臣蹇叔对即将开拔的队伍中自己的儿子哭道“孟子，吾见师之出而不见其入也。”秦国国君穆公责骂他说：“尔何知！中寿，尔墓之木拱矣！”蹇叔用“见师之出而不见其入”来代替全军覆没，表明自己对出征的反对态度；秦穆公用“中寿”代替早死，借以谴责蹇叔的多事与出语丧气。二者的意图不难揣测，但委婉语的使用缓和了语义本身的刺激程度。

现代女性对“肥胖”普遍深恶痛绝，如果某男士善意地提醒自己明显发福的妻子说：“亲爱的，瞧你都胖成什么样了，减减肥吧！”估计轻者惹来妻子的抱怨指责，重者可能引发夫妻间的一场争吵！而聪明的丈夫则不会这么直接地去刺激妻子，他会若有所思地对妻子说：“同样的道路，我走过去，平平淡淡，了然无痕；而当你走过，踏踏实实，一步一个脚印。”在轻松的语境中暗示妻子应该控制一下自己的体重了，效果会比前一种好很多，起码不会惹得妻子勃然大怒。

事实上，在不同的国家、民族、时代、地域、阶层，敏感的话题和对象是不同的，这就要求我们在与人交往时要慎言慎行，不要因为冒失而制造交际上的尴尬。

20世纪80年代初，我国最后一个太监李大爷80多岁了，许多媒体都想采访这个独特的历史人物，但采访成功的却很少。有一次，一个西方记者去采访李大爷，又是摄像，又是录音，记者打机关枪似的发问：“李先生，No，No，按贵国的习惯应该叫您李公公，我们对你十分不幸的人生深表同情，你是怎样进宫为皇上、皇后服务的？”“阉割给你带来什么样的身心痛苦？”“我们将给您多少美金，你才愿意让我们拍一张裸照呢？”……李大爷一听就反感，拂袖而去，拒绝了记者的采访。

一位香港女记者成功采访了李大爷。她了解到大爷平时爱喝茶，便带了一盒西湖龙井登门拜访，不摄像，不录音，不做记录，亲切地说：“李大爷，您老跟我爷爷同龄呢，您这位老北京见多识广，今天就跟我这个孙女聊一聊老北京的故事，好吗？”李大爷来了兴致，跟“孙女”聊起老北京的旧事来，很自然地逐步切入太监这个话题，聊到无拘无束的程度，李大爷连“净身”的问题也不回避了。

事例中那个西方记者按照西方人的思维逻辑采访李大爷，话语直白，开诚布公，但意图过于外露，甚至“哪壶不开提哪壶”，有咄咄逼人之势，缺少保护隐私的态度，采访只能以失败告终。而香港那位女记者则采取了比较亲近又低调的谈话姿态，收敛锋芒，委婉含蓄却又源源不断地引出了李大爷的话头，达到了自己的采访目的。

2. 避免尴尬

在日常工作和生活中，我们都有这样的心理体验，那就是更倾向于被赞同、被接受，而不愿被否定、被拒绝。被否定、被拒绝的瞬间总是那么的令人尴尬、赧颜。“己所不欲，勿施于人。”在我们不得不或是拒绝别人的好意，或是否定对方的观点、做法，或是实难满足他人的请托、要求时，委婉的语言表达可以做到既坚持自己的观点或维护自身的利益，又尽可能地不伤害或者少伤害被你否定或对你提出要求的人。

作家冯骥才在美国访问时，一个美国朋友带儿子去看望他。孩子调皮又好动，一会儿就爬到冯老有些摇晃的床铺上，站在上面拼命蹦跳。这时，冯老如果直接喊孩子下来，势必会使其父产生歉意，也让人觉得自己不够热情。于是，冯老笑着对朋友说：“还是请您的孩子到地球上来吧。”那位朋友顺着冯老的思路也就没有对孩子进行指责，而是同样不失幽默地回答道：“好。我和孩子商量商量！”

冯骥才委婉诙谐的话语使本来也许是困难的批评，变得顺利起来，而且保持了比较融洽的交流氛围。而事件中那位父亲的反应也使我们莞尔，其做法远比那些不顾孩子自尊的父母动辄呵斥打骂要高明许多。

一位顾客坐在一家高级餐馆的桌旁，把餐巾系在脖子上。经理很反感，叫来一个女招待说："你让这位绅士懂得在我们餐馆里，那样做是不允许的。但话要讲得尽量委婉些。"女招待来到那个人的桌前，有礼貌地问道："先生，您是刮胡子，还是理发？"话音一落，顾客立即意识到自己的失态，赶快取下了餐巾。

女招待真是个聪明的姑娘，她由顾客系餐巾的方式联想到了通常只有发廊在刮胡子或理发前才会把毛巾系在客人的脖子上，并顺势为顾客提供了两个与餐馆并不匹配的服务项目，进而间接地提醒顾客他放置餐巾的方式是错误的。如此不仅不会得罪客人，还很可能会令客人感激并赞赏女招待的礼貌与机智。

马文潜教授曾经讲过这样一件事：赶集时，有人到陶器店买夜壶。顾客看了看之后说："好是好，就是大了点。"卖者说："哎，冬天，夜长呵！"马教授很推崇这一答话的艺术性，他说倘若卖者直言："大是大，尿装得多呵！"这样一来，含蓄全无，而且使买方尴尬，甚至连生意也做不成了。

陶器店的那个卖主真可谓深谙经商之道，转弯抹角地否定了顾客的看法，并顺水推舟地为自己的商品附加了一个卖点。

3. 消除碰撞

在社会生活中，不同的个体之间总会存在观点迥异、立场不同、利益冲突甚至是误会等问题，出语稍稍不慎，双方便极易陷入剑拔弩张的对峙状态。此类情况之下，多用些委婉的话语，采取些曲折的方式，方能够缓解矛盾、消除碰撞，乃至化干戈为玉帛。

某地一些农民在打麦季节，把麦子拉到公路上利用往来的汽车打麦子，严重影响了交通，警察严厉地批评这些农民："你们如果不立即把麦子拉走，我们就把麦子撒掉！"说着扬起木锨要撒，引起农民的强烈不满，双方剑拔弩张。这时一个经验比较丰富的老交警匆忙赶来，他没有用严词厉语警告这些只顾个人利益不管他人安危的农民，而是语重心长地劝解道："去年××地有些农民在公路上打麦，因汽油着火引燃了麦秸，使一万多斤小麦被全部烧光，给农民生活造成了严重的困难。我们可要吸取他们的教训啊！"农民们听闻此言，面面相觑，三三两两地相继把麦子从公路上撤掉了。

案例中农民的做法确实违反了交通法规，警察依法加以制止无可非议。但对于这些只顾个人利益的农民来说，直言警告乃至威胁并不能让他们心悦诚服地撤走麦子，反而因为语气过于生硬激化了矛盾，造成双方的对峙。而老交警话语亲切，采用借此说彼的方式，通过外省的事例委婉地向当地农民昭示了其做法可能给自身带来的危害，增强了说服教育的力量，很快就疏通了道路，又拉近了与当事人的距离，值得其他执法者效仿。

（二）委婉的使用方法

英国思想家培根曾说过："交谈时的含蓄与得体，比口若悬河更可贵。"说话者使用委婉语是基于协作和寻求尊重的心理，目的是成功完美的交流，因此不能不掌握一些基本的方法与技巧。

1. 同义替代，游移其词

对于不便说出的事物或不想直接表达的意思，寻找与之相关的事物或同义词语来代为表达，人们借助语言交际环境，通过联想来完成信息的交流，这样会使话语显得更有分寸、含蓄得体。

比如，放屁本是一种生理现象。在中外文化中，不但当众放屁被认为是不文明的行为，而且开口就说"放屁"这个词也是不文雅的事情。因此我国宋代就已经有人用"放气"来指代"放屁"了。其他诸如用"更衣""方便"来指代"去厕所"，用"大墙"代替"监狱"，用"个人问题"代替"恋爱婚姻问题"，用"作风问题"代替"男女性关系问题"等都是广为人知、相沿习用的。

曹禺《日出》中潘月亭有这样一段话：

"你既然知道了这许多事，你自然明白这件事的秘密性，这事绝不可泄露出去，弄得银行本身有些不便当。"

这里不说银行本身有困难和危险，而说"有些不便当"，用婉转的方式轻描淡写地减弱了本意，显得轻松动听。

又如，1972 年美国总统尼克松访华时，周恩来总理在欢迎晚宴的祝酒词中说道："……我们两国人民一向是友好的。由于大家都知道的原因，两国人民之间的来往中断了 20 多年。现在，经过中美双方的共同努力，友好来往的大门终于打开了。……"

这里"大家都知道的原因"用得真是绝妙！既让人体会到造成两国断交的主要原因在于美国的侵略和干涉，又保全了美国客人的面子，显示了一名外交家出色的语言驾驭能力。

意大利19世纪著名歌剧作曲家罗西尼曾被邀请去为一位作曲家的新作提意见。在曲子的演奏过程中，罗西尼不住地脱帽，演奏者询问究竟，罗西尼回答说："我有个习惯，凡是遇到'老相识'，我都要脱帽打招呼。在阁下的曲子里，我遇到的'老相识'太多了，所以只好频频脱帽。"

拿一首七拼八凑的曲子去请大师指教，这个作曲家真有些不知深浅。幽默而有涵养的罗西尼以"老相识太多"委婉地指出了曲子抄袭过多的弊病，评价中肯但轻松的方式又没令那位作曲家过于难堪。

目前，网络上又流行起一种用拼音字母代替整个词语的做法，即用汉字音节的第一个字母代替该汉字来传情达意，如用"BS"代替"鄙视"，用"BT"代替"变态"等，被替代的词汇多数属于贬义词的范畴。

2. 以显衬隐，虚实相生

虚实相生的说话艺术，即将某物的实际意义和比喻意义巧妙地联系起来，用实际意义烘托、映衬比喻意义，进而委婉说理。

《左·襄公十五年》中记载了一则"子罕辞玉"的故事。

宋国的一位掌管工程的官员名叫子罕。某日，有人执意要把自己所得的宝玉献给子罕，子罕不要。献玉人说："我曾经把这块玉石拿给玉工鉴定过，他认为这是一块宝物，因此我才敢献给您。"子罕郑重回答说："我把不贪图财物的这种操守当作是宝物，你把玉石作为宝物。如果你把宝玉送给了我，我们两人都丧失了宝物；还不如我们都保有各自的宝物吧。"

有人执意要送礼，子罕为官清廉，当然要坚决推辞，这种情形着实令双方都有些为难。在这里子罕就运用了虚实相生的说话艺术，由献玉人所说的"宝"字联想发挥，和盘托出自己的宝物——"不贪"，此"宝"非彼"宝"，一虚一实，以实衬虚，使"宝"的含义骤然升华。子罕几句妙语便表明了自己纯洁如玉的心志，委婉地回绝了他人的馈赠，又侧面教育了送礼人，成就了一段千古佳话。

在纽约国际笔会第48届年会上，有记者向中国代表陆文夫提问："陆先生，您对性文学怎么看？"陆文夫说："西方朋友接受一盒礼品时，往往当着别人的面就打开来看。而中国人恰恰相反，一般都要等客人离开以后才打开盒子。"

西方记者抛出的"性文学"问题敏感棘手，在那样的场合下不适宜做长篇大论，但如用诸如“因为时间的原因，三言两语也说不清楚，这位先生如果对这个话题感兴趣，我们可以会后私下交流。”的托词来搪塞，又不免让人觉得有些小家子气。陆文夫则用一个生动巧妙的借喻——中西接受礼品的不同反应，委婉地表明了自己的观点——中西不同的文化差异也体现在文学作品的民族性上，化解了危机。这样的回答，既不使问者感到难堪，又委实令人钦佩他的机智与风度。

3. 依托语境，借此说彼

利用两个事件之间的某一相似点，借甲事来说明乙事，不仅可以避免尴尬和不快，又具有很强的说服力，在不动声色之中达到自己的目的。这种方法多被用于说服与批评。

画家张大千留有一口长胡子。一次吃饭时，一位朋友以他的长胡子为理由，连连不断地开玩笑，甚至消遣他。可是，张大千却不急恼，不慌不忙地说：“我也奉献诸位一个有关胡子的故事。刘备在关羽、张飞两弟亡故后，特意兴师伐吴为弟报仇。关羽之子关兴与张飞之子张苞复仇心切，争做先锋。为公平起见，刘备说：‘你们分别讲述父亲的战功，谁讲得多，谁就当先锋。’张苞抢先发话：‘先父喝断长坂桥，夜战马超，智取瓦口，义释严颜。’关兴口吃，但也不甘落后，说：‘先父须长数尺，献帝当面称为美髯公，所以先锋一职理当归我。’这时，关公立于云端，听完禁不住大骂道：‘不肖子，为父当年斩颜良、诛文丑，过五关，斩六将，单刀赴会，这些光荣的战绩都不讲，光讲你老子的一口胡子又有何用？’”听完张大千讲的这个故事，众人哑口，从此再也不扯胡子的事了。

朋友间开开玩笑本也无妨，但大庭广众之下，一而再地揪住人家的体貌特征不放就有些欠妥了。张大千可谓是个聪明人，貌似都围绕着“胡子”说事儿，实则借前人故事旁敲侧击，既不扫兴，又警示了那个不识趣的朋友，一举两得。

4. 改弦更张，迂回曲折

为了工作和生活的和谐，我们时常需要去说服别人或被人劝说。直言表明来意有时并不能取得预期效果，其原因在于不加修饰的语言可能引发其内心的不快，或许无意间便伤害了交际对象的自尊。因此，为了更好地达到交际目的，我们有时需要绕道而行，可以从对方的角度出发，使之认识到你设身处地为他提供了一种更好的选择；或是做足铺垫再伺机转换语意，以维护人们心理上的自尊感，最终赢得他们的赞同。

对于餐饮服务人员来说，直接告诉客人说他点的菜店里没有，是行业的大忌，不管真实的情况是确实没有，或是临近打烊，菜品没有剩余。有经验的服务人员会巧妙地劝说顾客换菜，从而避免引起对方产生“你们怎么连这个菜都没有”的反感。

在一家湘菜馆内，当一位顾客想点一盘干锅莴苣时，点菜员说：“今天生意特别好，厨房剩下的莴苣不够一盘了，分量不够的菜我们不能上桌，您不妨考虑干锅萝卜或其他的菜。”

杨先生在某餐馆就餐，欲点一盘干烧武昌鱼。服务员的说法是：这个菜的原料是干鱼，不好判断卫不卫生，餐馆从食客角度出发不敢进货。一席话，杨先生愉快地接受了服务员推荐的新鲜鲫鱼。

类似的说法还有：“菜有，但购回的时间有点长，不太新鲜了”“现在这个菜已过了季节，口感不太好”“现在已不时兴这种菜了，同样是下酒菜，我们有些特色菜卖得特别火”，等等。只要不是一味为了引导顾客高消费，这样委婉劝说客人改变主意的说法还是比较能让人接受的。

有些情况下，他人出于好意做了一件事情，但结果并不是我们想要的。这时，我们就既要让对方知晓自己的感激之情，又要规劝对方不要再做此类事情。为了不伤人心，常用的方法就是先肯定对方行为的合理性，铺垫做得足够了再转而言它，在一波三折中使交际对象明白我们的心迹。

有一次居里夫人过生日，丈夫彼埃尔用整整一年的积蓄买了一件名贵的大衣，作为生日礼物送给爱妻。当居里夫人看到丈夫手中的大衣时，爱怨交集，她既要感激丈夫对自己的爱，又要说明不该买这样贵重的礼物，因为那时试验正缺款，她婉言道：“亲爱的，谢谢你，谢谢你！这件大衣确实是谁见了都是喜爱的，但是我要说，幸福是内涵的，比如说，你送我一束鲜花祝贺生日，对我们来说就好得多。只要我们永远一起生活、战斗，这比你送我任何贵重礼物都要珍贵。”这一席话使丈夫认识到在当时的情形下花那么多钱买一件生日礼物确欠妥当。

我们在生活中也有同样的体验。当拒绝别人的邀请时，“我很想去，但是因为……而无法前往”。这样的回答就比“对不起，我去不了”委婉得多；对配偶说“我现在有点累了，你说的事明天再做好吗？”就比生硬地说“不行，亲爱的。”更能让人接受。只要我们重视这些生活中的细节，采用合适得体的语言去与他人交流，一定能保持人与人之间关系的融洽与和谐。

委婉的使用技巧不胜枚举，我们在此无法一一叙述。总而言之，委婉的表述方式主要是为了避免刺激交际对象，故而把一些不适宜明说或不便直说的话，用含蓄的词语、曲折的方式表达出来，以求使听话人易于接受。但是委婉如果流于追求奇巧的形式，或令人百思不得其解，甚至造成误解，那么势必影响表达效果，就与交际目的背道而驰了。因此，委婉的使用，既要讲求含蓄，又要避免含混晦涩，要让听话人借助特定语境能够准确理解委婉表达的本意。善于驾驭语言的人，能够自如得体地运用委婉语，使直言与婉语各得其宜，显示出个人的智慧与文化教养。

第二节　科普志愿者交际口才训练

从前有个人，说话很不合时宜，他到岳父家去拜寿。临走时，家里人怕他出错误，就嘱咐他到了岳父家说话要多带“寿”字。

他到了岳父家吃饭时，见了蜡烛说“这寿烛真好”，见到桌子上的点心就说，“这寿糕真大”，指着面条说“岳父大人，请吃寿面”。岳父听了十分高兴。

这时，女婿看见岳父头上有一只蚊子，连忙用手拍过去，一面拍一面还说：“不要怕，我不会拍痛寿头，打到你寿脑的。”岳父听了气得发抖，把碗里的面汤洒在自己的新衣裳上。女婿忙用毛巾替岳父擦净，又说：“好好的一件寿衣，浇上了一片面汤真可惜了。”

岳父被气得半天说不出一句话来。

吃完了饭，女婿摆弄起桌上的一个红木匣子，当着岳父的面说：“这寿木寿材可真够漂亮的。”岳父一听，顿时气昏了过去。

这个笑话虽然有些夸张，但却充分地说明了在交际活动中，口头语言表达要符合场合。怎样使我们的表达在交际活动中更加得体呢？这就是本节要探讨的问题。

一、交际口才基本问题

在《现代汉语词典》中人们这样定义交际：人与人之间往来接触。要更好地使用交际口才，就要理解交际口才的特征和使用交际口才的注意事项。

(一) 交际口才的特征

在社会生活中，社交活动不可避免，交际口才作为人们的交际工具十分重要。在交际活动中，虽然口才的应用形式很多，但是却有着共同的特征。

1. 平等性

交际活动中口头表达的主要目的是交流思想、表达情感、传递信息。这一过程中的口头表达的参与者是由两人或两人以上组成的。从交际的定义，我们不难发现交际活动都是双向性或多向性的，因此，参与交际活动的人在人格上和机会上都是平等的，没有尊卑、主次之分。在交际活动中，每个人都可以根据自己实际情况发表自己的观点、阐明自己的立场，在相互倾听的基础上，以口头表达语言为载体，在了解别人观点的同时，使别人了解自己的观点。

交际活动中的口头表达的平等性主要表现在两方面：

首先是人格上的平等。虽然人们在交际活动中要尊重长辈、领导，但是在人格上是平等的。地位高的人在平等的情况下与他人交流，他的观点也会容易被人接受。

其次是表达机会上的平等。在交际活动中，作为长辈或领导，不要认为自己是长者、领导，就应当多说，搞“一言堂”。交际活动并不是单向性的报告或演讲，没有交流，交际活动就可能变成单方向的说教。

因此，在交际活动中，在人格上互相尊重、礼貌待人，在表达过程中礼让谦和、平等待人，就能保证交际口才的平等性。

2. 随机性

生活在社会中的人，就要面对各种各样的交际活动。而交际活动中的口头表达不同于演讲和辩论等逻辑性、目的性非常明晰的活动，表现出典型的随机性特征。

交际口头表达的随机性主要表现在如下几个方面：

(1) 交际口头表达的话题随机性比重很大。虽然许多交际活动是有所准备的，但是不可能像写文章、做演讲、进行辩论那样可以事先预设主题。尤其是日常生活中的交际活动，如果同学聚会先预设一个中心问题，就会使很多人感到不舒服，而这个时候的表达就可能是海阔天空的交流。在谈判等市场营销活动中，交际双方也常常会从一些不相关的问题谈起，而后层层深人、引入正题，而引起双方交流的话题一般说来也是随机的。

（2）交际口头表达的语言使用带有随机性特征。交际活动的特点决定了在实际活动中有诸多不确定的因素，而这些因素直接决定了交际活动的语言的随机性。

某市供电局的一支执法分队，在检查欠缴电费的过程中发现了一个欠费用户，执法分队的负责人与欠费用户交流的主题是讲明国家的规定，实施处罚。交谈中发现户主是一个单身老人，不但是一名倒闭企业的老工人，而且是一名志愿军老兵，如果按照欠费情况应当查处电表，停止供电；这位负责人随机而动将与老人交流的主题变成了解他的具体情况。当查明情况后，第一项工作就变成用自己的钱为老人交纳了所欠的电费，然后，回到单位向有关领导做了汇报。有关领导了解情况后，做出为老人减免电费的决定。

如果执法分队的负责人不考虑实际情况，坚持既定的谈话思路，势必会对老人造成伤害。而他抓住了交际口头表达语言使用的随机性特征，就在扶危济困的过程中树立了国有企业在人民群众中的良好形象。

（3）交际活动的人员具有随机性。除了一些较为特殊的场合，在大多数交际场合中，参与的人员是不固定的。

（4）交际的口头表达方式具有随机性。在交际活动中由于情况不同，表达者采取的具体方法也大有不同。在现代社会中，大学生面对社会或学习压力出现心理疾患的比例有所上升。而面对这一现象，作为教师，与学生交流中就要区别对待，对于被一时挫折击倒的学生可以以激励为主，而对于问题积累较长的同学则应当施加“缓手”，逐步解决问题。

3. 互动性

任何交际活动都不是单向性的，因此，交际中的口头表达就具有互动性特征。这种互动性特征主要表现在以下两个方面：

（1）交际活动角色的主次关系可以互动。在交际活动中，交流双方或多方对于话题的内容了解和关注程度存在差异，因此，交流的主次不断变化。

（2）交际活动信息过程具有互动性。交际活动中的口头表达是一个信息迅速反馈、交流的过程。在交际活动中参与的各方所持的立场观点可能一致也可能相反，而在信息交流的过程中一定是互动的，在信息互动的过程中，交流的目的才能得以实现。

4. 制约性

交际口头表达的另外一个特征是制约性。在现实生活中，一句话的不慎就可能引发许多问题。因此，在交际活动中要考虑制约的条件。在具体的交际活动中，要充分考虑交际活动的环境、交流对象和话题等制约条件。

首先，在交际活动中，表达者要充分考虑到自己所处的环境，切不可说不合时宜的话，造成尴尬与误会。

法庭上正在公开审理一起盗窃案。

法官：你是几点去行窃的？

被告：早上九点左右。

法官：是早上吗？

被告：晚上九点。

法官：说出准确的时间。

被告：……

法官在情急之下，想请证人——被告的妻子出庭作证。由于不够冷静，竟然脱口而出：把他的老婆带上来！

法庭上一片哗然。

其次，在交际活动中，所选的话题具有制约性。在社交活动中有些话题是不能提的，比如个人隐私。不仅如此，人们还应当根据不同的对象选择不同的话题，展示自己的交际口才。

在著名的豫剧表演艺术家常香玉舞台生活50年庆祝会上，著名演员谢添要作家李准当场用三句话把常香玉说哭。一个喜庆的日子，说几句话让喜气洋洋的资深表演艺术家当众流眼泪，显然有点不合时宜，李准连连摆手。出席活动的嘉宾却都穷追不舍，常香玉也走上前不依不饶要求他“马上就说”。李准无奈，站起来说了下面一段话：

“香玉啊，今天多好的日子——咱们能有今天也真不容易。论起来，您还是我的救命恩人呢。记得我10岁那年跟着父母逃荒到西安，没吃没喝，眼看成群的难民快要饿死了，忽然听有人喊：‘大唱家常香玉放饭啦，河南人都去吃吧！’一下子涌上去许多人，我捧一大碗粥，眼泪吧嗒吧地流个不停，想：日后若能见着恩人，我得给她磕头。哪想到，‘文化大革命’您也挨整，那天，您押在大卡车上戴高帽挂牌子游街，我站在街头看了，心在滴血啊——我真想喊：让我来替她吧！她可是大好人啊……”

李准还没说完，常香玉已捂着脸、转过身，泪水滚滚而下了。

（二）交际口才使用的注意事项

在人类的社会生活中，交际活动是不可避免的。然而，要想进行一次成功的交谈，也非轻而易举之事，交际口才作为社会人际交流的主要方式也有其自身的要求与客观规律。如何在交际活动中恰当的表达，在达到交际目标的同时，展示自己的口才呢？至关重要的是把握交流的基本要求与客观规律，具体来说，在交际活动与语言表达中要注意如下事项。

1. 把握角色

有人把生活比喻成一个五彩缤纷的大舞台，把每一个人比喻成舞台上不同的角色。因此，在实际交往中，把握好自己的角色就显得十分重要。

在交际活动中，每个人的身份都在不断变化。要以不变应万变，首先要在交际环境中摆正自己的位置，明确自己的身份（是领导？是长（晚）辈？是同志？是朋友？是对等或对峙方？）和交际的性质及目的（是指示、教导？是交流信息？是明辨是非？是接受教诲？还是以正视听？）。其次，是要熟悉对方，具体说就是了解对方身份、性别、年龄、职业、文化水平、理解能力与交际目的。只有做到知己知彼才能在交际活动中言必由衷，言必中“的”，扮演好自己的“角色”，通过语言交流收到良好的效果。比如所处的身份是长辈就要或者保持严肃，或者一脸慈祥；而如果一群年轻人在一起就可以幽默风趣，下面的例子正说明了这一观点。

清代的大文学家纪昀（纪晓岚）被乾隆皇帝任命主持《四库全书》的编写工作。一年夏天，天特别热，纪晓岚是个大胖子，实在受不了，就对手下的官员说：“诸位，近日天气炎热，酷暑难耐，有哪位年兄愿意除去官衣？”这些人一听，心里说：“得，您要脱就脱吧！”纪晓岚见别人不言声，自己脱了个光膀子。

不一会儿，乾隆皇帝来了，纪晓岚想穿衣服已来不及。怎么办呢？一猫腰钻进桌子底下去了。心想，皇帝走了，我再出来吧。可是，他这些动作都被乾隆皇帝看到了。于是，他与室内的几位官员说了几句话，就向一个大臣使了个眼色，说道：“朕走了！”那个大臣心领神会走出屋外。

纪晓岚听到脚步声远了，过了一会儿，便在桌子下边问：“老头子走了吗？”

乾隆皇帝说：“是谁在这样叫朕呀？”

纪晓岚没办法从桌子下边钻出来，拜见皇帝。

乾隆皇帝说：“纪昀，你为何这样称呼朕啊！给我说清楚！”

纪晓岚从容答道：“老头子这三个字是对您的极大尊称啊！皇帝称万岁，

岂不为老？皇帝乃国家之首，岂不为头？皇帝乃真龙天子，岂不为子？老头子这三个字就是对您的极大尊称。”

乾隆皇帝一听十分高兴，看到桌上一把白纸扇，想起纪晓岚的书法很好就说：“纪昀，朕命你写一个扇面如何？”

纪晓岚答道：“臣领旨！”

纪晓岚提笔就写了一首《凉州词》，可能是刚才紧张，一时疏忽，把第一句“黄河远上白云边”的“边”给漏了，乾隆皇帝一看问道：“纪昀，你这诗写得不对呀！”

纪晓岚接过来一看，眼珠一转，答道：“万岁，臣写得没错，这不是王之涣的诗，而是无名氏写的一首词！”

乾隆听了，道：“读来听听！”

纪晓岚略加思索高声读到：“黄河远上白云一片/孤城万仞山/羌笛何须怨/杨柳春风不度玉门关。”

他圆上了！

从这个幽默的小故事中我们不难认识到在交际活动中把握角色的重要性。要更好地把握角色就要既认清自己的角色，又认清对方角色。每个人在社会生活中的“角色”都在不断变化，要把握好角色关键时刻的语言表达方式：必须说什么；允许说什么；不能说什么。在角色转换的时候，如果一味陷入单一角色，就会在生活中出现错位、产生误解、“反目成仇”乃至铸成大错。

纪晓岚正是深明自己臣子的身份和在乾隆皇帝心中的地位，利用皇帝惜才、爱才又虚荣心极强的特点，巧妙应对，从而化险为夷的。

许多优秀电影演员在扮演一些角色后由于入戏太深，在拍摄结束后很长时间仍然不能自拔，比较严重的更会铸成大错。香港演员张国荣在拍摄《异域空间》后不久就自杀身亡了，有人联想到他在影片中扮演的因为心理疾患而自杀的心理医生，怀疑他是否因为入戏太深导致自杀。

不仅明星需要摆正自己，普通人也是如此。有一则股市的笑话正说明了在交际活动中认清自己角色的重要性。

股市大跌，有一个股民回家。儿子喊：“爹”。股民大怒：“不准喊跌，要喊家长，就是加速上涨！”他弟弟喊：“哥。”他怒吼道：“不准喊割，要喊兄长，就是凶猛上涨！”

2. 善于分析前提

任何交际活动都有它的前提。要在交际活动中更好地表达清楚自己的意思，就要善于分析交际活动相关的事实、经验、背景、知识等前提条件。

在交际活动中，分析前提要从如下几个方面入手：

（1）要注意对方的政治背景。在交际活动中，人们所处的政治、社会环境不同，表达方式也会大不相同。

20 世纪 50 年代的一天，周恩来总理在一次记者招待会上请记者们提问题。这时一位西方记者问："请问，中国人民银行有多少资金？"周恩来总理回答说："中国人民银行货币资金嘛，有 18 元 8 角 8 分。"此话一出，全场愕然。周总理接着说："中国人民银行发行面额为 10 元、5 元、2 元、1 元、5 角、2 角、1 角、5 分、2 分、1 分，共 10 种主辅人民币，合计为 18 元 8 角 8 分。中国人民银行是中国人民当家做主的金融机构，有全国人民作后盾，信用卓著，实力雄厚，它所发行的货币，是世界上最有信誉的一种货币，在国际上享有盛誉。"

一名美国记者看到周总理手中的一支美国派克钢笔，就问道："请问总理阁下，你们堂堂中国人，为何还要用我国的钢笔呢？"周恩来总理听了，风趣地说："谈起这支钢笔，话就长了。这是一位朝鲜朋友的抗美战利品，作为礼物赠送给我的。我无功受禄，就拒收。朋友说，留下做个纪念吧，我觉得很有意义。就留下了这支贵国的钢笔。"

这时，一名与中国友好的国家的记者为了缓解尴尬的局面，就问道："我对中国文化很感兴趣，想请教您一个问题。贵国为什么称公路为马路？"

周总理答道："我们信奉马克思主义，走马克思主义道路，所以简称马路。"

周恩来总理面对不同政治背景、不同目的的提问可以说是给出了恰到好处的回答。

（2）要注意交际双方的基本条件。在普通人的交际活动中，在政治背景差别不大时，也要考虑对方的社会背景条件。

笔者曾经历过这样一件事。几个朋友谈论问题，其中一个人发表观点："女人不能多读书……"另外一个人立刻反唇相讥，事后了解此人的姐姐是博士。

（3）注意场合和隐含前提。交际活动都是在特定的时间、地点中进行的。下面的例子虽然是一个关于喝酒的例子，正说明了在社会生活中，人在不同的场合下的表现存在差异性。

齐威王在后宫设置酒肴，召见淳于髡，赐他酒喝。问他说：“先生能够喝多少酒才醉？”淳于髡回答说：“我喝一斗酒也能醉，喝一石酒也能醉。”威王说：“先生喝一斗就醉了，怎么能喝一石呢？能把这个道理说给我听听吗？”淳于髡说：“大王当面赏酒给我，执法官站在旁边，御史站在背后，我心惊胆战，低头伏地地喝，喝不了一斗就醉了。假如父母有尊贵的客人来家，我卷起袖子，弓着身子，奉酒敬客，客人不时赏我残酒，屡次举杯敬酒应酬，喝不到两斗就醉了。假如朋友间交游，好久不曾见面，忽然间相见了，高兴地讲述以往情事，倾吐衷肠，大约喝五六斗就醉了。至于乡里之间的聚会，男女杂坐，彼此敬酒，没有时间的限制，又作六博、投壶一类的游戏，呼朋唤友，相邀成对，握手言欢不受处罚，眉目传情不遭禁止，面前有落下的耳环，背后有丢掉的发簪，在这种时候，我最开心，可以喝上八斗酒，也不过两三分醉意。天黑了，酒也快完了，把残余的酒并到一起，大家促膝而坐，男女同席，鞋子木屐混杂在一起，杯盘杂乱不堪，堂屋里的蜡烛已经熄灭，主人单留住我，而把别的客人送走，绫罗短袄的衣襟已经解开，略略闻到阵阵香味，这时我心里最为高兴，能喝下一石酒。所以说，酒喝得过多就容易出乱子，欢乐到极点就会发生悲痛之事。所有的事情都是如此。”

如果不考虑场合前提就会出现问题。从表达要考虑场合的观点出发，鲁迅先生的《作论》一文也反映了这个层面的问题。

我梦见自己正在小学校的讲堂上预备作文，向老师请教立论的方法。

“难！”老师从眼镜圈外斜射出光彩看着我，说：“我告诉你一件事——一家人家生了一个男孩，合家高兴透顶了。满月的时候，抱出来给客人看，——大概自然是想得一点好兆头。”

一个说：“这孩子将来要发财的。”他于是得到一番感谢。

一个说：“这孩子将来要做官的。”他于是收回几句恭维。

一个说：“这孩子将来是要死的。”他于是得到一顿大家合力的痛打。

“说要死的必然，说富贵的说谎。但说谎的得好报，说必然的遭打。你……”

“我愿意既不谎人，也不遭打。那么，老师，我得怎么说呢？”

“那么，你得说‘啊呀！这孩子呵！您瞧！多么……。阿唷！哈哈！

Hehe！He，hehehehe！’”

抛开鲁迅先生写作时代背景，从另外一个角度分析，不难发现：在主人孩子满月、十分高兴的日子，主人当然想听到许多欢乐吉祥喜庆的“好兆头”，客人尽情说许多欢乐吉祥喜庆的哈也是应该的，如果不考虑场合傻乎乎地说“这个孩子将来是要死的”，怎么能让人高兴？他得到一顿大家合力的痛打，天经地义，理所当然。

交际过程中，有时话题是有隐含条件的，有时话题则是没有隐含条件的。不考虑隐含条件就容易造成误会。而随意增加隐含条件，也会影响交流效果。

比如，在一个餐会上，一位年轻人问一位老先生：“吃饱了吗？您还要饭吗？”

老先生立刻较真道：“小伙子，我从前没要过饭，现在不要饭，将来也不会去要饭！”

3. 注意交际表达的态度

在交际活动中，人们的态度往往直接影响到表达效果。一个态度和蔼可亲的人很容易在交际活动中占得先机。要端正交际活动中的态度要注意如下问题：

（1）学会倾听。在交际活动中，虽然说话占据着重要的位置，但是听也是不可忽视的。交际活动是多项交流，认真倾听很重要。1993年首届国际大专辩论会最佳辩论员蒋昌健先生曾说：“以学心听、以公心辩。”正说明了倾听的重要性。认真地倾听既可以表示出对于讲话方的尊重，又可以较好地理解对方谈话的目的意义，方便应答。在交际活动中，虽然参与者地位、资历有所差异，但是在人格上是平等的。听到与自己的思想观点不一致的看法时，无礼地打断对方的话头，甚至恶语相加，都是交际活动中的不良习惯。

（2）在反馈和表达过程中要谦逊、友好。在交际活动中，倾听者不仅要听懂讲话方的意思，而且还要对讲话方的观点给予积极的反馈。不管自己的观点和对方的观点是否一致，都要谦逊、友好地表达自己的观点。即便观点针锋相对，也应该心平气和地把自己的观点表达清楚。

4. 控制好交际距离

在交际活动中礼仪是不可缺少的，交际距离的控制是礼仪的直观表现之一。人们在交际活动中经常利用相对位置作为信号来传递一定的思想，利用界域来表达一定的情感，控制交际活动中的空间距离十分重要，因为人们在交际活动中心理上的距离，往往会反映在空间距离上。这种距离主要有以下几种：

（1）亲密区域。亲密区域表示关系密切。这个区域介乎0~45cm之间。处于下限“0”时，身体完全相互接触，处于上限45cm，也只有半臂距离，屈臂即可触及对方。处于这个区域的人们，可以彼此听到对方的呼吸，看到对方细微的表情，甚至可以嗅到对方身体的气味。只有关系密切的人才有可能获准进入这个区域，比如父母与孩子、配偶之间。

（2）个人区域。这个区域在45cm~1.2m之间。处于下限45cm时抬手可以触及对方，处于上限1.2m则仍可保持非同一般的亲近。在这个范围内可以彼此观察到对方的表情变化，显示出一定程度的亲密程度和友好关系，可以用于某种程度的私人交往，比如同事、同学、朋友等。

（3）社交区域。这个区域在1.2~3.6m之间。它所表示出来的关系比前两种要疏远，是一种公事公办的次级关系。

（4）公共区域。这个区域大于3.6m，表示疏远关系。这个区域内交往双方一般已没有特殊心理联系。

因此，在交际活动中，不仅要把握好个人区域而且要把握好社交区域。交际活动是面对面地和人谈心或沟通思想。要想取得良好的交际效果，要想达到思想沟通的目的，则必须把握好“个人区域”这个空间距离。在交际表达过程中，用得比较多的场合是授课、作报告、演讲，面对的是几十人或上百人甚至千人以上的大部分并不熟悉的听众，运用好社交区域这个空间距离，有助于顺利地完成上述任务。

二、交际口才的表达技巧

在现实生活中的交际活动，内容纷繁，形式多样，千姿百态，功能各异，要在交际活动中合理地使用自己的口才，就要对交际活动特点进行深入的分析，掌握内在规律与技巧。如果对交际口才的表达技巧掌握得不好，就会出现笑话。

一个外国男青年来到中国东北学汉语。

他去买酱油，听到中国人说：“打酱油！”心想：“中国人买东西时，说打啊！我明白了。”

第二天，他去买豆腐，就说："我打一斤豆腐。"商贩说："豆腐不能打，一打就碎了！你得说捡豆腐！"

第三天，他去商店买了一块手表，在路上与人炫耀："中国的手表质量真好，这块表是我刚刚从楼上柜台里捡的！"结果被警察带去问话，直到他拿出购物发票才避免了一场误会。

看了这个笑话，我们不难发现交际口才的表达技巧十分重要，如果使用不当，必然会出现问题。下面我们将介绍交际活动中的常用表达技巧。

（一）交际过程中的初始技巧

寒暄是人们见面时最早说出的几句话，也是交际初始阶段的重要技巧，十分重要。寒暄效果的好坏不仅直接影响到交际活动下一步的表达，而且也会影响到人际关系的好坏。寒暄方式主要有以下几种：

（1）问候式寒暄。问候式寒暄是交际活动中最常见的一种寒暄方式。它是表达者根据不同的对象、不同的场合、不同的时间进行不同的问候。比如初次见面，说："您好，认识您很荣幸！"这种寒暄多由问候语组成。比如，早晨问："早晨好！"晚上说："晚安！"三伏天问："天热吗？"三九天问："冷不冷？"见了老人问："您老高寿？"见了教师问："每周几节课？"见了学生问："英语四级考试通过了吗？"等等。

问候式寒暄虽然是一些套话，但是在交际中一定要真心实意地表达自己的问候，寒暄如果虚伪必然影响交际效果。在电影《过年》中，葛优就通过对片中"大姐夫"出场与人寒暄的表现迅速刻画了人物身上的缺点。不仅如此，寒暄还要不落俗套。改革开放前，中国人见面不论时间、地点就爱来一句："您吃了吗？"甚至流传着一个笑话：某人在公共厕所门口见了一位熟人说"您吃了吗？"正巧另一人心情不大好，就答道："您去吃吧。"

（2）现场描述式寒暄。现场描述式寒暄是指针对一些具体的交际环境，触景生情，通过描述寻找话题的寒暄方式。比如，在见到一个老师或同学急匆匆地赶路，就可以说："去上课吧？"见到一个人在读书，可以说："看什么书呢？"……这种寒暄方式自然得体，符合情境，容易迅速切入话题，展开交际活动。

（3）评价式寒暄。许多人都关心别人对自己的看法，因此以评价开始的寒暄在交际活动中也经常出现。一般情况下，评价式寒暄以赞扬和鼓励为主要表现形式。一句赞美和鼓励的话不仅给别人的生活带来快乐，也使讲话者身心更加愉悦，为彼此交际拉近了距离。

比如见到一个朋友，可以说："您的新衣服真棒，在哪里买的？"这样说，并不一定是想问对方衣服购自何处，自己想买一件，而是向对方传递一个友好的信息。一次学校运动会比赛前，看到一个朋友正在操场上刻苦练习，可以说："加油啊！过几天等着您破纪录！"这时候，您可能清清楚楚地知道，他打破纪录根本没希望，只是想给他一点训练的动力。

(4) 寻找话题式寒暄。寻找话题式寒暄多常常用在陌生人相见、老朋友重逢的时候。比如，两个陌生人为了开展交际活动，为了消除彼此之间的陌生感，便需要寻找彼此可以交流的话题，这时可以说："今天街上很热闹，是不是来了什么大人物？"而如果同学多年没见，见面寒暄可以说："多年不见，胖了！"

(二) 交际过程中的常规技巧

赞扬、鼓励、解释和说明是交际过程中的常规技巧。

心理学家认为，一个孩子当他听到赞扬和鼓励的话语的时候，就会更加努力。在社会生活中，赞扬十分重要。

每个人都渴望得到别人由衷的赞美。赞扬和鼓励是相辅相成的。所谓鼓励就是引导他人为达到某一目标去奋斗。

1. 赞扬

赞扬对被赞扬者是一个极大的鼓舞，用好这种表达技巧十分重要。在现实的交际活动中，不是每一次赞扬都让人愉快，赞扬是一种艺术，需要技巧。在赞扬别人时，应该注意如下几个问题：

(1) 赞扬要真诚。赞扬别人必须是真心实意的，热诚的赞扬才能让人听了愉快、高兴。真诚的赞扬必须是发自内心、出自肺腑的，而且在表达时一定要热情、诚恳，绝不能漫不经心，敷衍了事。1999 年国际大专辩论会 A 组的第四场初赛，西安交通大学与新南威尔士大学就"足球比赛引进电脑裁判利大于弊还是弊大于利"展开辩论。西安交通大学自由人谭琦同学发言时，面对对方四位女同学，先以一段真诚的赞美开始，而后引入问题分析。不仅逻辑合理，而且显示出良好的绅士风度。

谢谢！我本来想说，对方辩友今天讲得不完全对，可是我听到后来，就是想说，对方辩友讲得不完全错。为什么？因为你们今天出现的问题实在太多，表演可以赏心悦目，但是，理论应该让我们心领神会。你们有比较利弊权衡得失吗？如果你们没有这样做，你们怎么能够从裁判、球员、球迷三者的权益出发告诉我们弊大于利呢？我们今天赞美对方辩友，我们一定是真心的赞美。你们无比的可爱，无比的活泼，无比的动感，无比的美丽，但是我们要真诚地指出……

（2）赞扬要具体。赞扬别人要找被赞扬者最满意、最倾心的事情去赞扬，这样才能博得对方的好感。赞扬企业家可以说他管理有方，赞扬演员可以说他表演到位，赞扬教师可以说他教学得法、桃李满天下……找准角度去赞美，比泛泛的赞美要好得多，在交际活动会起到事半功倍的作用。

（3）赞扬要得体。赞扬美好的东西，如果无止境地夸大，那么它就变成了丑恶。在赞扬别人的时候一定要掌握一个分寸，要适度。很多赞扬都是虚实结合，有时又不可一味地对号入座。如果过分夸张或较真就会出现笑话。下面的两个例子正好分别说明了这两个问题。

有个很好面子的小财主，一次带着佣人外出，出门前就对佣人说："你跟我到外面的时候，要说些夸耀我家的大话，替我装装门面。"佣人点了点头。

佣人跟财主出发了，路上有人说："最大的房子要算太和殿了。"佣人忙对人家说："我家老爷的房子和太和殿一样大。"

财主听了，说："好。"

过了一会儿，又听人说："最大的船要算龙船了。"佣人又忙着说："我家老爷的船和龙船一样大。"

财主听了，说："好。"

回家的路上，又听人说："最大的肚子要算牛肚子了。"佣人又忙对人家说："我家老爷的肚子和牛肚子一样大。"

财主听了，气得一句话也说不出来了。

2. 如何鼓励

鼓励是人们在交际活动中经常使用的技巧。为了让交际的对方在接受了一方的观点后，积极地为实现某个想法奋斗，在交流时就需要鼓励。指挥员在战前要做战前动员，鼓励士兵勇往直前，英勇杀敌；教师在考试前，要鼓励学生轻装上阵，考出好成绩……鼓励是一种最终达到交际目的的言语手段，鼓励可以帮助被鼓励者树立目标，而后向目标努力，取得成功。要使鼓励达到预期效果，就要善于选择时机，并且根据实际情况营造一个适合的氛围，在此基础上，巧妙地使用语言，那么会使鼓励更有力度。在电视剧《亮剑》中，赵刚在日军大扫荡、大兵压境时的战前动员，就是以强调军人守土抗敌的责任为中心，对比如果军人不履行职责必将殃及百姓的事实，从而激发战士的斗志。

3. 解释和说明

“解释”是人们对过去自己的某种言语、行为所作的阐发和匡正，是为了调节已经存在的某种人际关系所做的言语上的努力。在交际活动中，当表达者的某一概念、某一观点、某一行为让对方感到难以理解或产生疑惑时，就需要对此作一定的解释，这种解释一般称为解答。教师的答疑就是这种解释。交际过程中，因为担心对他人曲解或误解自己的意思也可以做出解释而作的某种匡正。

例如：

有一个学生在准备辩论赛，他的同学说：“准备这个干什么？辩论全是诡辩！”

这个学生回答道：“辩论和诡辩是两个不同层面的概念，您这样说本身就是概念不清。我举一个例子给你听：

“唐朝的玄奘法师在印度‘无遮’大会上摆擂台，提出了著名论点‘真维识量’：‘真故、极成色，定不离眼识；自许初三摄，眼所不摄故；如眼摄。’结果没任何人能驳倒玄奘法师。”

“这段话听不懂，肯定是诡辩！”

“简单地说，这段话的意思是：客观的视觉对象离不开主观的视觉，世界上没有独立于视觉之外的事物。难道这是诡辩吗？”

……

（三）交际过程中的应对技巧

交际过程中，突发性事件很多，应对不仅是技巧，更是一种能力。面对处境尴尬的局面良好的应对十分重要。下面的实例正说明了这个问题。

在某电台的一档直播节目进行过程中，一个热线电话打了进来。主持人说道：

“这位朋友您好！”

“狗屎、垃圾！”

一听就知道是一个捣乱的人，主持人马上把电话切断，不动声色地继续说：

“看来这位朋友对我们所在城市的卫生情况很关心啊！的确是一个好公民，对我们这座城市正在申请成为全国卫生文明城市，您为我们提供了一个好话题。一会儿，我将开通直拨间的两部热线电话，欢迎各位朋友拨打，我们共同讨论这个热点话题，让我们欣赏一段音乐！”

随后，主持人马上通知导播做好监控，以免再次出现问题。

应对对于表达者的应变有很高的要求。要达到应对自如，就要具备良好的心理素质、宽广的知识面、敏锐的思维能力和快速组织语言的能力。

有几个朋友出去游玩，其中一个人随手丢了一张用过的纸巾。另外一个朋友就说：“注意点形象，大家都是名人啊！”

“我们怎么是名人？”

“名人，就是有名字的人。当然要遵守社会公德了。”

在交际过程中，主要的应对技巧包括批评、讽刺、幽默、模糊、委婉、应答。由于讽刺、幽默、模糊、委婉等技巧在其他章节中会有论述，下面重点介绍交际中的批评和应答的方法。

1. 批评

在前文中我们已经分析过，人们喜欢得到别人的赞美、表扬，讨厌批评。然而，在社会生活中人们又不可能不犯错误，要想纠正错误，就需要批评和自我批评。交际活动中，批评十分重要。要使批评达到效果，就要以教育人为目的，满怀诚意、有根有据地提出批评。在具体的实施过程中还要注意选择恰当的方式、方法和环境。常用的批评方式有直接告诫式、委婉迂回式、借故讽喻式、含蓄幽默式、逆向激励式、启发引导式等。下面重点介绍委婉迂回式、借故讽喻式、含蓄幽默式、逆向激励式等几种批评方式。

（1）委婉迂回式：这种方式不直接对对方的某一行为、缺点进行批评，而是以迂回间接的方法讲出来，让对方在思考之后，接受你的批评。委婉式批评含蓄，不伤被批评者的自尊心，易于让人接受。《战国策》中《邹忌讽齐王纳谏》，邹忌正是利用委婉的方式使齐王接受了批评和建议。

邹忌修八尺有余，而形昳丽。朝服衣冠，窥镜，谓其妻曰：“我与城北徐公孰美？”其妻曰：“君美甚，徐公何能及君也。”

城北徐公，齐国之美丽者也。忌不自信，而复问其妾曰：“吾与徐公孰美？”妾曰：“徐公何能及君也。”

旦日，客从外来，与坐谈。问之曰："吾与徐公孰美？"客曰："徐公不若君之美也。"

明日，徐公来，熟视之，自以为不如。窥镜而自视，又弗如远甚。暮寝而思之曰："吾妻之美我者，私我也。妾之美我者，畏我也。客之美我者，欲有求于我也。"

于是入朝见威王曰："臣诚知不如徐公美。臣之妻私臣，臣之妾畏臣，臣之客欲有求于臣，皆以美于徐公。今齐，地方千里，百二十城。宫妇左右，莫不私王；朝廷之臣，莫不畏王；四境之内，莫不有求于王。由此观之，王之蔽甚矣。"

王曰："善。"

乃下令：群臣吏民，能面刺寡人之过者，受上赏。上书谏寡人者，受中赏。能谤议于市朝，闻寡人之耳者，受下赏。

令初下，群臣进谏，门庭若市。数月之后，时时而间进。期年之后，虽欲言，无可进者。燕赵韩魏闻之，皆朝于齐，此所谓战胜于朝廷。

（2）借故讽喻式：这种方法是用讲故事的方式采用隐性语言表达，借"言外之意"把自己的观点暗示给对方，为了使对方领悟，不妨适当应用讽喻、幽默的语言阐明事理，又可以让人保持尊严，更容易接受批评。

南唐时，课税繁重，民不聊生。恰逢京师大旱，烈祖问群臣说："外地都下雨了，为什么京城不下？"大臣申渐高说："因为雨怕抽税，所以不敢入京城。"烈祖听后大笑，并决定减轻赋税。

申渐高巧借话题，以雨拟人，委婉中不失幽默，机智中饱含讽喻，使烈祖在欢笑中接受了批评，取得了批评的良好效果。

（3）含蓄幽默式：批评虽然是帮助他人改正错误的一种有效手段，但直言对方缺点使人难堪，也易于产生情感刺激。言辞不当的批评常常产生事与愿违的效果。采用含蓄幽默的语言，委婉陈词，可以起到润滑剂的效用，避免尴尬。在和谐、融洽的氛围中，使对方受到教育，效果也会事半功倍。

列车上已座无虚席，一个少年搀扶着爷爷缓步前行。少年看到一个青年正躺在一张长椅上假装睡觉，立刻激动地伸手向前……这一举动立刻遭到爷爷的阻止："哥哥累了，叫他睡吧，人老了，站着惯了。"话音刚落，青年迅速坐起，向老人发出歉意的微笑，并把"边座"让给了老人。

老人含蓄幽默的善意批评，制止了一次争执，也使青年受到了教育。

（4）逆向激励式：在社会生活中，如果对被批评者直接批评容易使其产生抵触心理。而如果反其道而行之，从逆向入手对被批评者施以“激将法”，常常可以激发其自尊心和努力改正错误的决心。

青工小李，性格豪爽、心直口快、聪明好学，生活不拘小节。由于说话口无遮拦，常常违反劳动纪律被多次扣发奖金。他因此遭人白眼，越发破罐子破摔。可是公司董事长对此另有看法，他把小李叫到办公室，一次对话就在小李满不在乎的态度中开始了。

董事长：过得好吗？

小李：奖金扣得精光，挨批成了家常便饭，能好吗？

董事长：那你怎么不向别人学学？

小李：学？我又不会顺情说好话，凡事睁只眼闭只眼，怎么学？

董事长：那你今后打算怎么办？

小李：此处不留人，自有留人处！您不就是想炒我鱿鱼吗？直说吧！

谈话陷入了僵局。

董事长仍然和颜悦色地说：听说你从火中救过人，还得过“创新奖”？

一句话，小李的情绪由抵触变成惊讶。不无感慨地说：好汉不提当年勇！如今是走麦城了！

董事长：我看你现在也是好汉，仍然有勇有谋，为什么说话办事不讲究点方式、方法？不蒸馒头蒸口气呀！

小李对董事长深深鞠了一躬，转身离开了办公室。

三个月后，小李的照片出现在公司的光荣榜上……

2. 应答

在交际语言中，应答是以解释为主要目的的交流方式，用以反馈信息交流思想、阐明道理、消除疑虑、增进了解、联络感情、抒发观点、表明立场、回击挑衅、维护尊严，因而要求在应答中要有渊博的知识、敏锐的思维、准确的判断能力和快速的反应能力。为了更好地了解对方提出问题的目的、动机、需求，选择恰当、迅速的回答方式，必须做到精神集中、听清问题、冷静应对、周密构思、反应机敏、对答如流。应答的技巧主要有以下几个方面：

（1）迎合话题、自嘲自解。交际中，回答问题者处于被动地位，对提出的问题大多毫无准备，必须在瞬间作答。对于提问方已有主见的有意“为难”“奚落”又无关大局的问题，不妨自嘲自解、顺势作答，既可以使对方意图落空，又可以展示自己的大度宽容，一举两得。

几个同事见面。

甲：几天没见，您好像又胖了几圈，体重增加了多少？

乙：直径增加了0.3毫米！我就喜欢胖一点，显得丰满大气！

一句话既避免了反唇相讥，也使对方的挖苦奚落落空、自讨无趣！

（2）“因粮于敌”、巧妙应对。面对一些难以作答的问题，可以采取“因粮于敌”的办法按照对方发问时的荒谬或者诘难问题的结构，逆转反响，以其人之道还治其人之身。

一次，一家国外新闻机构采访作家梁晓声，采访记者问梁晓声说：“下一个问题，希望您做到毫不迟疑地用最简短的一两个字，如‘是’与‘否’来回答”。梁晓声点头认可。

记者问：“没有‘文化大革命’，可能也不会产生你们这一代青年作家，那么‘文化大革命’在你看来究竟是好是坏？”

梁晓声略加思索，反问道：“没有第二次世界大战，就没有以反映第二次世界大战而著名的作家，那么您认为第二次世界大战是好是坏？”

记者的问题刁钻，难以用“好”“坏”来简单判断，梁晓声立即如法炮制，令发问者自顾不暇，“搬起石头砸了自己的脚”。

（3）逆向思维、顺势作答。这是按问话暗示的意思逆向思考，从全新的意境作出意料之外的回答，既调节了气氛，又显露应答者的思维敏捷、品格高尚。

一位县长陪同上级领导同车下乡。汽车刚开出政府大门，司机发现双向刹车不均匀，立刻下车检查，县长看到汽车刚出门就出现了故障，又气又恼，怕因此有损自己在领导心目中的形象，立刻批评司机工作疏忽，应当扣发奖金。领导在一旁听得清楚，应声说道：“我看师傅技术不错，应当发双份奖金。要是在公路上刹车，可要出事故了。”

领导与县长话语顺势反向形成鲜明对照，既显示了领导的风范，也化尴尬为融洽，为县长保住了面子。

（4）避实就虚、模糊应对。对一些难以确切回答的问题，采用语义宽泛、伸缩性强或模棱两可的语言作答，既可以避免实质性问题，又无损交谈的气氛。

1945年，美国在日本投下两颗原子弹以后，英国、美国的新闻界一直在猜测苏联有没有原子弹以及有多少颗。恰逢苏联外交部长莫洛托夫率一个代表团访问美国。有记者问道："苏联有多少颗原子弹？"莫洛托夫绷着脸仅用一个英语单词回答："Enough（足够）！"

用"Enough（足够）！"作答，避开实质性问题，既保守了国家机密，又把对方引入"迷途"，产生威慑作用。

（5）顺势作答、独辟蹊径。在多人交际场合，当双方为某些具体依据各执一词、形成骑虎之势时，为了避免尴尬就可以独辟蹊径、顺势解围。

清朝书画家，"扬州八怪"之一金农，号冬心。一日应邀平山堂赴宴。席间东道主为助酒兴，以"飞、红"为酒令赋诗一句。轮到一个富商，竟吟出一句"柳絮飞来片片红"。语音刚落，四座哗然。除了金农先生外，个个捧腹大笑。

金农才思敏捷，见富商一脸窘态，有意替他解围，急忙站起来，款款说道："诸君何故发笑？适才主人所吟，乃是元代诗人所咏《平山堂》佳句，且听我道来。"说着便朗声吟道："廿四桥边廿四风，凭栏犹忆旧江东。夕阳返照桃花岸，柳絮飞来片片红。"

众宾客听了，齐声喝彩。真是诗中有画，桃花盛开，夕阳返照，整个空间都被染上一层红色，这时飞来的柳絮也不例外，自然是"片片红"了。大家都为金农先生的博闻强记所折服。其实这不过是金农先生的即席创作而已。

金农先生的即席创作既维护了融洽的气氛，又不失风趣、文雅。

（6）否定预设、以正视听。针对一些有预设条件的问题，以否定问题前提条件的方式作答，从而打破发问者的圈套，化被动为主动。

在一次记者招待会上，有一名不怀好意的外国记者问中国外交部发言人：

"中国政府对在印度政治避难的达赖回到他自己的国家——西藏持何态度？"

我外交部发言人义正词严地答道：

"首先，我国政府从未对达赖实行过政治迫害，不存在什么政治避难问题。西藏是中国不可分割的一部分。我们始终欢迎达赖回到祖国来，他愿意的话，也可以在西藏自治区工作。"

发问者心怀叵测，以“达赖受到政治迫害，西藏是一个国家”为前提，布下一个圈套，诱人上当。外交部发言人以事实为依据否定这两个前提，阐明了中国政府的立场、主张，也使西方记者的“攻击”土崩瓦解。

3. 拒绝

在社会交往中，人与人之间需要互相理解、帮助与合作。但是，由于受到主客观因素（能力、情感、时间条件、利害关系、法律政令）的制约，在无法满足对方提出的要求的情况下，为了充分尊重对方，不伤害他人感情与自尊，“拒绝”也需要讲求方式、方法。拒绝主要可以分为两种：一是直接拒绝，二是间接拒绝。直接拒绝，就是当他人向你提出某一要求或请求时，直接说“不”，表明不能接受或帮助的理由。直接拒绝时应该在尊重对方人格的基础上，讲清理由。间接拒绝是用比较婉言的方式拒绝对方的要求。这种方式是交际活动的常用方法。

拒绝时态度要诚恳和蔼，措辞要委婉含蓄。比较典型的拒绝方法有如下几种：

（1）装聋作哑、假癫不痴。有时遇到难以回答的难题时，也可以采用故作糊涂的“假癫不痴”方法来加以应对。

1945 年 7 月，苏、美、英三国首脑在波茨坦开会。一次会议休息时，美国总统杜鲁门对斯大林说，美国已研制出一种威力非常强大的炸弹（暗示美国已经拥有原子弹），企图以此讹诈斯大林，进行心理战。此时，英国首相丘吉尔观察斯大林的表情，但斯大林装聋，未露丝毫异常表情。其实，他不仅听懂了杜鲁门的话，而且听出弦外之音。会后，他对莫洛托夫说：“应该加快我们工作的进度。”两年后，苏联爆炸了第一颗原子弹，打破了美国的核垄断地位。

（2）偷梁换柱、旧瓶新酒。在应答过程中，用与此不相符的内容来回答，表面是回答了，实际上是没有回答，也是一种很好的应对方法。

美国作家马克·吐温有一次在公众场合说：“有些美国议员是狗婊子养的。”

这句话在报纸上披露后，议员们纷纷要求马克·吐温予以澄清赔礼道歉。马克·吐温无奈，只好在《纽约时报》刊登启事：

“本人马克·吐温酒后失言，说有些美国议员是‘狗婊子养的’，事后有人向我兴师问罪，我再三考虑，觉得此言是不妥当的，故特登报声明，把我的话修改如下：‘有些美国议员不是狗婊子养的。’”

（3）强调客观、转移话题。在接受请求时，由于客观原因不便答应时，可以结合客观条件摆明事实，也可以“顾左右而言他”实施拒绝。

一位经理为了得到某教授的帮助，想请教授吃饭，联络感情。

经理：“我想今晚请您吃顿便饭，我们好好聊一聊。”

教授诚恳地说：“对您的要求，我非常荣幸和感激，不巧的是，今晚我已经安排了一个单位的讲座，实在无法脱身。我们再找机会，如何？”

回答恳切、真诚，避免了失望和尴尬。

（4）先扬后抑、留有余地。对于有些无法定论的请求，可以先给以模糊的评价和答复，待充分考虑后再作决定。既不因贸然拒绝而伤了和气，也不因盲从支持留下遗憾。

请求者：我有一个项目要开发，请您给予支持。

回答：您的想法很好，我最近太忙了，给我一点时间，考虑好了再答复您。

第五章　科普志愿者写作基础能力训练

写作，是人类传递信息、交流情感的一种重要方式，在人类历史发展中起到了十分重要的作用。写作可划分为文学写作和实用文写作两大类。实用文是激励社会进步、加速经济发展、强化行政管理、促进科技创新的重要文章形式，在写作研究中占据着十分重要的地位。实者，实践、实情、实质、实效、实益；用者，需用、运用。不言而喻，实用文、实用写作的突出特征是以实践为基础，经过实考、实证，反映实情、实质，具有积极的作用、实用的价值。

科普活动的实践特性，决定了与其相关的文体写作是实用文写作。

要更好地分析科普类文章写作的相关问题，应该首先给实用文下一个定义："实用文是指处理日常事务、具有直接实用价值和某种惯用格式的一种文章体裁。实用文种类繁多，按照写作难易程度可以从宏观上分为简单实用文和复杂实用文两类；按发文、收文双方关系可大致分为上行文、下行文和平行文三类。通常按使用对象、目的、范围将其归纳为公文、事务文书、司法文书、财经文书、外事文书、社交礼仪文书六个门类，包括命令、指示、请示、报告、批复、通知、通报、决定；计划、总结、规章制度、调查报告、会议记录；诉状、笔录、公证书、调解书、判决书；契据、合同、广告、经济活动分析报告；条约、协定、声明、照会；祝词、祭文、请柬、书信等众多品类。随着社会的发展，人们又将科技论文、传志、方志、对联、笔记、调查报告、演说词等归入实用文之列。"（阎景翰等主编《写作艺术大辞典》）。本章将依照上述概念界定范围，探讨科普活动所涉及的写作问题。科普工作需要做好规划、联络、宣传、总结等许多方面的工作，涉及许多实用文体的写作，科普项目（活动）申请报告、新闻稿、总结是科普最常使用的文体。在介绍科普志愿活动所涉及的写作基本理论后，将用三节重点介绍科普报告、典型新闻作品以及科普活动总结等文体写作技巧。

第一节 科普志愿活动涉及的文章写作的取材立意

写作，特别是实用文写作，本身就是知识创新的过程，具有科学性、针对性、实用性三大典型特征。要更好地完成写作工作，就需要系统地了解与之密切相关的理论知识。

一、材料的处理

材料，是指作者为某一写作目的，从生活中搜集、攫取并且写入文章的一系列的事实或论据。

材料是写好文章的前提和基础，是表现、深化主题的支柱，因而大量占有材料是撰写文章的必要条件。

所谓材料的处理，就是指对占有的材料，根据文章主题的需求进行的决定取舍。

（一）材料的类型与作用

科普志愿活动涉及的文章写作是用来写实的，所用材料也来源于社会真实生活，因而其“材料”的含义也更为广泛，已写入文章之内的“事实”或“论据”称作材料；没有写入文章之内，但已进入作者视野，被作者所意识、所搜集到的一切“事实”或“论据”，即文艺创作中的所谓“素材”也可称之为材料。

科普志愿活动涉及的文章写作是以“事实”为确定“材料”的依据，因而材料的来源也就十分广泛。科普志愿活动涉及的文章写作需要的材料来自多方面：既有直接材料又有间接材料；既有现实材料又有历史和发展材料；既有主体材料又有背景材料；既有具体材料又有抽象材料；既有典型材料又有一般材料；既有正面材料又有反面材料；既有事实材料又有理论材料；既有文字材料又有数据、图像等非文字材料等。

材料的分类方法颇多，仅就材料本身的特性，可分为事实、理论、数据和各类文献资料。

（1）事实：事实是指亲身观察、调查和经历的生活现象和对事实的记载与叙述。

（2）理论：理论是指各种经典著作、学科权威观点，自然科学原理、公理、政策法规、得到普遍认同的生活道理、社会公认的规范。

（3）数据：包括社会科学、自然科学、政府部门的统计数据，实验数据和调查研究结果的数字记录。

（4）文献资料：包括各种记录、报刊文摘、史略、图表和图片。

材料在科普志愿活动涉及的文章写作中具有重要作用，主要表现为：

（1）材料是写作的基础。

材料是构成文章的基础，是一切写作活动的前提。科普志愿活动涉及的文章写作以现实需求和写实为宗旨；“材料”来源于客观存在的事实，是对实物和现实的直接经历与感受；没有材料这个现实依托物，科普志愿活动涉及的文章写作也就成了“无米之炊”。

在写作学中，人们常将文章比作人：主旨有如人的灵魂，材料有如人的血肉，结构有如人的骨骼，语言有如人的细胞，表达有如人的外貌衣饰。一个健美的人不仅要灵魂高尚、骨骼健全、细胞活跃、外貌清秀、衣饰合体，而且还要血肉丰满，这样才有蓬勃的生命力。从一段形象、恰当的比喻中不难看出：主题、材料、结构、语言、表达作为科普志愿活动涉及的文章写作的基本要素是影响文章效果的根本原因。

材料不仅要求充分、真实，而且要有典型性和完整性。大量地占有材料是动笔前的首要工作，而一篇好的文章还要求材料充分、真实、系统、完整，这样才可以为文章取得良好的效果打下坚实的基础。

（2）材料是提炼和形成主题的重要前提。

科普志愿活动涉及的文章写作以现实工作需要为目的，具有较强的真实性和针对性。文章的主旨是通过全部文章内容的基本主张或中心思想表达出来的，不能凭空杜撰，只能是作者对各式各样的材料进行分析提炼，综合加工而得以确定的。

从写作程序上讲，材料是第一性的，是写作的根基和前提，是“实”；而主旨是第二性的，是在占有大量材料的根基上产生的观点、意念和感受，是“虚”。“理不可以直指也，故即物以明理；情也可显示也，故即事以寓情”（南北朝·刘勰《文心雕龙·神思》）。“虚”从“实”来，用真实的“物”“事”表达的“理”和“情”，即文章的主旨。在科普志愿活动涉及的文章写作中，主旨和材料相辅而成，密不可分。离开了材料，主旨就成了没有根基的空中楼阁，是根本立不起来的。

（3）材料是表现主旨的支柱。

“作文需是靠实，……不可驾空纤巧”（明·吴纳《文章辨体序说》）。这里的“实”就是指材料。一篇科普志愿活动涉及的文章的内容如何，首先要看文章使用的材料是否真实可信。真实是撰写文章的根本，也是权衡文章内容的标准。思想、观点和材料的有机统一，是对科普志愿活动涉及的文章的又一个基本要求。主旨可以用一句话或一段简明扼要的句子来表述，但它在具体文章中却不能孤立地片面地存在，而应该用典型、生动的人物、事件、定理、数据等有说服力的材料来表现、支持和证明。尽管有些文章也提出了观点和列举了若干材料，但观点不是从材料的科学研究中必须得出的结论，而是为适应观点拼凑得来的，这不是在实质上的统一；更有一些文章，观点是有的，但无法以材料佐证，阐述也流于泛泛的空谈。写作实践表明，主旨的提炼和深化是在大量占有材料的基础上得以实现的；材料是表现深化主旨的支柱，材料的取舍和组织受主旨的制约。

（二）材料的搜集和积累

“夫立言之要，在于有物”（清·章子诚《文史通义》）。材料是撰写文字的基础和前提，没有材料，再高明的作者也写不出文章来。搜集和积累是占有大量具体材料的方式，可以为科普志愿活动涉及的文章写作做好充分的准备；也可以“积学以储宝”（南北朝·刘勰《文心雕龙·神思》），使作者的写作经验得到不断的丰富，写作水平得到不断的提高。

从内涵的深层次理解，材料的积累包括素材的积累、认识的积累和情感的积累三个方面，这样得到的材料才是动态的、鲜活的、充满说服力与感染力的。完成积累本身是个认知过程，世事万物，瞬息变化，远远超过写篇文章所需材料的范围。材料的积累与取舍，是对客观事物的主观认识和反映过程。不同的人、不同的知识层次、不同的立场观点，直接影响到对客观事物的认识和表述。因此，材料的搜集与积累是事实、观点、知识与语言的搜集与积累过程；在撰写文章之前，广泛搜集、积累材料至关重要。

1. 搜集积累材料的原则

科普志愿活动涉及的文章写作是目的性、针对性较强的，因而搜集材料也应根据文体特征、写作目的和意图，具有一定的原则性。具体有以下几点：

第一，客观性原则。科普志愿活动涉及的文章写作是反映社会现实并为社会发展服务的，科普志愿活动涉及的文章写作所用的材料和论据必须是客观的、真实的事物，只有尊重客观规律，充分了解事物或现象的本质，才能充分发挥人改造客观世界的主动性。

人们对社会中发生或存在的事物或现象是通过感觉、知觉、表象等感性认识上升到概念、判断、推理等理性认识的，因而，它必然受到人的主观状态（感情、知识、能力、思想与思维方法等因素）的影响。比如视觉表述的差异、观察的态度、样本选取的方式方法、统计的科学性、实践经历过程的完整性、传闻的来源等都可能使材料失真或掺杂主观想象的成分。因此，在搜集材料时必须遵守客观性原则，做到如下几点：

（1）尽可能亲身接触事物，端正态度，不受主观因素干扰；

（2）对传闻材料进行必要的核实；

（3）引用材料要绝对符合原著观点，注意避免断章取义，借题发挥；

（4）要科学地选择调查的样本和搜集统计资料，使材料客观、真实、无误。

第二，广泛性原则。搜集材料多多益善，这是写作者的一种共识。科普志愿活动涉及的文章写作，对知识的深度和广度有很高的要求，因此，搜集材料的途径就显得更为重要。所谓广泛性，就是对各方面的材料均应全面搜集，既要搜集直接材料，又要搜集间接材料；既要搜集现实材料，又要搜集历史和发展材料；既要搜集主体材料，又要搜集背景材料；既要搜集具体材料，又要搜集抽象材料；既要搜集典型材料，又要搜集一般材料；既要搜集正面材料，又要搜集反面材料；既要搜集事实材料，又要搜集理论材料；既要搜集文字材料，又要搜集数据、图像等非文字材料等。在此基础上，对获得的材料进行鉴别、分析，选取有用的材料，互相印证、点面相援，才可以使文章有深度、有广度、内容充实、重点突出。

第三，典型性原则。典型性是指那些具有代表性和普遍性的事实现象和理论观点。典型性的材料能深刻地反映事物的本质属性，并能以个性反映共性，发挥以小见大的作用，具有较强的说服力。典型性同时要有针对性。科普志愿活动涉及的文章都具有较强的目的性和针对性，因而选材时应围绕写作意图和中心预论点搜集能表达、丰富、突出论点和主体的材料。

第四，辩证性原则。辩证性原则是指材料的客观性、多样性、条件性、随机性、偶然性等问题。客观事物的联系是普遍的，又是多样的，不同的联系对事物的存在和发展所起作用也是不一样的。同一事物由于条件的变化，可能是普遍事件，也可能变成偶然事件。选择材料如果不能用辩证的观点来审视，即或材料具有客观性、典型性，也可能由于条件的变化而失去实际意义。比如“包产到户”在改革开放初期对经济发展起到了巨大的作用，然而用它作为现代化、机械化、集约化促进农业经济发展的论证依据势必造成事与愿违的效果。

因此，选择材料必须遵从辩证性原则才能从偶然中发现必然，从特殊中发现普遍，取得言之有物的效果。

2. 搜集累积材料的内容

科普志愿活动涉及的文章写作材料范围十分广泛，长期积累材料，既可提高写作质量，又可使写作能力得到锻炼和提高。材料的积累主要有以下几个方面：

第一，观点。观点的含义可理解为“从某一角度或立场出发对事物的见解或认识”。意识即为认识，从哲学角度看社会存在决定社会意识，感性认识一经上升为理性认识后，认识活动便具有了目的性、计划性和主动创造性。社会意识包含个人意识和群体意识。群体意识是社会共同体（阶级、民族、团体、单位……）的共同意识，是群体社会地位、科普的反映，并为维持一定社会关系、社会秩序，促进社会经济、科学技术的发展服务。个人意识是个人自身社会经历、地位和独有的具体实践的产物，同时又受到个人所属群体意识的影响和制约，体现一定社会共同体的共性特征。

科普志愿活动涉及的文章写作是一种高水平的社会意识，是以社会现实为基础，以服务于社会需求为目的的。撰写的主旨与内容，既有作者个人的认识，也受到社会群体认识的影响制约。

社会意识与社会政治、经济、科学的发展具有适应性和历史继承性。在科普志愿活动涉及的文章写作中，对不同的文章、不同的事情，总有一个最基本的看法，表现在文章中称作主旨。观点是科普志愿活动涉及的文章写作的灵魂，是文章深度的依托。对观点的内涵和外延进行辩证的分析，是拓展论域、开阔思路的有效途径。注意观点的积累，特别是有创意的、新颖的、独特的观点的积累。在此基础上进行比较和分析，总结成败得失，既可为写作相似文章提供借鉴，又可为写作其他类型文章打下良好的基础。

因此，观点的积累是提高科普志愿活动涉及的文章写作水平行之有效的方法。

第二，事实。事实指的是事情的真实情况。事实是形成观点的源泉，是构成文章主体的基础，也是保证文章精确性、增强说服力最有效的佐证。科普志愿活动涉及的文章是以宣传观点、指导工作、解决问题为目的的。

没有确切、可靠的事实材料就无法写出具有说服力的科普志愿活动涉及的文章来。事实材料是材料中数量最大、最常用的部分，积累的范围也较为宽广。事情发生发展的过程、状态，人物的言论行动，执行的政策、规章制度，计划的效果，调查、实验记录，统计数据，现场的摄录、显示、描述等，都属于事实材料的范畴。积累事实材料一定要实事求是，切忌掺杂主观因素，不可道听途说。

第三，知识。写作是一种复杂、精细、严肃的精神生产，科普志愿活动涉及的文章写作更有较强的政治性、科学性、专业性和实用性。一篇科普志愿活动涉及的文章既可激励广大人群奋发向上，指导经济的发展，也可使一个企业倒闭，或在技术、生产方面留下长期的隐患。因而它绝非是轻而易举、一蹴而就的事情。

科普志愿活动涉及的文章作者，应在政治觉悟、思想水平、道德品质、基础理论、专业知识、生活阅历等方面的综合素质上打下良好的基础，这就要求作者应具备较宽的知识面，主要包括政策、法规、专业知识、写作与文字表达知识、哲学与系统科学知识、经典论述、日常生活阅历、实践经验等。同时作者还应广泛搜集资料，以丰富自己的头脑，这样才能提高自己的写作能力。

第四，语言。由事物具体形象引起的感情反映经过语言抽象概括形成理性反映才是人类认识客观世界的本质。没有语言就没有思想认识，也就没有文章写作。

书面语言用来总结经验、传达思想、抒发感情，语言是否准确、生动、深刻、逼真，也需要搜集和积累。古语、文言、名人格言警句、文章的精彩片段和案例、群众形象传神的描述都是写作材料。好的语言可以使文章通俗易懂，恰到好处，还可以使文章增加生气，深入人心，引人入胜。

（三）材料的搜集方法

按获得的途径，材料可以分成直接材料和间接材料。材料的搜集方法主要有如下几种。

1. 观察

观察就是有目的、有选择地对客观事物进行认真、细致的察看，即用眼睛远“观”近“察”，直观地了解和认识事物的真实情况和本来面目。据研究，人类获取外界信息大约有80%以上是通过视觉渠道，所以观察是认识客观事物的基础，是获取知识和积累写作材料的最基本、最常用的方法。

无论是在工作中还是在科学研究中，观察同等重要。不仅如此，科学观察、特别是自然科学观察的要求更高。科学观察是一种有目的、有计划、有步骤的活动，是在科学研究中运用观察方法获得关于被观察事物的主观印象的过程。观察和实验室的实验不同，它具有自然性和客观性。它是在自然条件下直接观察所发生的过程或现象，不进行人为的加工或干预。因此要求：第一，在自然条件下进行；第二，要保持观察的客观；第三，要长期地坚持到底。

为了进行有效的观察，常常要借助科学仪器来帮助克服感官的局限。科学观察要做好观察记录，主要记录技术手段、环境条件、观测的数据、发现的新现象。

观察一般包含有观察对象、观察者、环境条件、观察工具（感官、仪器）和知识五个因素，并且具有直观性、客观性、选择性的特征。观察的具体方法有概貌观察、细节（特征）观察、比较观察、进程观察、深层观察等。将观察所得加以分析、整理，使之条理化、系统化，就是科普志愿活动涉及的文章写作的上好材料。只有观察仔细、真切，写作才能得心应手，主题也才表现得正确深刻。

2. 体验和实验

体验是作者亲身参加实践活动，在实践过程中自觉地用全身心去直接感受现实生活，以达到深入认识客观事物的目的。这是获取和积累写作材料的一个重要方法。体验与观察不同。观察侧重于认识自身之外的客观对象，只能感知对象一些外露的特征；体验则是亲身经历，通过亲自实践去认识客观事物，侧重于主体的真实感受。体验的过程就是主观世界和客观世界相互作用和连锁反应的过程。在体验过程中，作者调动自己已有的知识、经验，与客观对象进行联系、沟通、同化，形成初步的认识，具有较强的主观感情色彩。观察者与被观察对象的关系是油和水的关系，界限分明，互不干扰；体验却不同，体验者与被体验的对象打成一片，他要站在被体验对象的立场上，用他们的眼光去观察世界和思考问题，或作为其中一员参与其活动。在大量社会生活活动和社会科学研究中，观察和体验是密切结合在一起的，观察可以补充体验，扩大认识面；体验则可以加深观察的印象，以认识事物的本质特征。

对于自然科学的相关工作，体验是远远不够的，更多的工作是实验。科学实验在自然科学领域中应用很广泛；不仅如此，现代社会科学领域，如教育科学、心理科学、语言科学等也大量进行实验。科学实验是通过实验工具，人为地控制或干预研究对象，使某一事件或现象在有利于观察的条件下发生或重复，从而获得科学事实的一种研究方法。它是在观察方法的基础上发展而来的，是观察方法的延伸和扩充。可以说通过实验获得数据是最科学的搜集材料的方法。在科学研究中，实验方法能克服主观条件的限制，获得感性知识，取得实践经验，上升到理性认识，检验和发展科学理论。它是进行科学研究搜集资料所不可缺少的手段。实验的作用就是使研究对象的某种属性或联系以简化的状态表现出来；它还可以强化研究对象，使其处于极端状态，以有利于揭示新的特殊规律。

3. 调查和访谈

调查就是用科学的方法，对客观世界进行考察和了解，以掌握确凿的材料和情况。调查是了解社会情况的基本方法，也是获取和积累写作材料的一种常用的方法。起草政策性文件、拟订经济计划和实施方案、撰写经济调查报告和经济总结等，都离不开深入实际的调查，否则根本无法动笔。调查的方式有个别访谈、开调查会、现场考察、抽样调查、电话询问、表格调查等，可根据不同情况灵活运用。访谈是一种特殊形式的调查，它有着明确的目的，以客观、公正的态度选择调查对象，是搞好调查访谈的基础。

4. 检索

间接材料通常是指图书、期刊、报纸、音像资料、缩微材料等。对间接材料的搜集，通常可通过剪报、笔记、查寻情报资料等途径获得。获得上述资料的主要手段就是检索，而检索是以阅读为基础的。阅读可以开阔视野、启迪思维、陶冶性情、完善个性、提高认识、丰富知识。阅读的方法一般可分为泛读和精读，还可具体细分为探测性、理解性、评价性、借鉴性、欣赏性、创造性阅读等。检索是为了提高阅读效果，获取必要的写作材料，有目的地查询与阅读。读书时要做到眼到、心到、手到，随时做笔记、札记和卡片，将有价值的材料分类剪贴积累以便查询。为了提高检索效率还要掌握文献检索的方法，并能利用计算机和网络去检索有关资料。文献的检索，是获得资料的重要手段。

（四）材料的鉴别

写作材料是一个外延非常广泛的概念，它既包括通过观察体验所感受捕捉的形象，也包括完整的调查、采访中了解搜集到的事实，还包括文献、报刊、书籍中获得的资料。

可以说社会生活中的一切事物（正面或反面）均可成为科普志愿活动涉及的文章写作的材料。如何对待浩如烟海的生活材料？首先应针对文种范围有目的地搜集，然后在写作选材过程中鉴别材料的真伪，分析材料的性质，严格甄选，深入挖掘，写好文章。

1. 鉴别材料的意义

材料产生观点，观点统帅材料，这是材料使用的基本原则。

材料产生观点，即从搜集、整理、分析材料中产生观点，坚持物质第一性原则；当观点形成之后，根据观点的需要，选择使用材料，使材料为观点服务，坚持观点是统帅、灵魂。两者任务不同，既不能混淆，又不能彼此截然分开。鉴别材料对于写好文章具有重要意义：

首先，作者识别材料的能力和水平是能否获取有价值的题材和主题、撰写出有影响力的文章的重要前提和提高写作水平的有效途径。

其次，材料鉴别直接关系到文章的说服力和社会效果。如果材料缺乏鉴别筛选，往往造成材料不能论证观点，或与观点相互矛盾，致使文章苍白无力，无法发挥应有的作用。

2. 材料鉴别的内容

鉴别材料就是认识材料，通过比较、分析、理解，掌握事实材料。具体地说，要做到以下几点：

（1）注意材料的真实性。选择论据，意味着用极其有限的具有严格意义上的真实性（符合客观实际）的材料去证实某个有普遍意义的观点，必须十分谨慎。哪怕论据只有一点点失真，都可能影响到论点的可信度，乃至不能成立。为了保证论据的真实性，坚持科学的工作态度，应尽量搜集和引用第一手资料，不可图省事随便使用第二手、第三手资料，更不可道听途说、添枝加叶，切忌事实残缺、数字错误。对于复杂的材料应细心核实，去伪存真，直接引文必须准确无误，引用理论著作必须尊重原作本意，不可断章取义，或掺进自己的观点，歪曲原意。引用数字必须认真核实。

（2）注意鉴别材料的质与量。任何事物都存在质与量的关系，两者是辩证统一的关系。鉴别材料主要是分析材料的性质，把握事物的内涵与外延，挖掘材料的深层意义，揭示事物的本质和规律，以便于获取有价值的题材和论点。对于材料还要识别现象与本质，区别其本质意义和旁属意义。可以根据同一材料具有的多方面意义来说明不同的问题。

“量”是“事实的总和”，把对事物性质的判断，建立在对事物的数量的总体分析基础上，以量的界限来界定质的特征，所得出的观点或论证的论点就更有说服力。对材料做量的分析鉴别时，必须注意其统计方法的性质和样本模型的确立，如抽样统计与概率统计方法的不同，其样本的集中与分散范围的变化应予以说明。“质”在这里可以理解为事、物及它们区别于其他事、物的内部固有属性（或特定性）。任何事物都是质与量的对立统一体，量变引起质变。一些科普志愿活动涉及的文章往往是用特殊的具体事例证明有普遍性意义的观点，因而广泛采用定性的分析方法。但值得注意的是，定性分析也不是随意使用的，如果论证中，论据不足或缺少典型性，就会使定性流于轻率，使论点产生偏颇或谬误，失去文章应有的价值。在实际生活中，事物的质和量之间既存在区别又彼此联系，量变是质变的前提。在一般情况下，只有量变达到某一界限，事物才会发生质变。

在科普志愿活动涉及的文章写作中，最好的方法是定性与定量分析结合起来使用。没有数量方面的基础，定性就难免轻率；如果完全依赖量的规定，单纯从比例看问题，又可能为事物的表象或假象所蒙蔽，无法看清事物本质的变化趋势。两种方法结合起来，优势互补，考察问题，就能敏锐地洞察事物的本质变化。因此，鉴别材料时应在明确定性与定量材料的基础上，对材料合理地加以运用。

（3）鉴别材料的面与点。材料的面与点也是一对对立统一的矛盾。这里的点是指材料中的具体事例；面是指某一事物或某项工作的全面情况。对事物所有因素进行认真考察，搜集、整理所得的全面材料，能系统地反映事物的整体性质，是最有说服力的。

但是全面材料是反映事物不同侧面性质的点的总和，因而在写作时如果不区分主要与次要、典型与一般、表象与本质，一味使用全面材料，反而会成为文章的累赘，使文章平淡无奇。更值得注意的是，有些全面材料在实际写作中很难得到。

反映事物具体特性的“点”的材料，既有较强的针对性，也有一定的局限性。选择典型恰当的“点”的材料，可以通过个别、特殊的事例来说明和论证普遍性的观点；反之，在论述中不经辨识即以“点”代“面”或抓住一“点”不计其余地片面发挥，不但会削弱论域或论点的广度和深度，还可能会形成错误的结论。

科普志愿活动涉及的文章写作涉及文种较多，对“点”和“面”的材料要求也有各自的特点，应当根据具体文体恰当地运用。比如规划性文件中较多采用全面性材料，进行周密分析，力求系统明确。对杂文和短评类文体，则应抓住材料深入分析，一事一议。在论说性文体中，可以在某个特定的对象上选择有代表性的典型材料，深入挖掘，层层剖析，起到论证和深化论点的作用；也可以把面与点的材料结合起来，以“面”上材料概括说明问题，展示宏观概念，以“点”上材料侧重具体分析，深化论点，增强说服力。

（4）鉴别材料的正面与反面。材料的正面与反面同样是一对对立统一的矛盾。正面与反面是事物本质在不同层面上的反映，这种反映随着事物内在条件和外部环境的变化而不断地发生、发展和转化。同一材料相对不同论点和人的主观认识具有明显的多重性。比如一个厂老工人多，技术熟练，这对发展生产条件这一论题是正面材料，而对于长期发展战略这一论题则可以是“知识老化”“后继无人”……成为反面材料。从事例中不难看出，鉴别材料的正面与反面，对于材料的搜集与运用同样具有重要意义。

注意正反材料也是为了防止片面性的产生。如果在使用材料的过程中，不作深入分析，以点代面，说好即绝对好，说坏就绝对坏，这样会使论点产生偏颇。因此在选择材料时，既要注意正面材料也要注意反面材料，以求更全面更透彻地了解事物的本来面貌。

（5）逻辑分析与历史分析。对所搜集的材料进行真与伪、正面与反面、质与量和点与面的分析鉴别，基本上是把对象作为一个静态的、稳定的事物来看待，属于逻辑分析的范畴。然而客观事物总是处于互相联系、动态发展过程之中的，任何事物都不仅有其现状，而且有其历史和未来。因此，要真正全面地、透彻地理解材料和准确充分地运用材料，还应以系统的观点、运动的观点，对其发展和变化过程作必要的分析与鉴别。

比如要论述现行经济改革的某一观点，就应当搜集古今中外经济改革、政治文化等相关方面的材料，并进行分析和鉴别，总结成功的经验，吸取失败的教训。深入了解政治与经济的制约关系，通过对材料的分析鉴别就能对经济改革的观点有比较清醒的认识和比较客观的态度。以经过鉴别的材料作为论据，可以使文章观点明确，论证充实，具有较强的说服力。

对材料进行逻辑分析与历史分析，就是尽可能地认识事物发展变化的过程、原因及转化条件与趋势，从而发现事物转化的契机、发展规律和本质特征，为观点创新提供可靠的依据，打下良好的基础。

（五）材料的使用

1. 材料的使用与安排原则

占有材料提倡“以十当一”，以多为佳；选择使用材料提倡“以一当十”，以严为上。材料是文章的“血肉”，“血肉丰盈”文章才能健康，充满灵气。对于材料应严把三关，即认真选择、精心鉴别、合理使用。

材料使用的第一个阶段是材料产生观点，即从搜集、整理、分析材料中产生观点。应当指出的是有些科普志愿活动涉及的文章在写作目的产生以前已经经过一段孕育过程，而且具有团体意志性。由于目的明确，准观点已经产生，需要的是使用真实、确切的材料对观点进行深入的论证，使主观认识转化为客观现实，具有说服力（如果是不客观的，也舍之有据）。应当注意的是，无论属于上述哪种情况都应坚持物质第一性原则。

材料使用的第二个阶段即观点形成之后，根据说明观点的需要，进一步选择和使用材料。在材料分析与鉴别的过程中，对选取哪些材料作为论据最具有真实性、典型性，最具有说服力，要做到心中有数。在选取材料这个环节中，必须注意观点是统帅，应遵守观点与材料统一的原则。

所谓观点与材料的统一，指的是论点和论据在材料的基础上达到有机的结合，内在联系紧密而有度，既要求观点来自材料，又要求材料能充分地说明和证实观点。在科普志愿活动涉及的文章写作中，出现观点与材料之间脱节的情形，主要表现形式：一是有观点无材料，二是有材料无观点，三是观点与材料相脱节。具体分析上述现象，发现导致观点与材料不一致的原因主要包括以下几方面：

一是先有材料然后通过归纳总结等方法提炼出观点。

二是论点界定不准。这种论点虽然是从材料中精练出来的，但是由于概念不准确、定义域和外延界限模糊等原因，难以把握住论点的要义，也就无法准确地选择材料，其论述始终是似是而非、模棱两可，无法形成观点与材料的内在一致。

三是由于认识主体、客体与实践联系的多重性和认识主体缺乏对材料的透彻分析和鉴别，而导致观点与材料无法统一。

事物在不同时空的多面反映可以与不同的观点发生联系。这种联系是由人的主观认识来决定的。比如：汽车的重量是客观事物本质属性，同一属性可有利于汽车附着力、稳定性的提高，这是积极的属性；而重量增加又使摩擦力、能耗、材料消耗与成本均有增加，其属性对汽车性能的影响又由积极属性变为消极属性。当撰写对汽车性能的影响这一论题时，“重量”这一“论据”的鉴别和使用是由作者主观决定的。在选材时，只有对材料有充分的了解，才能进行恰当的选取，保持论点与材料的一致。否则就可能发生材料在某种程度上游离于观点，游离观点的材料，往往会削弱文章的严密性和逻辑性。

四是选材时发生以点代面和以面代点的错误。观点与材料不一致有时还表现在论点需要全面性材料加以论证时，却使用了个别的特殊事例，形成以点代面，难以对论点系统论证和全面论证。而在需要特定的典型事例作具体分析和阐述时，却取用全面性材料，泛泛而谈，使论证不深刻，缺乏说服力。

2. 寻求观点与材料一致的方法

寻求观点与材料一致，也可以认为是论点与论据之间内在的有机联系，是选取论据的原则问题。为避免发生观点与材料或论点与论据脱节，应注意以下几点：

（1）力求直接从材料中抽象概括出论点。实践是人们能动地改造和探索客观现实世界的物质活动，以客观性、能动性、社会性、历史性为基本特征。科普志愿活动涉及的文章写作是社会生产、社会发展的产物，也是一种处理人和客观事物（自然）关系的实践活动。写作前搜集、积累的大量材料，大多是感性认识材料。观点是人们对感性认识材料的抽象和概括而形成的事物本质。

一般论点是由搜集的大量材料中抽象概括产生的。写作时，由于文本容量的限制，只能以极少数材料作为论据。为了确保论点与大量材料的有机统一，必须遵守抽象概括的有关原则：首先对搜集的大量材料进行认真研究，分析它的不同发展形态及其内部联系；然后按照其概念的内部联系进行分类，再对不同属性材料进行判断、推理，使理性认识逐步升级到更高阶段，即理性“观点”。

从材料中抽象概括论点的有关原则：首先，明确抽象目的；其次，限定抽象界限；再次，在抽象区间内要舍弃非本质因素；最后，区间内抽象的结果不能外推到其他区间去。

（2）把握论点以选择论据。在科普志愿活动涉及的文章写作中，直接从材料中产生论点，并非唯一的途径。由于科普志愿活动涉及的文章的隶属性、规范性、条件性、普遍性、传统性，在很多情况下，论点并不是通过对材料的抽象概括中得来的。譬如：文体宗旨和目的已经限定的论点（如某项事物的总结的好与坏、某种产品规划的可行与不可行）这时需要的是寻找论据，使之与现实联系起来，并得到确立。为了达到论点与材料一致，应注意以下几点：首先必须运用辩证逻辑思维方式，对论点和材料进行全面的分析，真正充分地了解论点的内涵、外延和材料的特性（典型性与真实性），在论点的制约和指导下，选取与之相吻合的论据。其次要充分注意材料的质与量，使之与论点所需的论据相适应。

（3）概括材料以检验论据。在搜集和占有大量的材料的基础上，可以用概括的方法对所拥有的材料进行概括来检验论据是否与论点相一致。如果从材料概括出来的观点与论题或论点相吻合，再选取材料作为论据就比较可靠。对材料进行抽象概括，还可以对论点起到修正或深化的作用。比如可以发现原来的判断或论题是否全面，是否还可以进一步深化。概括材料以检验论据，其目的并不是要从材料中抽象概括出观点来，而是要用以考察观点与论据之间是否存在内在的、必然的、有机的联系。因此，抽象概括无须面面俱到，而是根据抽象的基本原则，找出材料的主导方面进行抽象概括，以校验论据。

3. 论据的要求

对论据的要求：在满足论据与论点一致的基础上，还要达到可靠与充实。论据的可靠性来源于材料的真实性、精确性，表述上的辩证态度和分寸感。真实性是客观的存在，不可夸大事实，不可主观臆断，不可片面求取。精确性和分寸感都与表述上的辩证态度密切相关。作为书面上的数字论据必须是精确的，所以要对数字的来源作正确的选择。分寸感是指对待材料不持绝对化态度（不轻易肯定一切和否定一切）。在表述中可以采用“模糊语言”来对材料加以限制，如基本上、在一定程度上等。在现实中，由于各种条件的限制，许多方面都难以做到真正的精确，所以在措辞上对材料的精确度要留有余地，从而使论据变得更为可靠，避免因绝对化而陷入被动的局面。

论据的充分有两层含义，一是指论据与论点之间要有内在联系，也就是观点与材料保持一致；二是指材料要典型。

论据的充分，指作为论据的材料的全体恰好有足够的理由和说服力来证明论点的正确性。因此在选择论据时，要合理妥当地安排材料。首先要注意材料的“质”，尽可能选用有代表性的材料，能用一个事例说明问题的就不用两个。二是要注意到“量”，以“足够”为“度”，对大量与观点一致，可作为论据的材料，在进行选择时要分清主次，有点有面，正反配合，详略并举，剪裁得当。

还应当注意的是在同一篇文章中，理论性与实例性论据也要兼容并收，不同性质的论据要结合使用，避免材料过于单一，致使文章臃肿或抽象。充分合理地安排材料是确保文章质量的重要前提。

4. 材料的处理与表达

使用材料是整修材料工作的最终目的，对于材料除正确选择外，还要根据文件的性质、写作的要求、行文的目的和内容等对材料作合理的安排。

（1）文章性质决定材料的处理方式。文章性质不同，材料处理方式也不尽相同。对于表现基本精神的科普志愿活动涉及的文章写作（法规、指令、条例等），材料只作为写作的根据（论据），不直接写入文章（文件），此种材料称为非直接涉入材料。对于表现基本观点的科普志愿活动涉及的文章写作（总结、调查报告、论文等），其材料必须写入文章，以说明一定观点，此种材料称为直接涉入材料。

（2）文体要求决定材料表达方式。由观点和材料构成的文章（总结、汇报、议论文等）使用材料的方式各不相同。如总结，既有正面材料也有反面材料，有成绩也有问题，有经验也有教训。材料的使用还要分类、分条，有主有次。

（3）写作目的和内容需要决定材料的详略。例如写经验总结，应当以经验材料为主、存在缺点为辅。同时还要根据读者对象和预期社会效果决定详略。

总之，科普志愿活动涉及的文章写作的材料至关重要，一定要在大量搜集占有材料的基础上严格地鉴别、筛选、活用，做到主旨与材料统一，使文章凝练、严谨、言简意赅，具有较强的说服力和良好的社会效应。

二、主题

主题是文章内容的核心（也可称为题旨、意、主意），是作者通过文章的全部内容表达的明确意图、基本观点、中心思想或要说明的主要问题。主题是作者的主观认识和外界客观事物相融合的产物，它表明了作者对客观事物的评价和态度。

“无论诗歌与长行文字，但以意为主”“意尤帅也，无帅之兵谓之写合”（王夫之《船山遗书·夕堂永日绪论》），意即主题在文章中具有统帅全局、调度转换开阖之作用。由此不难看出主题在文章中的重要地位。

科普志愿活动涉及的文章主题和其他文学创作主题一样，所表达的都是文章的中心思想，但是科普志愿活动涉及的文章是以反映现实为写作目的的，具有明显的目的性和客观性。因此在主题提炼和表达上也与文学创作有明显的不同之处。

第一，科普志愿活动涉及的文章写作的主题与文学创作的主题表现的方式不同。科普志愿活动涉及的文章写作是客观现实的体现，不能借助艺术形象的塑造和事物的描写来表现，而必须用大量事实加以说明。

第二，与文学创作相比，科普志愿活动涉及的文章主题的确立过程和作者所处的角度不同。科普志愿活动涉及的文章写作主题的构思，很多来自某一组织观点，代表集体的利益和意志，带有很强的实用性、遵命性，体现集体对问题的认识和看法，立场鲜明，政策性较强；而文学创作个性色彩强烈，自由发挥的余地很大。

第三，科普志愿活动涉及的文章写作的主题与文学创作的主题表现手法不同。文学创作表现主题的手法多样，可以采用叙述、描写、议论、抒情、说明等虚构、夸张、渲染的手法，而科普志愿活动涉及的文章写作表现主题的方法主要是叙述、议论和说明，追求的是用准确无误的材料表现真实情况，绝不可虚构夸张。

（一）主题的作用

主题是文章内容的重要核心因素，在一篇文章中具有举足轻重的作用。具体说来主要表现在以下几个方面：

（1）主题是文章的核心。主题通过系统、有机的联系方式把有关的内容聚合在一起，并采用相应的结构、表现方式和语言表现出来，使之成为一篇完整的文章。没有主题，再多的材料也只是杂乱地堆砌文字，无法表达完整的思想。

（2）主题是文章的统帅，始终处于支配地位。主题是贯穿于文章始终的一条主线，处于统摄全局的关键地位，它决定文章材料的取舍、提炼、布局谋篇，制约了文章的表现手法和写作技巧，甚至影响文章的遣词造句，可以说主题对文章全局具有战略性指导意义。有了明确的主题，作者就能在丰富复杂的材料中抓住重点环节和中心，起到表情达意、交流思想的作用。

（3）主题是文章的灵魂和生命。主题决定着文章的质量高低、价值大小、作用强弱和影响好坏。主题是作者的思想、态度和观点的集中反映，是文章有机体内的生命之源，在文章中起主导和支配作用。衡量一篇文章的质量，首先看主题是否明确、正确，主题不明确，文章则平庸、浅薄，没有说服力；主题错误，文章就会产生不良后果。只有选准主题，文章才具有生命力和良好的社会效果。

（二）确立主题的原则

科普志愿活动涉及的文章写作的目的是为工作服务。科普志愿活动涉及的文章主题是作者主观认识和外界客观事物相融合的产物。主题的提炼、确立和解释决定于作者的写作目的、立场观点、主要思想和时代特征。

（1）客观性原则：主题的确立必须实事求是，以客观事实作为基础。科普志愿活动涉及的文章写作的前提是研究真正的社会工作和生活。科普志愿活动涉及的文章主题的确立也必须以客观事物为基础，实事求是，开展扎实深入的调查研究，通过对搜集来的客观材料的分析，从感性认识上升为理性认识，形成正确的观点和主张，从而确定科普志愿活动涉及的文章写作的主题。遵从客观性原则也决定了主题确定后的稳定性。如果主题在确定的过程中缺乏事实依据，就会产生认识角度的偏移，造成主题无限拔高或观点错误。

（2）主观性原则：主题是人们认识客观事物的主观反映，这就反映了作者（组织、团体和个人）的立场观点、政策水平、法制观念和思想感情对主题的制约性，以及处理同一材料表现出不同主题的复杂性。科普志愿活动涉及的文章写作主题的确定绝不是写作技巧问题，更主要的是思想水平、政策水平、法制观念的问题。这就要求作者具有较高的理论水平，深刻领会党和国家的路线、方针、经济政策、法规，以正确的思想方法和科学的态度从客观事物中提炼主题，使文章能有效地解决社会工作中的各种实际问题。

（3）目的性原则：目的与功能是辩证统一的。科普志愿活动涉及的文章写作有鲜明的针对性和目的性。写作目的不同，内容侧重点也就不一样。所以，在写作一篇科普志愿活动涉及的文章之前需要周密地思考文章所要表达的目的，要起到什么作用，实现什么功能，从而使主题得到直接体现。

（4）观念性原则：科普志愿活动涉及的文章写作的主题是主观认识与客观事物相融合的产物。在确定主题时既要对客观事物有深入的认识和理解，也要结合主观需求，持正确的观点和态度。认识客观事物不能只是作自然主义的反映，而是要充分开拓思维的联想性和深入性，分析事物的矛盾，透过事物的表象揭示事物内在的本质规律，准确地把握事物的内部联系，寻求真实和典型的事物，确立深刻的观念。

（5）时代性原则：科普志愿活动涉及的文章是社会发展的产物，具有时代性，而且要适应社会快速发展的需要，具有前瞻性。人类社会已进入知识经济时代，产业化、知识化、网络化、社会化、民众化，积极参与和干涉社会生活，已成为科普志愿活动涉及的文章写作的发展趋势。在确定文章主题时，必须站在时代的哲学高度认识评价客观事物，展现发展前景，体现时代精神，更好地为现代社会工作服务。

（6）针对性原则：主题的确立要有的放矢，“的”这里指的是接受对象，“矢”指的是文章内容。确立主题时，要针对具体接受对象，选取不同的内容，即使相同的文章，对象不同，文章的侧重点及宽度、广度也会有所不同，所以确立主题要有针对性，要使主题易于理解、实施，以便更好地达到预期目的。

（三）确立主题的方法

主题源于社会生活，又服务于社会生活。主题是作者深入生活、分析生活，充分掌握材料，经过提炼，深刻认识具体对象而确立的思想观点。确立主题可以采用以下几种方法：

（1）分析事物的矛盾焦点，深入挖掘事物本质。科普志愿活动涉及的文章写作的一个重要目的就是解决事物的“矛盾”问题，因而确立主题要从实践中体会和从丰富的材料中发掘，对事物采用抽象分析方法，对“丰富”的感性材料“去粗取精，去伪存真，由此及彼，由表及里”地加工，完成从感性认识到理性认识的飞跃。抓住主要矛盾，揭示出事物的本质和个性特征，也就是确立了主题思想。

（2）采用新的观察角度。科普志愿活动涉及的文章写作是创新性活动，讲求破旧立新，开拓进取，标新立异，出奇制胜。客观事物受环境影响，表现出多重侧面，观察角度不同，观察的结果也迥然不同。“横看成岭侧成峰”（苏轼《题西林壁》），“横”显其博大；“侧”显其雄伟，这就是观察角度不同所得到的不同结果。角度新颖，就会独辟蹊径，就会展现新视野，进入新领域，给人以意境清新之感，引人入胜，这样确立的主题往往可以收到事半功倍的效果。

（3）积累生活，顿悟顿彻。科普志愿活动涉及的文章写作是一种创造性思维活动。社会生活构成了创造源，一名科普志愿活动涉及的文章作者，其写作动机一方面来源于组织的委托，在接受任务后广泛搜集材料，有目的地完成写作过程；另一方面来源于生活灵感，在平素生活中不断地认识社会，积累材料，长期观察、思索、认识，可能顿发灵感，此时，有针对性地补充材料、完善认识，最终可以确立主题，这样的主题既有长期积累的深刻，又有切中要害的实用性，这种确立主题的方法在科普志愿活动涉及的文章写作中也占有相当大的比重。

（四）标题

文章的标题是最先与读者见面的部分，是文章的重要组成部分。有些科普志愿活动涉及的文章写作的标题是相对确定的；对于自定标题则直接关系到文章的思想、格调。好的文章标题确切鲜明，富有概括力和吸引力，对文章有画龙点睛的作用，可以引起读者阅读的强烈愿望。有经验的作者常常在标题中集中凝练地体现文章的主题。

1. 标题的种类

（1）叙述式标题。直接地揭示出文章的主题思想，是科普志愿活动涉及的文章写作较常用的一种。如“2001 年经济趋势分析”。这类标题直截了当，清楚明快，但有时处理不当往往过于平淡，有损文章色彩。

（2）背景式标题。标出典型环境、事物和人物，以衬托出“典型”的意义和特色，从而交代出主题产生的基础。如“城市周边环境的治理方略”，这类标题通过指明环境，暗示了主题意义。

（3）提问式标题。提出问题，引人思索，将深刻的主题在提问中体现出来。如“昔日的煤都向何处发展?”这类标题发人深思，有较强的警醒力。

（4）形象式标题。形象式标题多用于科普志愿活动涉及的文章体类的新闻体。这类标题可以形象地概括文章的思想意义，将抽象的主题形象化，在一定程度上暗示文章的主题。如“人鬼之战”“假李鬼碰到真李逵”等，用标题形象地揭示了主题的深刻内涵。

2. 拟定标题的要求

（1）生动贴切。标题必须与文章的内容紧密结合，和谐一致，文体相近相符，直截了当，清楚确切，能引起读者阅读正文的愿望。

（2）精练明快。所谓精练明快就是指标题言简意赅，能高度概括主题，起到画龙点睛的作用。

（3）新颖别致。所谓新颖别致就是指标题形象新颖，深刻而生动地暗示主题。

三、科普志愿活动涉及的文章写作的构思

文章的结构就是指按照事物的内部联系和发展变化的客观规律，对题材所作的组织和安排。它是写作的关键环节。人们把结构比做文章的“骨架”；文章没有“骨架”，材料就无法安排，其主题就无处寄托。“文章以体制为先，精工次之，失其体制，虽浮声切响，抽黄对白，极其精工，不可谓之文矣”（明·吴讷《文章辨体序说》）。这说明结构在文章表达中占据首要地位。分析问题、解决问题效果的好坏是由思维决定的。对科普志愿活动涉及的文章写作来说，没有好的构思就很难有完美的结构。

在写作科普相关文章的过程中，构思是思维过程的脉络和顺序，是对全篇各部分组织安排和布局方式的总体设想，是文章结构的内在依据。要提高文章的构思能力，最根本的途径就是锻炼和拓展思路。

（一）思路的含义

思路是写作思维过程的线索和踪迹，是作者从观察、认识客观事物，掌握其规律性，一直到占有材料、提炼主题、精心构思、编排组织、遣词造

句、写成文章的全过程的思想路线。文章反映客观事物，但不是简单、机械地复制，而是经过作者的思考、认识、加工，实现从普遍事物到典型事物的升华并用文字把思路反映出来，就是文章的结构。

思路具有条理性和逻辑性，其本身就是客观事物条理性和逻辑性的反映。要使文章条理清晰、逻辑性强，作者构思时就应注意思维的顺序，保证思路的连贯性，对内容材料进行认真研究辨析。清晰严密的思路来自对客观事物的深入观察和深刻认识。观察和分析事物是锻炼思路、提高文章结构能力的根本途径。在具体的写作中抓住主题、紧扣文章中心是思路清晰有序地展开的前提。由于思想观点、生活经历、文化素质、理论水平的不同，写作目的和文体等的差异，思考问题的习惯和方法也就有所区别。这种差异反映到文章里就形成了各类不同文体和篇章的不同思路。因此，思路在具有条理性和逻辑性的同时，又具有指向性、层次性，可以沿着不同的思维方向发展。

（二）思路对结构的作用

安排文章的结构，不单纯是写作技巧问题，更重要的是思路问题。清代文人崔冯左曾就文章思路有过形象、精辟的论述："作文须先闭目静坐，理会题旨。思本题中有几层意思，孰为正意可用，孰为旁意可删。一篇体段，行文之光景，具在胸中，然后下笔，则文理贯通，自成一家文章；若逐句杜撰，文必不成。"（崔冯左《学海津梁》）由此不难看出，一篇文章的成败、优劣，在很大程度上取决于作者的运思。作者的思路清晰，文章的结构才能清晰；思路堵塞，结构必然紊乱。

科普志愿活动涉及的文章是以客观事物为内容进行写作的。文章的结构实质也必然是作者根据客观事物本身的内部规律和事物之间的相互关联，经过深思熟虑所形成的思路在文章中的体现和反映。比如要写一篇"某一产品的市场销售前景分析"的文章，产品本身是生产者和消费者之间的中间环节，生产者生产产品是以服务社会和追求利润为目的，而消费者则以满足生活需求、节省开支为宗旨。产品的质量、成本、使用与维修性能、耐用度等既与生产者、消费者的利益密切相关，又与产品的各种性能之间的关联有必然联系。写这样的一篇文章，必须深入地观察、理解客观事物（产品）各要素之间的内部规律和相互关系，并用书面语言将思路清晰、缜密地反映出来，从而形成通篇文章的结构。

文章结构的形成与作者认识客观事物的思维脉络是密切相关的，结构是思路的直接现实和外在表现形式，而思路才是结构的基础。

（三）科普志愿活动涉及的文章写作运思的基本要求

在写作科普相关文章过程中，首先要思路清晰，反映事物的客观规律。从本质上讲，运思是一种认识活动，是作者在头脑中反映、再现客观现实的感受，对事物进行再认识的过程。没有客观事物作基础，运思也就成了纸上谈兵。因此，在这一过程中，一定要全面了解事物的本质及其内在联系。如果因对客观事物认识不清而引起思路阻塞，应再次深入地调查研究，对事物作进一步了解，使之疏通，进而打开思路。人为地“填平补路”，就会使思路脱离正常的轨道，影响文章的质量。因此，要使文章思路清晰，运思过程就要做到下列几点：

第一，完整周密。就是指运思过程要纲举目张、线索贯通、首尾圆和、客观全面，不孤立、不静止，无疏漏、无残缺。

第二，清晰自然。就是指运思过程要层序井然、主次分明，行止自如、有条不紊，顺理成章、逻辑性强，符合客观事物和主观认识的特点和自然规律，不矫揉造作、人工雕琢、牵强附会。

第三，正确严谨。就是指运思过程要善于辨析、识别、组织材料，主题正确严谨，结构和谐统一，不模糊、不混淆，不颠三倒四、顾此失彼，要符合客观事实、无懈可击。

第四，匀称贯通。就是指运思过程要层次、段落划分适度，纵横错落有致，各部分、各层次间在内容上衔接、转折恰当，如行云流水，总分有序、因果统一，比例协调，搭配得当。

第五，敏捷新颖。就是指运思过程要视野开阔、思想活跃，能敏锐地洞察客观现实，发现问题，以提高悟性，能运用已有知识、经验理解新生事物，加速思维进程，不断推陈出新，勇于开拓进取。

第二节　科普志愿活动涉及的文章写作的文体风格

一、结构

“结构者，谋略也。”文章结构是写好文章的重要因素。没有结构，也就没有文章的存在。

（一）结构的含义

文章的结构又称为文章内部的组织结构，即文章内容的组织形式。安排结构的实质是如何妥帖、恰当地安排材料的问题。文章主题确定、材料选好之后，作者就要根据主题和文体的要求对材料合理地安排，使之条理化、系统化，形成一个有机的整体。结构是集零散为整体的构造艺术，因此，在动笔之前，对整篇文章要有全面、统一的设计，寻求最佳的结构形式，这样才能写出满意的文章。

结构一词原为建筑学术语，就是将各种有用的建筑材料按设计图纸立定结构框架，续之分部施工，构筑成完整有用的建筑。后人将其演绎成文章结构。正如清人李渔在《闲情偶记·结构》中所说："工师之建宅亦然，基址初平，间架未立，先筹何处建厅，何处开户，栋需何木，梁用何材，必俟成局了然，始可挥斤运斧。"

文章结构的具体内容包括标题、开头、结尾、层次、段落、过渡、照应、主次、详略等的设计。

（二）结构的作用

写文章也和建筑一样，在主题确定、材料选好之后，必须根据文体和主题的需求，对材料合理安排，按结构之需立"柱"、成"墙"、添"砖"、加"瓦"，宜物之所值，选用有度，使其按完美的结构形式把纷杂的材料组成一个和谐有机的整体，实现写作的意图。

文章在解决了"写什么"的问题以后，还要进一步考虑"如何写"的问题，即如何将文章的内容有条不紊、周密完整地表达出来。仍以建房为例：结构框架已成，还需上下、前后，匀称、协调，"门""窗"疏密相间，"高""低""动""静"交错有致，内"修"外"饰"，"典雅""雄伟"各持其法，使整个"建筑"特点凸显、浑然一体。结构好的文章，条理清晰、材料精当、组织细密、论证周严、分析透辟，更具说服力和感染力。

（三）科普志愿活动涉及的文章写作结构确立的原则

文体、主题、选用材料、观察视角、分析方法不同，文章的结构和格式也有所不同。科普志愿活动涉及的文章体结构相对于其他文体，虽有其共性，但大多数文体有比较稳定的格式和规范，结构与写作内容密切相关，既不能像文学作品那样“文无定法”，也并非一律同构同式、一成不变。一般说来，安排文章的结构，应遵循以下原则：

第一，准确反映客观事物的发展规律和内在联系。客观事物有其发生发展规律和内在联系，认识客观事物也有其规律性。科普志愿活动涉及的文章写作的内容是对客观事物的反映，因此，文章的结构形式也必须符合客观事物本身和人们认识客观事物的规律，这样，既可以保证文章的真实性，也容易被读者所接受。好的文章结构形式，既反映了客观事物的发生、发展、变化和结果，又符合人们从点到面、由具体到抽象、由感性到理性的认识过程。只有这样，文章才能层次清楚、结构严密、有理有据，表现出严密的逻辑性和有效的说服力。

第二，服从于立意的需要。立意要表达的问题是文章主题的纲领性问题。“文以意为主”“是以附辞会义，务总纲领，驱万涂于同归，贞百虑于一致。是众理虽繁，而无倒置之乖，群言虽多，而无棼丝之乱，扶阳而出条，顺阴而藏迹，首尾周密，表里一体，此附会之术也。”（南北朝·刘勰《文心雕龙·附会》）刘勰在这里讲的布局谋篇，要领是“务总纲领”，不管文章内容和格局多么复杂，都要围绕立意（主题）来安排结构，才能收到“无棼丝之乱”的良好效果。

第三，适应不同文体的特点和要求。科普志愿活动涉及的文章写作文体多样，结构也就不尽相同。结构与文体关系密切，安排文章结构时，应考虑到不同文种的一般特点要求及所写内容的实际情况，选用恰当的结构形式，尽量做到脉络分明、层次清楚；首尾完整、前后呼应；详略得当、疏密有致；个性鲜明、完整统一。

第四，运用程式灵活多变。程式是指科普志愿活动涉及的文章写作中的惯用格式和层式。在一定时期内，程式具有相对的稳定性。但是也应看到事物是发展的，结构格式也有多姿多彩的一面，而且就一篇具体的文章来说，规范格式里仍有一个布局谋篇的问题。因此，写作之前要根据写作目的和内容精心构思，以求结构形式灵活多样、个性鲜明，从而更好地反映丰富多彩的客观世界和日新月异的发展变化。

（四）科普志愿活动涉及的文章常用的结构形式

结构是表现内容的外在形式，题材不同、体裁不同，结构的形式也各不相同。科普志愿活动涉及的文章写作以事实为材料，具有明显的客观性、目的性和针对性，这种性质决定了其结构形式的相对固定性、目的性和针对性。大多数行政公文，由于受目的性和使用范围的影响，不仅结构相对固定，甚至行文格式、常用语言也约定俗成，相对固定。概括地说，科普志愿活动涉及的文章写作过程中，常用的结构形式有如下几种。

1. 横式结构

横式结构是一种按照事物性质和逻辑顺序安排层次，内容横向发展的结构形式，即在主题形成之后，把说明主题的材料按照事物性质归纳为几个观点，然后按照观点与主题、观点与观点之间的关系，依照逻辑顺序排列起来。从逻辑顺序来区分，横式结构常见的有“并列式”和“对比式”两种。

在并列式结构中，文中所用材料是独立并列关系，没有先后主次之分，如果将它们的次序加以颠倒也不会影响文章主题的表达，是最常见的横式结构方式。对比式结构，一般是选择几种性质相反的材料，通过它们之间互相对比来显示文章主题。两种方式的共同特点是都采取“总—分—总”的层次结构，在中间各部分之间，可以用小标题，有时也用提纲挈领的议论和关联词进行联系。横式结构的优点是易于表现主题，主要适用于内容丰富、背景广阔、综合性比较强、事物发展过程比较复杂、头绪多、时空变化大、涉及面较广的文章的写作，如调查报告、分析报告、工作报告、总结等。写作过程中采用横式结构时，应围绕主题思想，或按客观事物的内在联系组织安排结构，注意不要东拉西扯，防止联系松散、游离主题。

2. 纵式结构

纵式结构是一种一脉相承、逐层深入的结构方式。一般以时间的推移、空间的转换、连续性事件的演变为脉络安排层次、组织材料。纵式结构又可分为平叙式和因果式两种。

所谓平叙式，就是按照事物发生、发展、结局的先后顺序，组织安排材料的层次结构。采用这种结构方式，便于了解事物全貌及客观规律，易于真切表达主题思想。这种结构形式多用于内容相对单一的调查报告、简报等。采用平叙式结构时，一般按照事物发展变化的过程，按自然顺序或特性分成几段，用叙中夹议的方法进行分析，揭示事物的内涵，传达作者的认识或观点，点明题意。在写作中应抓住典型事例，以便于突出主题。

所谓因果式，就是以因果（或现象、本质）关系组织安排材料的层次结构。采用因果式结构一般有两种情况，第一种情况是由因及果，就是在文章中先交代一系列事实、事件，或者先阐述一个互相联系的道理、观点，再通过这些事实、事件或道理、观点，合乎逻辑地演变或推论出最终结果或结论。公文、法规、检验报告等均属此类结构。采用这种结构方式阐述观点符合阅读习惯，先讲精髓要点，后讲结果、方法、目的，使人易于接受，顺理成章。第二种情况是由果及因，就是先将结果或结论告诉读者，然后再具体交代或阐述其得以产生的原因，使读者对“为什么”产生这样的结果有一个明晰的答案。申请、申述、答辩状等多属此类结构。采用这种结构方式，可以使人首先了解事情的结论、结果，引起读者注意，可以起到导读的作用。采用因果式结构写作时，作为“因”的事实、事件和道理、观点与作为“果”的结局、结论之间，必须存在因果关系，否则必然导致写作的失败。因此“因”与“果”必须统一起来，原因要充分、有力，结果要合乎逻辑，具有必然性。写作中还应注意做到条理清晰。

3. 综括式结构

综括式结构是纵式结构和横式结构的综合，是在时间的推移中嵌进空间位置转换，在横断面中插入纵式追溯所形成的结构形式。安排这种结构，要求作者首先必须把对客观事物的感受、印象、观点和态度进行深入体察和分析，然后按思想发展的顺序（纵向），把生活中的不同事物综合、概括起来（横向），形成一个总的观点，凝成一种思想，在这种特定的生活基础上，结构成文章。这种结构多用于大型综合报告、规划、分析类文章。综括式结构把客观事物按其固有的逻辑关系，巧妙地组合在思想、观点发展的线索上，气势宏大、内容深刻，影响力大、说服力强。采用这种结构时，切忌认识不清就盲目动笔，造成文章思路混乱以至无法表达中心思想。

4. 逻辑结构

逻辑结构是按概念、判断、推理等思维形式为主线组织材料、探讨问题、以得出结论的结构形式。其表现形式符合客观事物的认识规律，有助于表达思想，能增强说理的条理性、完整性和严密性，使文章主题鲜明、结构谨严，具有不可辩驳的逻辑力量，说服力强。这种结构多用于说理性文章、论文、形势分析报告等。采用这种结构时，必须注意真实性与客观性，同时，作者要具备良好的思辨能力，行文符合逻辑规律。

（五）科普志愿活动涉及的文章写作结构的具体问题

科普志愿活动涉及的文章写作结构的具体内容包括标题、开头和结尾、层次和段落、过渡和照应、主次和详略。标题与主题联系紧密，前文已有叙述，下面将其他内容分述如下。

1. 开头和结尾

开头又称“起笔”“首段”，是文章的重要组成部分。开头既能统领全局，为中心思想服务，又要理清头绪、恰当截取、把稳笔调，使下文通畅，保持风格统一。开头还应起到吸引读者的作用。前人谢臻曾这样评价过开头的作用：“当如爆竹，骤响易彻”。文学家李衡也曾有过这样的论述：“使人一见而惊，不敢弃去”。科普志愿活动涉及的文章写作的开头方式有：开宗明义，提出全文主旨；概括全局，介绍文章内容；落笔入题，点明写作动机；造成悬念，激发兴致；提出问题，引起读者思考等。

结尾，就是文章的结束部分，又称“篇终”“收尾”，它担负着进一步表达中心思想，增强文章说服力和感染力的作用。一个好的结尾可以使读者难忘。因此，结尾的写作一定要自然有力、发人深省。不仅如此，还应注意开头结尾要前后呼应。常见的结尾方式有以下几种：总结全文，点化主题；展示未来，鼓舞人心；饱含哲理，发人深思；指明方向，激发斗志；委婉含蓄，余味无穷；承上余波，别开生面；含而不漏，自然收束；水到渠成，戛然而止。

总之，开头结尾的写作，一方面约定俗成，借鉴前人之长；另一方面也应从实际出发，融会贯通，运用自如。

2. 层次和段落

层次就是文章思想内容表达的区划和次序。它既是事物发展的阶段性和客观矛盾的各个侧面在文章中的反映，又是人们认识问题、表达观点的思维进程的反映。层次可以按照事物发展的逻辑顺序、时间顺序、思想内容或材料的性质来安排。在记叙性文章中，层次可以是一件事情发展的阶段，也可以是相同性质材料的组合，还可以是人物事迹某一侧面的表现。在议论性文章中，层次可以是对某一问题的分析，也可以是对某一道理的阐述，还可以是对某一问题的论证。各层次之间是有机地联系着的，体现着连续、并列、补充、转折、递进、因果等逻辑关系。前面一层是后面一层的前提、先导或依据；后面一层是前面一层的展开、推进或深入。层次之间可以用序码、空行、小标题来划分，也可以用关联词、重复词语、过渡句段来显示。通过层次可以看出作者对文章全局和局部、“总纲”和“细目”所作的大的布局安排。

科普志愿活动涉及的文章写作中常见的层次表现形式有：

第一种，总分式。又称分总式，以“分总”或“总分”关系（先总述再分述，先分述再总述）安排作品层次的一种结构方式。分述的层次之间呈并列关系。“分”由“总”作指导，“总”由“分”所决定。先“分”后“总”，由于把思想和结论放在后边，便于突出和深化主题，给人留下深刻印象。先“总”后“分”，先概括总说，反映事物全貌，使人能总揽全局，便于把握要点，然后分条理解、领会实质。在写作实践中，有时将两种形式综合起来，形成“总—分—总”的结构，包括绪论、本论和结论三个层次；兼前两者之长，形成一种新的、完整的结构形式。科普志愿活动涉及的文章写作总分式多用于议论性文章。运用总分式安排结构，要紧紧围绕中心论点，严密组织论据，使论点得到充分的论证。

第二种，递进式。即按文章内容层层深入，使各个层次之间呈现递进关系的结构形式。在科普志愿活动涉及的文章写作中采用这种方式，可以保证各环节之间严密的逻辑关系，且不能随意交换次序，这样就使对问题的论述步步推进，不断深化，使人们认识事物的过程符合客观规律，从而由表及里、由浅入深全面了解事物的本质。在记叙性文章中，运用递进式，一般可按照矛盾的发展由小到大、由简到繁、由量变到质变的顺序来安排层次结构。

第三种，并列式。即文章各层次所用题材和各层意思是并列关系的一种结构方式。在并列式结构中，各层次之间既具有独立性，较少轻重主次之分，又从不同角度论述中心思想，共同说明主题。因此，采用并列式安排层次结构，具有不容辩驳的说服力。在科普志愿活动涉及的文章写作中，并列式结构多运用于总结、调查报告等。在使用并列式结构写作时，并列的内容要精心选取，不宜过于庞杂，要注意选择最有代表性和典型意义的材料，以及具有较强说服力的分论点，以利于表现主题。

第四种，首括式。即先提出中心论点，然后从几个方面展开论证的结构形式。运用这种结构形式应注意分述与总的前提的互相统一。总提的内容，分述不得遗漏，分述的内容，亦不得超出总提。这种结构的特点是纲举目张，清晰显豁。

第五种，尾括式。即先从几个方面比较分析，然后归纳起来得出结论的一种结构形式。其特点是从个别到一般、由点到面，使文章符合认识规律。

运用这种结构形式同样应注意分述与总的前提的互相统一。

值得一提的是首尾括式，其结构兼具首括式与尾括式的特点，总提、分述、归纳三者兼而有之，结构完整、严谨，是一种很好的结构形式。

段落又称自然段，是构成篇章内容的可以独立的基本单位，是文章在表达思想内容过程中由于转折、强调、间歇等情况，而造成的文字上的停顿。它以换行、提头、空格为明显标志。段落的形成，是由客观事物、客观事理内部联系中的基本成分决定的，它反映着作者思维进程中的基本步骤以及各个步骤之间的连接和停歇。段落是构成层次的基础，层次侧重于内容的划分，段落着眼于文章表达的需要。一般段落小于层次，由几个段落构成的段落群，表达一层意思；有的一个段落则正好反映一个层次，这也是较常见的。在特殊情况下，段落可能大于层次，在一个段落中又可以分几个层次，这是变格。

划分段落的作用在于使文章行止自如，层次清楚地表达内容，便于读者阅读、思索、理解。不仅如此，段落还能够起到强调重点、加深印象的作用。

划分段落的原则是：首先，要注意段落的“单一性”和“完整性”；其次，必须根据层次需要确定每个段落的地位、次序，各个段落间的意思要有内在联系，做到“分之为一段，合则为全篇”；最后，分段要注意整体的和谐、匀称，段的大小、长短要符合内容表达的需要，做到长短适度，格调一致。切忌分段时不能清楚地表达思路的层次，造成层次不清。

3. 过渡和照应

过渡是指文章层次和段落之间的衔接与承转。过渡在文章中起承上启下、穿针引线的作用。合理过渡，可以使文章畅达，思路顺通。文章内容的转换，表达方式、方法的变动都需要过渡。过渡的方法一般有过渡词、过渡句、过渡段。

照应是指文章上下文之间，相互关照、呼应，也就是首位贯通，使前后的内容保持一致。科普志愿活动涉及的文章讲究平实，不强调结构上的起伏、曲折、变化，只要注意前后文之间的照应，就可以使前后的内容保持一致。科普志愿活动涉及的文章中常用的照应方式有正文与标题照应、前后内容照应、开头与结尾照应。

4. 主次和详略

写文章要主次分明，详略得当，这与材料的取舍密切相关。主次是指所论述的事物在文章中的主、次地位及其对写作效果的影响。客观事物是复杂多变的，即或同一事物，随着观察角度和时空间条件的变化，也有多种多样的表现，因此，对某一固定条件或环境也有主、次之分。要了解事物或问题的实质，就要以正确的态度，从不同的角度全方位地分析、研究问题，抓住主要矛盾和次要矛盾，选择最恰当的材料，表现和突出主要问题，因为“文不以宾形主，多不能醒，且不能畅”（清·唐彪《读书作文谱》）。

在写作过程中，详与略体现的是材料剪裁的问题。当主题确定以后，对作为主题佐证的材料要认真取舍，“详略者要审题之轻重为之，题理轻者宜略，重者宜详”（清·唐彪《读书作文谱》）。切不可不分大小、主次、平均使用。详写时要“泼墨如云”，尽力铺陈，“密不透风”；略写时要“惜墨如金”，一笔带过。详略既与文字繁简有关，又影响文章的安排布局。详略得当，才能突出重点。安排文章的主次详略，应根据以下原则：

第一，根据主题的需要，决定取舍。与主题关系紧密的要详细写，与主题无关或关系不大的，可以略写或不写。

第二，要根据文章的体裁处理主次详略。文体不同，处理主次详略的要求也就不同。如记叙类文体，对所记的人、事要详细写，议论则可以从略，只要起到“画龙点睛”的作用即可。议论类文体，重在说理，论证要详细写，引证可以略写。

第三，要根据文章目的和内容决定详略主次。对读者必须知道、必须熟悉或加深理解的要详写；对众所周知或与读者无关的内容可略写或不写。

总之，写文章必须根据写作目的和主体需要，安排材料的主次详略，力争达到“辞约事详”“语少意密”的高标准。

二、科普志愿活动涉及的文章写作的语言

语言是音义结合的符号系统，是人类的思维和交际的重要工具，是思想与意图的直接表现，是构成文章的第一要素。文章都是由书面语言表现出来的，尽管文体结构不同，语言的特征也有明显的差异，但是对于一个撰写文章的人，练就正确的、规范的运用语言文字的本领乃是写好文章（学习写作）最重要的基本前提。

就写作内容而言，它是对客观事物的反映和主观思想的表述，因此，写作过程也是语言的选择、斟酌、润色过程，“近审其词，远取诸理”，从而达到“名不害于实”（南北朝·刘勰《刘子集校·审名》），即达到真实地反映现实的目的。

（一）写作的语言种类

语言作为人类最主要的思维工具、交际工具和信息传播工具是一种特殊的社会现象。它以语言为物质外壳，以词汇为材料，以语法为结构规律，具有全民性、社会性和体系性的特点。语言可分为口头语言和书面语言两大类。口头语言是人类语言的基本形态，是书面语言产生和发展的基础和源泉。书面语言（笔语、文字语）是写文章用的信息符号，即书面交际使用的语言，具有精密、严谨、准确、规范和富于变化的鲜明特点。

书面语言又可分为自然语言和人工语言。自然语言是指全面共同使用的用文字书写的语言、符号系统，是在口语基础上逐渐形成的，它句法要求正规，措辞要求准确，层次要求分明，结构要求严密。科普志愿活动涉及的文章写作文体多种多样，从而导致它使用的语言、语体也呈现复杂的多文化状况。人工语言是指自然符号系统以外可以用来交流思想、传达信息的假定性书面符号系统（又称非自然或超自然语言符号系统——专业人员表达方便而“设计”的）。非语言的特殊的表达手段，有专门的符号、公式、表格、图像等，它们可以代替自然语言的叙述。

例如：“我们把物质的质量与速度的乘积称为该物体的动量”，这是一句自然语言表达的物理学概念。

如果用专业术语，我们就会有：

$$P = mv$$

非语言的特殊的表达手段，有专门的符号、公式、图表等，它们可以替代语言的叙述。两种系统共同使用时。其“接口”在语言表达上会产生一些合理的变异。例如：我们把物质的质量和速度以及它们的乘积（mv）即该物体的动量分别用 m、v、P 代替，就实现了特殊手段的表达。

非语言符号系统具有整体性，表达时为避免不便，往往会产生一些不同于自然语言的语序。

例如：必须 $A=B$，表达的意思是“A 必须等于 B”，而读起来却是“必须 A 等于 B”。

（二）科普志愿活动涉及的文章写作运用语言的基本要求

科普志愿活动涉及的文章写作包含了多种不同的文体和语体，语言运用也比较复杂。语言使用不当，将直接影响文章的质量和效果。因此，在科普志愿活动涉及的文章写作中，我们主要注重语言表达效果问题。一般在语言运用上应满足以下基本要求。

1. 明确

所谓语言要明确，就是指语言表达时要注意科学性，明白而准确。一般认为，明确的语言应当符合客观事实、符合事理、符合语法规律、符合内在逻辑关系，能确切地反映现实生活、恰当地表达作者的思想与目的。

语言是思维的现实，文章是客观现实与主观意识的融合与辩证统一。因而要准确地运用语言，一方面要熟悉语言的概念、内涵、外延；另一方面要对表现的事物和要说明的事理有清楚、具体的认识和深入的了解。在此基础上，才能结合文体语体的要求，根据客观要求斟酌选择恰当的语言，以使“事辞相称”，达到文章的表达效果。具体运用语言时应注意以下几点：

（1）注意语义的确定性。科普志愿活动涉及的文章写作中使用语言要确切地表达概念的内涵，避免使用似是而非和易产生歧义的语言。

例1：我们的政策是实行“一个国家，两种制度”，简称“一国两制”，具体说，就是在中华人民共和国内，大陆地区实行社会主义制度，香港、澳门地区实行资本主义制度。

实行“一个国家，两种制度”的构想是从中国自己的情况出发考虑的，而现在已成为国际上注意的问题了。

例2：病假、事假三天以上者，扣发当月奖金。

前者（例1）确切地反映了作者的基本思想和国家政策，并对内涵作出了具体限定，并用“构想”准确地反映了“一国两制”这一完全从实际出发、无先例可循的政策（如用构思就不够持重、确切）。

后者，三天的范围比较准确，但是是病假、事假分别算，还是二者累计，正好三天是否扣发奖金，表述得含混不清，这也就无法指导条例的执行。

（2）精心辨析词义。汉语中有许多同义词、近义词，其词义轻重、使用范围、搭配功能却有较大差别。因此，在运用语言时要根据表达的要求、范围的大小、程度的深浅、分量的轻重进行细微区别，斟酌选用，如宽裕、宽松；周密、严密、精密；坚决、坚定；同意、赞成以及前述的构思、构想等。

（3）数据要清楚，引证要有据。例如：年人均收入增加200元（如用增加200余元，就不够准确）。

例如：依据“中华人民共和国道路交通管理条例”（1988年3月9日国务院发布）第十三条第一款、第七款……

（4）前后照应，不能自相矛盾。例如：重点解决企业为职工交纳劳动保险的问题……全区253家企业都为职工交纳劳动保险金……

（5）正确运用专业术语和专业性词汇。对可能引起歧义或难以确切了解词义的，应根据词义加上词语解释。

（6）注意区别词语的感情色彩。词语中除词义外，还常有某种感情色彩和语体色彩。在使用这些词语时，必须正确理解词义，分辨它们体现的感情色彩，以便运用时能更正确地表达情意。

首先，要区别词的褒贬色彩。例如：他们积压了许多资料。这里“积压”带有贬义，把“积压”改正为“积累”就具备积极的意义了。

其次，要分清词义的轻重。例如：×××为了职务晋升，虚报浮夸，我“轻视”他的为人。与“轻视”相近的还有“蔑视”和“鄙视”，三个词语同为贬义，但一个比一个重，使用时要注意区别。

（7）正确用词，排除错漏。如果说用词不当属于作者文学修养欠缺，有待习作中不断提高的话，那么对于错漏，则是敬业精神问题，需要认真克服。常见的错漏有以下几种类型：

漏字：“经济增长率为2000年的十三倍。”如果漏掉“十”字，结果相差悬殊。

前后不衔接：“下面分四点来说”，实际只讲了三点……

2. 简洁

简洁即简明扼要、言简意赅，“惟陈言之务去”（唐·韩愈）。简洁是科普志愿活动涉及的文章使用语言的一大特色，随着科学技术和经济的发展，生活节奏不断加快，提高办事效率已经成为人们所追求的时尚。科普志愿活动涉及的文章写作应力求简洁，增加信息密度，以质取胜。要使文章简洁，一般在写作时应注意以下几点：

（1）思想明确，深刻认识事物本质。科普志愿活动涉及的文章写作是客观现实的反映与需求，只有作者思想明确，才能在写作中善于思索，紧扣文章主题，取舍材料，一文一事；提出问题，切中要害；分析情况，精辟透彻；解决矛盾，一针见血。

（2）提取、锤炼精粹的语言。科普志愿活动涉及的文章写作时应尽可能用较少的文字表达出较多的内容。用词应准确、精练、无废话、不重复，"文约而事半"。科普志愿活动涉及的文章写作应依据文体、语体特点，多使用制式语言和文言句式，使语言简洁、凝练，又可突显出庄严郑重的风格。例如：依式（依照式样）填写清楚，经审核（审查核对无误）给予（执照人）换发执照。

（3）剪裁浮词。科普志愿活动涉及的文章写作经常要引用和转述其他文件内容，引用实例的证明，表明作者的态度和观点。为使语言简洁应处理好引用和转述性的语言，删除空泛的议论和不典型的例子，删除可有可无的字、句、段，力求是什么就写什么，干净利索。

（4）正确运用专用词语和人工语言。正确运用专用词语、文言词语、图像、表格、公式和各种符号，可大量节省文字，使文章内容表现得更为准确、简洁和丰富。

3. 平实

平实就是语言平易、朴实、无华，通俗易懂。科普志愿活动涉及的文章写作以实用为宗旨，重在反映科普活动，阐明方针政策，探求科学道理，处理公共实务，完善经营管理。因而在语言运用上无须藻饰铺陈，更不要"浓妆艳抹"。过分地追求文辞华美，反而造成人为的"眼花缭乱""喧宾夺主"。

要使语言平实，首先要端正思想作风，真正做到实事求是。对比较深奥的理论问题和学术思想应尽可能引用多层次的读者熟悉的材料，深入浅出地表述，尽可能地扩大读者的范围。

写作时要运用规范的现代汉语写作。用本色语言把事情说清楚。

（三）科普志愿活动涉及的文章写作的语体特点

所谓语体是语言的功能变体，即由于不同的交际环境和语言用途而形成的语言特点的综合。语体是一种语言风格，是为适应一定的交际内容、目的、对象而形成的语言运用体系。

语体所以得以产生和存在，一是有人们运用语言进行交际的多方面的需要，以不同的目的为基础；同时也有赖于语言材料在功能上的分化和适应，因为不同的语体是以语言运用的不同特点为其主要特征，这就要求不同的语体运用不同功能的语言材料。

科普志愿活动涉及的文章写作应用范围宽泛，涉及文体较广，要写好文章，应根据不同的交际领域、交际目的、交际方式去选择和组织语言材料，才能取得积极的社会作用、最佳的写作效果，才能适应现代社会发展的需求。

根据语言特点和交际条件，语体可分为口头语体和书卷语体。根据语言特点、交际情景和交际领域的不同，口头语体可分为演说和谈话两种语体；而书卷语体可划分为文艺、政论、科技和事物四种。

语言运用受语体的制约，不同语体对语言的运用有不同的要求，书卷语体具有规范、准确、精练、生动、形象等特点。

科普志愿活动涉及的文章写作以书面语言为主要表达方式，广泛采用书卷语体，下面将对科普志愿活动涉及的文章写作常用的事物、科技语体的特点作重点介绍。

1. 科学语体运用语言的特点

科学语体是在科学技术和生产领域所使用的，准确而系统地阐述自然、社会和思维现象及其规律的一种书卷语体。科学语体的语言以平实、朴素、精确、严整、明晰为主要特征。它要求客观、真实、周密地反映科学现象的本来面目，不追求华美，不带感情色彩。科学语体以说明为主要表达方式，兼用议论、叙述，其运用语言材料的特点是：

（1）义项、色彩要恰当。使用多义词要词义精确、单一，多用专业义项，少用引申义项，不用比喻义项，尽可能避免使用带感情色彩、带口语色彩的词语。只用少量逻辑性定语和限制作用状语，保持色彩中立，极力做到客观、冷静、精确地表达客观事理。

（2）术语要科学、规范、准确。使用科学术语一定注意专业用语在本领域中的单义性（如砼、价、场、栅等）、规范性［如标量、米（公尺）、平炉（马丁炉）、水泥（洋灰）等］、准确性（用法定单位且不能含糊，如10米左右、约1吨重等）。

（3）准确使用公式、图表等来帮助表达意思。

（4）句型严整。科学文体写作主要使用陈述句，多重复句出现的频率远高于其他语体，偏正复句运用量较大，有时也用疑问句。一般排斥省略、倒装等句型变式，基本不用感叹句、祈使句，使用主谓句时要避免成分残缺、冗余和位置颠倒。科学论文多用限制、修饰成分，充分运用定语、状语，使句子的意义表达准确、周密、细致、清晰、有严密的逻辑性。

2. 事务语体运用语言的特点

事务语体是国家机关、社会团体、社会成员日常应用的处理事务工作中所使用的一种书卷语体，它以务实、应用为目的，其语言的特点是有一定的层次，语言准确无误，用句完整严谨、简要，风格庄重严肃，一般不太讲究文采，只需将事情交代清楚，无须形象描写，不用夸张、双关等修辞方式。

事务语体从语言形式上又可分为叙述性语体（反映问题、报告、请示等）、说明性语体（政策、办法、政令的解释与说明、指令性法规等）、议论性语体（总结、调查报告、市场测评等）与文体相辅相成。事务性语体在科普志愿活动涉及的文章写作中广为应用，下面将着重叙述其运用语言的特点：

（1）事务性语言朴实、庄重、平淡，要求运用规范的书面词语，词义要精确限定并运用直接意义，把词语所代表概念的内涵规定得十分明确，减少主观理解成分，避免歧义。从词语性质和表现特点看，少用口语、土语、俚语和方言；少用描写性、情感性词语，以保证表意单一、明快、确切。

（2）专用词语和文言词语的规范运用。事务性公文中大量运用专业词语，每种词语都有明确的事务含义，如经、业经（经办用语）；本、贵、该（称谓用语）；悉、阅悉、近接（引叙用语）；拟请、恳请、希、照知、请予回复（期请用语）；当否、是否可行（征询用语）；请批示、请回复（期复用语）；照办、责成、交办（经办用语）；为此、对此（综合过渡用语）等，在长期写作实践中已形成规范化语言。公文词语中由于受到古汉语的影响，也沿用一些诸如承蒙、遵照、为何、欣逢等文言词句（包括敬语）。专用词语与文言词语具有庄重、简洁、凝练的特点和独特的表达效果，给科普志愿活动涉及的文章附上了特殊的语体色彩，起到了“文约意丰”的作用。

（四）科普志愿活动涉及的文章写作语法运用的特点

科普志愿活动涉及的文章一般使用庄重的书面用语。由于汉语的特性，无法像英、俄等语言那样靠时态、语态变化来表达语意，在实际的写作过程中，必须依靠语序、虚词、量词和语气词变化构成不同的语法关系，表示不同的意义。因此，语序的变化和大量虚词的介入便成为其突出的特点。

1. 大量使用介词结构

使用介词结构，由此形成较为稳定的表达句式，是事务语体的一大特点。如表述对象、范围的介词“关于”“对于”及其介宾词组；表述目的、手段的介词“为了”“按照”及其介宾词组；表述依据的介词“遵照”“依据”及其介宾词组，在事务语体中一般充当定语、状语，起修辞、限制作用。

例如，为了更好地贯彻执行国务院国发［20××］××号文件精神，“根据有关部门的要求，现将下岗失业人员创业培训收费办法转发给你们，请参照执行”。

以上这段文字为一种多重性（为了、根据、参照）介词结构，在一般文字中是很少见的，而在公文中使用频繁。尽管介词为虚词，本身没有具体意义，但一经和实词结合起来，便能使词语表达的意义更加明确、严密和完整。

2. 联合词组充当句子成分

事务语体采用联合词组充当句子成分的现象较为普遍，具有一定的特殊性；联合词组既可以充当定语，也可以作为主语。词组内部各组部分都按一定逻辑顺序、一定范围排列，联合词组充当句子成分，可避免搭配的重复。

例如：“对酒后驾车、无证驾车、驾驶报废机动车发生交通事故的，依法从重处罚要。”

3. 语体句式完整严谨，风格庄重严肃

科普志愿活动涉及的文章较多使用陈述句、判断句、祈使句，不太讲究文采，只需将事情交代清楚即可。陈述句式一般多用助词“了”表示完成时态，是事务语体主要句型。例如：增强了法制观念。

判断句式用来判定主语属于或等于何事何物或具有什么性质的句型，在事务语体中频繁出现。常用的有以下几种句型：

带判断词“是”表示肯定的句式，用来陈述工作前景，总结工作经验，作出事物评价等。例如：真实是广告的灵魂。

不带判断词“是”表示肯定的句式，用来对工作中的成绩、问题、情况和人的行为表示肯定。此类句型多样，一般有动宾式、主谓式、主谓宾式等。例如：商品经济周转减慢。用否定词“不”“没有”等表示否定的陈述句式。例如：资金周转不畅；一些人还没有树立起牢固的法制观念。

祈使句式是具有祈使语气，表示请求、命令、劝告、催促的句型。句末一般用句号，很少用感叹号和语气词（吧、呀……）。祈使句根据语言不同有以下几种形式：

带有命令语气的肯定句式，用于上级对下级行文。用词上常冠以“必须”“坚决”“要”“请”等词语。在结构上有完全句和动宾结构省略句，行文中多用于文件末尾或段落小标题。例如：人民政府要切实加强领导；请立即遵照执行。

带有请求语气的肯定句式。用于下级对上级、平级或不相隶属的机关的行为，都带有请求语言，常用“可否”“是否”“请”“望”等词。句式在“是”“否”之间，以“是”为主，外柔内刚。例如：可否，请批示；请速研究，并与函复。

带有禁止语气的否定句式。带有禁止语气的祈使句，常用否定词“不准”“不能”“禁止”等，可单独成句，也可与另一分句对称运用。后句为否定分句。有的意思相反，有的是前句的引申。禁止贪污受贿；对于违反财经纪律的事件一经查明，严肃处理。

（五）科普志愿活动涉及的文章写作的修辞特征

修辞是依据特定的内容、文体、语言风格和语言环境，选择最恰当的词语、句式和表现手法，恰如其分地表达思想感情的一种语言技巧。修辞的目的是为了调整和修饰语言，增强语言的表达效果，求得语言的准确、鲜明、生动、形象、简练，使语言更有说服力和感染力。调整语言是指根据文章思想内容的需要，对词语、句式和段落所作的锤炼、选择和安排。修饰语言是指用一些修饰格式（如比喻、对偶、排比等）以增强语言的表达力和感染力。所谓实用文的修饰，则是指具体语体的修辞，也就是科普志愿活动涉及的文章写作中的修辞。修辞是语言知识和逻辑知识的综合运用。

科普志愿活动涉及的文章写作修辞特点是采用消极修辞方法。修辞可分为消极修辞和积极修辞。消极修辞以明确、通顺、稳密为标准，只求实用，要求用词准确易懂，造句通顺，表意清楚明白且合乎逻辑。而积极修辞则尽语言文字的一切可能性，随情应景地选用各种表现手法，巧妙地运用语言因素，创造特定的意境，以便能更鲜明、形象而具体地传情达意。

科普志愿活动涉及的文章写作以实用为目的，以写实为根本，具有严肃性和科学性，为了真实地反映客观现实，首先要求使用准确的语言，要求平实而不华丽，慎重而不浮躁，因而重视消极修辞。当撰写政论文章、新闻、调查报告等文体时也不排斥积极修辞手法的运用。但尽可能不用或少用夸张、象征、反语、双关等修辞手法。科普志愿活动涉及的文章写作应摒弃模棱两可、含蓄晦涩、似是而非的语言，避免产生歧义和曲解。

（六）科普志愿活动涉及的文章写作的用词

科普志愿活动涉及的文章写作的用词囊括了除叹词以外的其余各个词类的词。语体不同，用词特点也有较大差异。在前面语体的讲述中已经对语言运用特点作了论述。

1. 科普志愿活动涉及的文章写作的特点

科普志愿活动涉及的文章写作有一个共同的、引人注目的用语特点，就是大量使用专业性词汇，即专业术语。术语除具有明显的专业性外，还具有科学性、严密性、准确性和简洁性等特征。说明一个专业的工作情况和问题，不能不使用术语。仅科学写作一个亚类就涵盖学术类、新闻类、应用类、科普类四种文体。因此在科普志愿活动涉及的文章写作的专业术语运用上，在注意专用性的同时还应注意到应用的广泛性和运用的灵活性。根据事物的性质、写作的目的、应用的功能和读者对象的不同要灵活地运用语言，具体说应该注意以下几点：

（1）据文体内容恰当地选用词语。例如学术论文以报道学术研究成果为主要内容，反映本学科最新、最前沿的科学研究成果，文章理论性强，读者大多属于同行，熟悉专业语言，所用词语应尽量使用单义术语词，避免歧义，也无须加以解释。例如：栅、场、价、碳酸钠、宪法、外汇等。

（2）使用读者易于理解的词语。例如撰写学术论文“建筑用复合材料”时可以把混凝土写成“砼”，讨论传热理论时把“单位质量的物质所含全部热能”写成“焓”；反之撰写的是“建筑”的可行性分析报告时，由于读者包含领导、财务人员等，应当以同义词“混凝土”代替“砼”以便于理解，即或写“砼”也应对其加注。词语解释可写在正文中，也可以写在同一页的最下面专门辟出的位置上（脚注），还可以写在文章末尾（尾注），使读者更易于理解。

（3）为突出文章主题和中心思想，恰当选用词语。资本、资产、资金的内涵同为货币与物质的总和，可以作为同义词使用，但其外延和使用场合又存在着区别，只有选用恰当，才能更准确地表达主题和中心思想，如研究资本论，资本可理解为带来剩余价值的价值，而讨论社会主义市场经营活动时，资本可以理解为活动的本钱，而且改用“资产”也可以取得同样的表意；在财务结算时选用“资金”作为表达则更为恰当。

（4）区别事物本质，真实反映事物特点。如“产品结构合理，原材料利用率高，工艺简单，具有较好的经济性”和“产品结构合理，使用维修方便，寿命长，具有较好的经济性”，前一句突出的是产品的经济性（成本低），后一句突出的是商品的经济性（性能价格比好）。

（5）选用词语要明辨事物特点，切合感情色彩。如风度、风范、风情、风姿均可用来表现人。风度是外观表象的综合，风范是在风度基础上增强了楷模的表现。风情、风姿更侧重于形象的表象。

（6）根据目的、功能、分寸恰当地运用词语。产品展销、产品展卖词义基本相同，但前者在于以展览为主、销售为辅，是一种促销活动；展卖则以卖为主，是商家的直接销售活动。

（7）区别“造势”需要。例如：响应省委科技“兴农”号召，全面落实棚菜种植基因工程计划和响应省委科技“兴国”号召，全面开展技术创新基础研究工作计划（同为号召，前者是指实施，后者为政策宣传）。

2. 科普志愿活动涉及的文章写作词语选择的原则

词语的选择应以特定的语境为标准，以准确、鲜明、简洁、平实地反映客观事物和表达思想感情为目的。选择词语须做到：

（1）对准事物，准确反映事物的特点；

（2）对准题旨，突出主题或中心思想；

（3）注意变换，克服行文呆板，增加语言错综美；

（4）在选择词语时还应熟悉用语规范，掌握词法规律，避免用词差错。

3. 常用词运用的错误归类

科普志愿活动涉及的文章写作中常见的用词不当的现象有以下几种：

（1）生造词语。是指凭空制造的、不符合规范的词语。例如：整体设计最佳化要求。这里可以用“最佳”，但却没有“佳化”和“最佳化”的说法。

（2）词类用错。即使用词的类别不正确。例如：大多数酸对于这些矿物质污染物都有很好地洗涤作用（将助词“的”和“地”用错了）。

(3) 词形用错字。是指词的书写形式不符合规范要求。例如：为了进行正确的经营决策，需要对各种费用和损失作出货币的估量及从经济含意来评价各种政策对经营质量的影响（含意应为含义）。

(4) 词义用错。是指使用词的范围不恰当，词义轻重不当，或词语搭配不当。例如：防治非典型肺炎的如下几项基本策略（“策略”应该为“措施”或“方法”）。

（七）科普志愿活动涉及的文章写作句式

句式，即句子的结构方式。句子的成分有主语、谓语、宾语、定语、状语，补语。词汇本身不是语言，只有当它受语法的支撑充当句子成分才能赋予语言一种有条理、有含义的性质，表达人们的思想和内容。

人们不同的思想可以选择不同的词汇和句式来表达，同一思想和内容也可以用不同的词汇和内容来表达。也就是说，句式不同，语气、语调乃至情调都将发生变化。

在社会的实际交往中，为了更准确、更鲜明地表达思想、情感、认识和主张，就必须根据主题和内容选择恰当的词汇和句式。在撰写科普志愿活动涉及的文章时必须按照语法造句，使文章读起来语意明确、语言流畅。

1. 句法

科普志愿活动涉及的文章中的长句运用与修辞。长句指词语数多、形体较长、结构比较复杂、容量比较大的句子，它可以是单句也可以是复句。长句多用于政论文、科学论文及大部分公文。它的内容结构与层次条理贯通，表达精确，气势磅礴便于突出文章主题思想，抒发强烈的思想与感情。

例如：公司的重大决策，都是依照国家现行经济形式和经济政策，同时经过市场调查及可行性论证分析，有的问题还征询了职工代表和技术委员会专家的意见，经过反复酝酿修改，然后按照公司管理章程如期召开董事代表大会和常务董事会议，集体作出决定。

这个100多字的长句主干是重大决策、集体作出决定。这个长句在主句前附加了多重状语，起修饰作用，把公司重大决策的产生介绍得尽可能全面、详尽和周密。

使用长句应当注意的是大容量的长句主谓语前后一般有多项起修饰和限制作用的附加成分（定语、状语、补语），宾语前也可用定语，宾语后可加同位宾语，使语言更加精确和严密。必须注意的是：附加成分的使用也增加了句子的复杂性，因此在造句时必须认真推敲，减少冗余，避免顾此失彼。

2. 前提

“前提”就是把重点前置，使要表达的思想内容明显突出。“前提”一般表示方法是由“将”字构成的。“第二宾语”前提的句式能够突出所要强调的表达对象。例如：现将《关于……的通知》转发给你们，请遵照执行。这种句式已成为转发性文件固定的模式，具有清晰、明朗、重点突出的效果。另一种方法是将句子主干前移，将目的和需要强调的对象突现出来，使论述中心点跃然纸上。

例如：为了正确执行物价政策，应经常对管理干部进行物价政策的教育，组织大家学习物价政策，不断提高管理干部对做好物价工作重要意义的认识，还应狠抓物价管理制度，掌握合理利率。这种用两组起关联作用的词语“为了……应……”来联系的复句在科普志愿活动涉及的文章写作中有广泛的应用。

3. 重后

重后，就是重点后置，这是现代汉语修辞在语序上表述重点文意时的一个特点。在科普志愿活动涉及的文章写作中，根据实际情况正确选用重点后置的句法，可以更好地反映出所说明的问题，收到总结陈词的功效。

例1：各级国家行政机关应当发挥深入实际、联系群众、调查研究和认真负责的工作作风，克服官僚主义、形式主义和文牍主义作风，不断提高公文处理的效率和质量。

例2：虽然明矾除砷的效果也很好，但由于所生成的絮凝物极轻，不易沉淀，液固分离困难，故不宜选用。

4. 省略

在科普志愿活动涉及的文章写作中，根据语言环境和作者意图的需要，在叙述中可以省略一些可以省略的句子成分，以求达到更好的表达效果。

例如：机动车行驶中遇到下列情形之一时，最高时速不准超过20公里。

（1）通过胡同（里巷）、铁路道口、急弯路、窄桥、隧道时；

（2）掉头、转弯、下坡时；

（3）遇风、雨、雪、雾天能见度在30米以内时；

（4）进出非机动车车道时。

这些条件中都省了“机动车行驶中遇到”“最高时速不准超过20公里”

这两个合成词组。

5. 简缩

在科普志愿活动涉及的文章写作中经常使用一种高度简化紧缩的句子和专业词语，如“五讲四美”“四不准”之类。这种修辞方式是在原来句式基础上的重新概括与组合，而且往往以数字标示。例如：为了美化城市环境，在居民中开展“四不准”教育势在必行。采用“简缩”句法，应注意使用场合，在比较庄重的文件中尽量不用或少用。

（八）模糊语言的使用

“模糊”是相对“明确”来说的。在自然语言中，很难说有绝对的明确和绝对的模糊。从宏观的角度看，模糊倒具有普遍性。前面讲述科普志愿活动涉及的文章写作对语言的基本要求就是把明确列在首位。辩证地说，这种明确只是相对于“模糊”而言的明确。

人类对自然语言的理解其本质是模糊的。但这绝不是说“模糊”语言是朦胧的，含混不清的。它与含混不清语言相比，具有定向的明确性；而与准确语言相比是模糊的，既具有伸缩性、抽象性，又具有相对的严密性。这也是科普志愿活动涉及的文章写作语言自身的需要。其作用在于：首先，运用模糊语言在特定的行文中有较强的概括性，能更准确地表达含义，使应用文语言的准确性提到一定高度，尤其是制定法令、规章、制度等，要照顾到各个方面，采用模糊语言更能增加准确性。其次，运用模糊语言可使语言更趋于简洁。如选拔干部要求“……政策观点强，有一定的组织能力……”如果把政策观念强的具体标准列举出来，必然使文件更加烦琐；至于“一定的组织能力”更难以划出界限，如果主观举例，反倒很难表达。模糊语言主要使用在以下 5 个方面：

（1）用于表达主观评价。例如“这次会议是适时的、必要的”。

（2）不宜直接表白或不允许使用精确语言时，应采用模糊语言。例如“条件成熟时，可以实施”。

（3）在留有余地的情况下使用模糊语言。例如“请斟酌办理。从本地实际出发，因地制宜，量力而行，突出工作重点，制定‘九五’计划和年度实施计划”。例中的“实际出发……而行”都是模糊语言，而“办理”“制定计划”是明确的、肯定的。因此文中使用的模糊性词语不是模棱两可，含义是明确的，只是办理的方式、方法，计划的具体内容具有弹性。

(4) 用于表述分寸、程度。对于分寸、程度，可分不同等级表述，但很难准确把握尺度，使用模糊语言，给人以定向认识，反而使语言更趋向严密。例如“有些单位虚报、瞒报现象相当严重”。

(5) 用于表述时间。一般的应用文表述时间应当准确，但有时很难使用精确语言，这时使用模糊语言反而会更符合实际。例如：近几年来人民生活水平有了很大的提高。文中“近几年”不是数字统计，不好精确计算，使用模糊语言，内涵表述是明确的，也是允许的。

三、科普志愿活动涉及的文章写作的修改

“文章不厌百回改”，修改是科普志愿活动涉及的文章成文的关键。没有认真的修改，就没有高水平文章的产生。

(一) 科普志愿活动涉及的文章修改的意义

首先，修改是准确反映客观事物和表达思想的需要。初稿写作完成后，作者的思想认识与客观事物以及语言表达的具体含义不可避免地存在偏差，必须对文章进行加工修改，以达到准确表达思想的目的。

其次，修改是对作品负责的表现。写文章的目的就是传播观点、交流思想。科普志愿活动涉及的文章通过对科学和社会现象的分析研究，发现问题、研究问题、得出结论并最终提出自己的主张和意见，从而对社会发展和科技进步起到促进作用。所以从文章的社会功效考虑，从对读者尊重和负责，同时也是对自己特别是对自己的文章负责的角度出发，一定要认真修改。

修改还可以迅速提高作者的写作能力。从心理学的研究看：人们往往关注“应该怎样做”的问题，却忽视“不应该怎样做”的问题。逆向思维对一个人提高的作用是极大的，修改不仅是一个写作过程，更是一个逆向思考的过程。

(二) 科普志愿活动涉及的文章修改的方法

科普志愿活动涉及的文章修改的方法有许多种，按修改的时间可以分为急改法和缓改法，按修改的人可以分为自改法和他改法等。

初稿刚刚完成，头脑中对文章的全貌、构思及层次段落印象依然深刻，此时，趁热打铁，对文中臃肿遗漏、结构失当、遣词欠妥之处较为容易发现，改起来也比较顺手，这就是急改法。急改法的好处是对文稿印象清晰，

修改起来快捷顺畅；不足之处是，由于作者尚未走出创作的兴奋状态，思路依旧停留在原来的写作框架中，许多需修改的地方不易发现，甚至导致一些明显的问题也被忽略掉。所以急改法最好用于对文字、修辞等问题的小修小改。将文字问题的基本问题解决后，可以将文章放上一周左右，当思路从原来创作的定式中跳出来，接受外界信息刺激进而冷静思考以后，再平心静气地看手稿，这样，头脑冷静了，原来的偏差和框框也就淡薄了，这种从新的角度、以新的思维方式去检查修正文稿，从中发现不当之处，这是缓改法。缓改法的好处是能够更多地发现问题，使文章精益求精，趋于完美；其不足是，有时容易被其他事物耽搁，使修改一拖再拖，失去修改的最佳时机。急改法和缓改法结合起来，才能达到最佳的修改效果。

为了能更客观、更准确地评价文章的质量，使其臻于完善，在自己充分检查修改的基础上，可求教于专家或同行，请别人以“冷眼”来审阅，可能许多问题会轻而易举地被发现。对他人的意见应该认真对待，作为参考，绝不可“言听计从”，更不能人云亦云，因为科普志愿活动涉及的文章是阐述自己观点的文章，所以作者要有自己的主见，可以参考别人的意见作出自己的决定。

（三）科普志愿活动涉及的文章修改的范围和内容

修改科普志愿活动涉及的文章首先要把着眼点放在论点、论据上，然后弥补形式方面的缺陷。具体地说，可以分为深化主题、增补材料、调整结构、锤炼语言和检查文面等几个方面。

核心观点是统帅全文的灵魂。修改文章时第一步就要考虑主题是否完善，是否深刻。首先要看全文的中心论点及其从属的分论点是否偏颇、片面或表达得不准确。其次要看自己的观点是否与别人雷同，有无创新。如果文章阐述的观点比较肤浅陈旧或一般化，没有自己的独到见解和创造性的构想，对问题的认识仅仅停留在表面现象上，文章必然失败。然后要看文章的中心论点是否明确，只有中心突出，文章才具有较强的说服力。

文章要以观点统帅材料，用材料说明论点。修改时，要通过对材料的增、删、改、换，使文章血肉丰盈，材料与观点和谐统一。增是指在文章因材料不足而造成内容空洞或不够完整时，补充材料，增加内容；删是指删掉不够典型的材料，使文章更加精练有说服力；改是指核实订正材料，并作适当更改；换是指对不利于突出主题或影响文章结构布局的材料，进行必要的置换或调整。

文章的结构安排是体现思想的重要手段。深刻的主题和生动的材料，要靠完整而严谨的结构来表现。结构的调整，需要从层次、段落、开头、结尾、过渡、照应6个方面考虑，或要重新组合，或作部分调动。调整时首先看总体结构安排。

科普志愿活动涉及的文章，语言应讲究准确性、规范性和可读性。基于这些要求，语言的修改应把含混的改为准确的；把重复的改为洗练的、简洁的；把平淡的改为生动的；把生涩的改为规范的；把生活用语改为学术用语。

文面检查是指检查“文面”是否符合要求。文面检查首先要检查书写或打印的用字是否规范。其次要检查标点符号使用是否正确。标点不准确，会使内容产生歧义，影响文章思想的准确表达。标点符号有一些约定俗成的用法，写作时应予以注意。再次要检查行款格式是否符合规定。行款格式的要求是：标题上下空一行，写在一行的当中；署名写在标题下面正中或稍微偏右处，与标题隔空一行；每个自然段开头空两格；分类项时所用的序码必须统一；段中原话引文和人物对话要加引号。

第六章　科普志愿者需掌握的典型文章写作方法

第一节　科普项目申请报告的写作

科普项目申请书，也称科普项目申请报告。它的基本功能是下级向上级有关部门或领导提出工作申请，通过陈述、论证、分析让有关部门或领导相信申请者有能力实现申请报告中提出的目标，获得开展项目的批准和授权。它的内容比专业论文广泛，形式比论文通俗，读者既可以是专业人员，也可以是非专业人员。其运用频率远远高于论文。

一、报告及科普项目申请报告写作的基本问题分析

（一）报告的分类

报告按其主要功能和特点可分为三种类型：

（1）陈述型报告。主要功能是及时记录、反映考察事实，向读者提供真实的材料。其特点是：材料翔实，作者很少分析论证，多以叙述性语言反映事物的真实情况。表达方式可以是笔记形式，也可以是情况汇报形式。

（2）分析型报告。主要功能是及时总结典型经验和反映问题。内容要素包括考察对象的基本情况，对考察情况的分析、归纳及获得的基本规律，作者的认识和建议。典型分析型报告内容组合方式的特点是，作者的认识和建议一般以小标题或提要形式置于段首，不展开议论，主要用客观事实反映事物本质，揭示事物规律性。

（3）论证型报告。主要功能是运用大量考察材料论证某种新发现、新观点。内容要素的特点是，以大量考察的事实材料为依据，运用理论推导、数学模型等多种方法展开论证。论证报告可以分为论证正确性的论证报告和论证可行性的论证报告两种。论证正确性论证报告的内容表达方式与理论证明

型的论文基本相同，一般按事物内部的联系安排结构。由于这类作品具有较强的科学性、创造性、理论性和较高的学术价值，在大多数情况下，论证正确性的论证报告是一种论文，可用于一切学术场合。论证可行性的论证报告与论文的论证方式、方法上的差异大些，习惯上常常被称为可行性研究报告。

一般情况下，报告的表达方式不会是一种。在现实生活中，许多报告都是综合使用上述三种表达方式中的两种或三种来完成写作任务的。

报告按其所属的学科门类也可分为三种类型：

（1）事务管理报告。主要功能是下级个人或机关向上级个人或机关汇报工作、反映情况、答复上级个人或机关的询问。这类报告属于典型的公文。

（2）经济报告。主要功能是向有关对象汇报经济工作的进展情况、经验和问题，以及取得的成果，同时也常常根据现有资料分析、预测经济形势，为即将进行的经济活动提出方案、对策等。

（3）科技报告。主要功能是向有关对象汇报科技工作的进展情况、经验和问题以及取得的成果。

报告按其写作涉及内容的范围可以分为两种类型：

（1）专题性报告。专题性报告的主要功能是向有关主管部门报告某一工作的工作过程及阶段性问题，或对相关问题进行分析或论证。它的内容要素与综合性报告的内容要素基本相同，但它的篇幅短小，只阐明某一方面或某一阶段的工作和成果，成果的理论分析和工作方法的阐述都比较简略。

（2）综合性报告。综合性报告的主要功能是向有关主管部门报告某一工作的全部工作过程及成果。如果某一课题涉及的几个问题都写在报告上，综合性报告也可以说是若干个专题性工作报告的综合反映，它的内容要素一般包括综合性工作的基本情况（主要简介工作的目的、意义、过程、内容和方法等）、综合工作的理论根据及综合方法的应用分析、对成果的实例说明或综合事实检验、成果的评价及推广应用情况等。其内容要素的特点是，理论构成的综合性、事实的综合性和方法的综合性相结合，重点通过计算、实验或测试对取得的综合成果作深入的阐释和说明。

由于科普活动具有典型的时效性，因此，报告特别是科普活动报告按其写作时间还可分为三种类型：

（1）开题报告。开题报告有两种形式，一种是学生在开始进行学位论文研究前向教师报送并陈述的报告，另一种是科研课题（或科普项目）已获得科研（或科普）工作主管部门批准立项，在对课题实施具体研究或实施之前，向科研或科普工作主管部门报送的第一份书面报告，又叫初期报告。科普活动的开题报告属于后一种，其主要功能是申述某项科普活动的重要性、可行性和主要内容，为主管部门检查督促课题的开题和进展情况提供科学依据。

开题报告应紧紧围绕课题开题的依据、已具备的条件来写，重点写好研究的目的、意义、重要性、可行性、研究的主要内容、预期成果和提供成果的形式，使主管部门深信此项研究势在必行，对研究的实施给予支持和指导。

因为开题报告的读者大不相同，前者是专业教师并且要进行答辩，后者既有有关专业人员，又有上级主管部门的领导及办事员，有的人不十分熟悉课题的专业知识，因此，前者写作时要尽量使用专业术语；后者写作时应尽量使用通俗语言，少罗列专业性太强的名词术语。语气应中肯确切，切忌含糊其辞。

（2）进度报告。进度报告是科普项目执行人在科普活动过程中向科普主管部门或委托投资单位汇报课题研究工作进度情况及阶段性成果的书面报告。进度报告分定期报告和不定期报告两种。定期报告有季度报告、半年报告和年度报告；不定期报告如有进展汇报。

科普进度报告的主要功能是及时总结通报科普项目实施的进展情况，以便科普项目执行者自我回顾，总结经验教训；使督促协作单位互通信息；使科普工作主管部门能及时了解、检查项目进度情况和研究状况。

对单一课题的进展报告，可采用时序式编写法，按任务完成时间的先后写，但重点应放在本阶段研究工作的进展和结果上，避免写流水账。对项目比较多的课题，可采用任务分项式编写法，一项一项地写，也可把时序式和任务分项式结合起来编写。写作中，应如实反映研究的客观实际，正确估价取得的成果；同时既要以正面汇报工作成绩为主，又要写明主要困难和问题。

（3）结题报告。结题报告是科普项目执行人在科普项目完成时向科普主管部门或委托投资单位汇报课题研究最终成果或重大课题的阶段性成果。内容要素一般包括研究工作的基本情况，主要是过程和方法、科普活动所取得的成果（特别是具有创新性的成果）、科普工作存在的问题和今后努力的方向。从内容要素看，结题报告主要阐述科普项目所取得的成果，对科普活动的过程只作简要的叙述。写结题报告要实事求是，既写成果，又写不足。写作时要注意掌握分寸，不要过分夸大或缩小。

（二）报告的结构和写作注意事项

报告应根据其写作目的、功能、特点来安排结构，其结构要素一般有标题、引言、正文、结尾等几部分。

标题用以概括考察的对象、内容、范围或揭示主题。常见形式有3种：（1）只有正标题，标题直接揭示报告的主题；（2）正副标题兼用，大都以正标题揭示主题，用副标题概括考察的对象和范围；（3）介宾结构式标题，即关于×××的报告。

引言又称前言，以考察的基本情况为要素，主要介绍考察的目的、意义、内容、方法、时间、地点、范围以及人员组成和考察结果等。如果作者将有关基本情况放到正文相关部分说明，那么引言可以不写。因此，作者可以根据报告的功能决定是否写引言，同时在引言的写作中选择、介绍哪些基本情况，也主要是由作者决定的。引言写作的标准是：重点突出，简明扼要。

正文是报告的主体。内容要素是：陈述考察事实，报告考察的经验或问题，阐述作者的主张与建议。正文的内容要素应视报告的类型而各有侧重。情况陈述型以反映客观事实为主；典型分析型以揭示规律为主；观点证明型以论证作者的认识或主张为主。组合方式通常有三种：（1）按空间顺序排列；（2）按时间顺序排列；（3）按事物的不同性质及内在联系排列。较长的报告各部分应用小标题或序号引领，较短的可连贯而下，一气呵成。

结尾是报告内容的归结和补充。应视报告的不同类型和具体内容，或补充说明未尽事项；或提出建议，指出问题；或写出结论，引发讨论；或自然收结不另外写结尾。

报告的基本写作要求和写作方法与后文将提到的论文的写作有一些相似之处，在此不作过多的展开，但在写作中需要注意的问题是：第一，由于读者对象不同，因此报告比论文要写得通俗一些，要适当增加一些背景材料，来龙去脉要讲清楚。据国外有关资料，总经理阅读研究报告的情况是，读内容摘要的占100%，读引言的占60%，读正文的占15%，读结论的占50%，读附录的占10%。因此，撰写研究报告，要特别注意写好摘要、引言、结论等部分。第二，研究报告，特别是开题报告、进度报告、专题性报告和综合性报告，要适当说明研究的情况、过程，存在的问题和建议等，这些内容要具体、明确、重点突出。第三，报告的附录和附件很重要，它一般比论文的附录要长，有的甚至超过报告正文的字数。

（三）报告写作材料的选用方法

报告的写作过程，关键环节是整理分析材料。

因为作者手中的材料不可能都写进报告，所以材料的选择是不可避免的，必须择优采用。其基本过程是：第一步，按照报告的功能结构特点，将所有的材料汇总分类，可分为综合、典型、概括、具体等几个类型；也可把同一性质的材料归纳为一类。第二步，按照报告的主题和写作提纲选取材料，与主题及提纲无关的材料应剔除。第三步，按照报告的基本特点确定材料。主要方法有：

（1）筛选法。对分类的材料进行鉴别。辨别真伪，分清主次，选用真实可靠并具有普遍意义的综合、概括材料和能反映问题实质的典型、具体材料。

（2）对比法。一是将同类、同质的几个材料加以比较，确定选用最能反映事实、最有说服力的材料；二是把同类不同质，或同质不同类的材料进行纵横比较，如将同一事物的前后变化加以对比，将甲事物和乙事物的优劣加以对比，从中选取更有价值的材料。对比一定要注意事物之间是否具有可比性，不能强拉硬扯。

（3）统计归类法。制图、列表、进行数据统计分析，是报告最常用的方法。在起草报告前，应将汇总、分类、选用的资料绘制成图、表进行统计分析，使原始的统计数字质变为能反映出现象总体特征和相互联系的依据。这些数据通常有：总量（绝对数），能反映对象的规模、水平；相对数，如百分数、倍数，能反映对象的结构比例、动态关系；平均数，如简单平均数、加权平均数，能反映对象的特点、发展趋势。要尽可能地从各方面统计分析，找出各种数量之间的差异及产生差异的原因。

二、支撑科普项目申请报告的典型报告

正如前文提到的，科普项目申请报告是通过陈述、论证、分析让有关部

门或领导相信申请者有能力实现申请报告中提出的目标，获得开展项目的批准和授权。因此，一个好的项目申请书要由几个报告支撑。具体地说就是：科普调查报告、分析型报告和科普可行性论证报告。

接下来将分别介绍上述几种报告写作的相关问题。

（一）科普调查报告的基本问题

科普申请报告中调研资料部分的基础是调查报告，写好调查报告，申请报告中就有了真实的支撑材料。调查报告是一种通过调查研究来反映客观事实并力求揭示事实本质或发展规律的文体。调查报告的产生不能没有调查。调查是一种手段，调查需要有明确的目的和对象，怎样调查，在事先要有周密的打算和准备。调查报告的产生不能没有研究。研究是以一定的理论或思想为依据，对调查所得的事实或情况进行分析、概括，去伪存真，由表及里，揭示出事实的本质，得出正确的结论。在此基础上写成完好的书面报告就是调查报告。

（1）作为科普申请报告支撑材料的科普调查报告具有如下特点：

第一，针对性。科普调查报告的写作通常都有明确的针对性和目的性，或者是总结推广某一个典型科普经验，以带动整个“面”上的工作；或者是对某方面的工作或问题进行分析研究，为制定方针政策提供依据；或者是搜集情况，加以必要的分析综合，以供有关部门决策时参考。

第二，指导性。科普调查报告不只是客观事实的叙述，更重要的是对于事实的分析和概括，对于事实的内在规律的探求。因此，高质量的调查报告不仅能深入揭示出事物发展的一定规律，而且能充分体现党和国家的有关方针政策，对具体的工作实践具有很强的指导意义。

（2）科普申请报告中调查内容写作的一般过程如下：

第一步，明确调查目的，编制调查计划。调查计划的内容一般应包括调查目的、调查对象、调查步骤、调查项目和调查方法等。

第二步，搜集资料，初步分析。开始调查之前，应围绕调查目的，多渠道地搜集有关资料，以熟悉和掌握调查对象的基本情况，并通过初步分析，确定调查的重点和主题。

第三步，做好准备，实地调查。根据不同的调查方法，做好充分的准备工作，如采用询问方法所要用的询问提纲或询问表格等，然后进行实地调查，以全面地了解和掌握情况。

第四步，资料汇总，分析研究。在大量地全面地占有资料的基础上，进行认真的汇总分析，去粗取精，去伪存真，并以一定的理论或思想为指导，深入研究，得出结论。

第五步，写调查报告。写调查报告标志着调查研究的结束，同时它又是总结整个调查研究成果至关重要的一个阶段。这部分工作的完成，将为科普申请报告中调查内容提供支撑，形成论证的基础。

（3）科普调查报告的类型。科普调查报告运用广泛，形式灵活，可以从不同的角度进行分类。按调查内容和功能科普调查报告可以分成以下三种类型：

第一种，经验调查报告。经验调查报告又称典型调查报告，主要用于介绍和推广实际工作中出现的具有一定普遍意义的新鲜经验，往往带有较强的政策性和指导性。为了使报告发挥更大作用，经验调查报告的内容必须真实、典型。

第二种，问题调查报告。问题调查报告是针对经济建设中某一方面（或某一个）问题进行调查分析后写成的报告。问题调查报告的主要功能是通过调查研究，分析问题产生的原因，探索其规律，有针对性地提出解决的办法或建议，以供领导部门或有关机关决策时参考。

第三种，情况调查报告。情况调查报告也称基础调查报告或资料性调查报告，其主要职能是客观、真实地提供情况，为有关部门了解历史和现状、正确地研究和处理问题、制定计划或采取必要的措施等创造条件。情况调查报告一般也围绕着某一方面（或某个）问题来展开的，但它不像问题调查报告那样必须对问题进行深入的分析研究，并且明确地提出解决问题的建议或对未来工作的思路，情况调查报告主要提供经过选择、归纳的情况。

（4）科普调查报告的写作要求：

首先，实事求是，用事实说话。调查报告是一种针对性很强、内容真实典型、表达灵活的文体，它既要有材料又要有观点。尽管调查的目的通常产生于调查之前，但调查报告的主题与结论则应该形成于调查之后。写调查报告要尊重客观事实，要从具体的情况、问题和经验中，概括出正确的结论，明确文章的中心，然后再用事实来说明。写调查报告要以一定的理论或政策为依据，从客观实际出发，实事求是地将调查研究的结果写出来。这样，调查报告才会是真实、可靠的，才能发挥其应有的作用。

其次，努力提炼有指导意义的主题。调查报告非常讲究针对性，报告的针对性的强弱主要取决于调查报告的质量。要提高调查报告的质量，必须要提炼有指导意义的主题。经济现象纷繁复杂，其真相往往不直接显露在人们面前。由于多方面因素的作用，人们对事物的认识也常常停留于表面，容易为假象所迷惑。搞调查研究，就是要深入实际，在大量地全面地占有材料的基础上，去伪存真，由表及里，找出带有规律性的结论来。

（二）分析型报告简介

把分析研究的过程和成果写成书面材料，就是分析型报告。与科普工作相关的分析型报告包括科学分析报告、政策分析报告和经济分析报告。

1. 分析型报告的作用

分析是认识事物发展规律的重要手段，只有搞好分析工作才能写好分析报告。好的分析报告的作用有如下几方面：

（1）帮助人们认识规律。事物的发展，都要遵循内在的规律。在人类的社会活动中，如果主观认识符合客观规律，就能取得良好的效果；反之，就会遭受损失。可见，掌握事物发展的客观规律是至关重要的。由于人类的社会、经济活动纷繁复杂，认识社会经济发展规律，就要经过从实践到认识，再从认识到实践的多次反复。而对具体事物的分析，就是要把实践中的感性认识提高到理性认识，探索其发展的规律性，以指导下一步的实践。因此，分析是帮助人们认识经济规律的重要手段。

（2）有利于提高决策水平。任何工作都离不开科学的决策，科学的决策又依赖于周密的计算和分析。任何活动的过程和结果，总是反映在一系列相互联系的指标体系上的，同时事物的每项具体的指标又受各种主客观因素的制约。通过分析，可以改进工作，进一步提高决策水平。

（3）为制订、修订政策和计划提供依据。分析型报告所提供的数据和情况大多是科学的、准确的，所反映的问题也都是有针对性的。因此，政府行政机关或科技决策者，可依据分析报告所提供的材料，及时地掌握情况，制订并修订相应的公共政策或科研计划，同时采取必要的措施，以保证政策或计划的贯彻执行。

经济分析在当前市场经济条件下作用巨大，除了具有上述共性作用外，还具有其自己的特殊作用，具体地说经济分析的特殊作用是：（1）有利于科普管理部门进行宏观调控。（2）有利于推动科普工作方式创新。经济活动分析是巩固和完善经济责任制的一种有力手段。通过经济活动的分析，可以正确评价科普工作方式创新的效果，使市场经济条件下形成的科普工作创新模式逐步完善，进而推动科普事业的发展。(3) 有利于与科普相关的企业适应市场激烈的竞争。市场瞬息万变，新的情况、新的问题层出不穷，只有通过经济活动分析，才能把握这些情况与问题。特别是开发新产品、开拓新市场，都需要以周密、严谨的经济活动分析为前提。

2. 分析型报告的特点

(1) 系统性与综合性。整个社会活动是一个紧密相连、互相配合的大系统。任何部门和个人都是大系统中的一个局部，而这个局部每项技术指标，既受内部各种因素制约，又受外部各种条件的影响。具体的分析活动，既要对有联系的各个主要指标进行分析解剖，又要将各个因素和各个不同侧面联系起来做综合性的分析研究，这样才能找到主要矛盾，发现其存在的原因和发展的规律。

(2) 层次性和交叉性。人类社会活动存在着不同的层次、类别，这也就导致需要分析的现象同样存在着不同的层次、级别。要对现象进行深入细致的研究，就必须是交叉或综合地进行分析。

(3) 定量性和准确性。分析活动从本质上说是定量分析而不是定性分析，任何事物都有一定量的规律性。分析报告不能使用模糊概念，它必须用数字说话，不能离开数字，简单、轻易地作出结论。因为各种参数、指标是分析报告赖以存在的根本，分析报告要尊重事实就要依靠真实的数字。分析是分析报告的生命，分析必须准确。

(4) 对比性与检验性。没有比较就没有鉴别，先进与落后，节约与浪费，只有通过比较才能确定。在经济分析工作中，可以把会计核算、统计和业务核算所记录的分析期内各项指标实际完成的结果与同期计划指标相比，确定指标完成的好坏。在同一指标内，各时期数据的对比，又可看出其发展方向和趋势。各指标的对比，还可以看出影响总体效益的正负因素及其影响程度。

(三) 科普可行性论证报告的基本内容

可行性论证报告是一种用于对拟开展的科普项目最终决策可行性进行论证研究的文体。可行性论证是科普项目投资决策前的一项重要内容，其任务是根据国家科普长期规划和地区科普规划等的要求，对科普项目在资金、人力资源、经济和社会效益等方面是否合理和可行，进行全面分析、论证，作多方案比较，最后作出评价，为编制和审批设计任务书提供可靠的依据。可行性论证报告是指在项目建议书批准后和初步可行性论证的基础上，就某个科普项目技术上、经济上、社会效益上是否可行和合理，进行深入而详细的研究，最后作出评价而形成的正式报告。

1. 可行性论证的过程

可行性论证是一个由粗到细、逐步深入的过程，一般可分为4个阶段：

（1）写项目建议书。是指科普项目实施单位根据科普长期规划和地区科普规划等的要求，结合资源情况、建设布局，在调查研究、搜集资料、踏勘建设地点、初步分析投资效果的基础上，提出需要进行可行性论证的项目建议书。项目建议书的内容一般比较粗略，其投资额和成本估算的精确度允许在±30%以内。

（2）初步可行性论证。项目建议书经有关主管部门批准后，即可进行初步可行性论证（也称预可行性论证）。这是在项目建议书被批准后转入详细可行性论证之间的过渡性阶段，但不是必经阶段，只有在实际需要时才进行。初步可行性论证的内容与详细可行性论证的相同，只是较为粗略些，其投资额和成本估算的精确度要求在±20%以内。初步可行性论证的结论大致有以下几种情况：否定项目，不必继续研究；可以直接作出投资决定，不必继续研究；需经过详细可行性论证才能决定，并确定必需的辅助性专题的内容。

（3）详细可行性论证。详细可行性论证也称正式可行性论证，也简称可行性论证。国家计委《关于建设项目进行可行性论证的试行管理办法》第九条规定："可行性论证，一般采取主管部门下达计划或有关部门、建设单位向设计或咨询单位进行委托的方式。"可行性论证的内容比较详尽，其投资额和成本估算的精确度应在±10%以内。

（4）评估和决策。可行性论证报告上报有关主管部门后，主管部门或计划审批部门（或银行、金融机构）尚需对研究报告的各项内容进行分析评估，以提供领导决策。

2. 可行性论证报告的特点

第一，论证性。项目建设追求的是经济和社会效益，投资少、见效快、效益高是其目标。要提高效益，在很大程度上是取决于项目实施的各方面条件。具体研究项目建设应具备的条件，并深入地分析这些条件的利弊，从而论证该项目的可行性和合理性，这是撰写可行性论证报告的目的所在，也是研究报告的主要特点。

第二，系统性。可行性论证是一种系统性很强的现代管理技术。建设项目是一个完整的系统工程，用系统工程学的理论和方法来指导可行性论证，才能保证研究取得正确的结论。因此，不仅应该全面、详细、完整，而且要把拟开展科普项目涉及的技术、经济、环境、政治及社会等因素联系起来，进行多目标综合评价。从分析方法上看，可行性论证不仅要注意动态分析与静态分析相结合，而且也要注意定量分析与定性分析、统计分析与预测分析、价值量分析与实物量分析、阶段性经济效益分析与全过程经济效益分析、宏观效益分析与微观效益分析等的互相结合。

3. 可行性论证报告的写作要求

（1）可行性论证报告的写作应重视可靠性、科学性和公正性。可靠性与科学性是紧密相关的：科普项目往往要涉及资金、人员、器材等许多方面，编写可行性论证报告就必须进行深入、细致的调查研究，要尽可能全面地搜集和掌握材料。各种基础资料、数据应确保真实、可靠；要按照科学的方法和步骤，通过测算分析论证项目的可行性，选择最佳方案。只有提高研究报告的可靠性和科学性，才有利于作出正确的决策。

（2）项目经济评价所采用的数据，大部分来自预测和估算，有一定程度的不确定性。为了分析不确定因素对经济评价指标的影响，应加强不确定性分析，以预测要实施的项目可能承担的风险，提高财务和经济上的可靠性。

（3）可行性论证报告的编写还应该坚持公正性原则，要实事求是，据实比较选择，据理论证。

三、科普活动申请书例文及分析

【科普项目申请报告例文】

新兴创意功能区社工“加油站”

一、数据表

项目名称	新兴创意功能区社工“加油站”
项目申报单位	北京创造学会

通讯地址	北京市×××路××号		邮政编码	××××××
电子信箱	××××××@126.com		传真电话	××××××××
法定代表人	×××	法人代码	×××××××	
	姓名	职务	办公电话	手机
负责人	×××	学会秘书长	××××××××	×××××××××××
联系人	×××	科普工作委员会主任	××××××××	×××××××××××
项目主责单位	石景山区社会工委、社会办			
通讯地址	北京市×××路××号		邮政编码	××××××
电子信箱	××××××@126.com		传真电话	××××××××
	姓名	职务	办公电话	手机
负责人	×××	社会办副主任	××××××××	×××××××××××
联系人	×××	社会办社会工作科科长	××××××××	×××××××××××
申请经费（单位：万元）		13.8	计划完成时间	2012年4月31日

二、申报单位简介（200字以内）

北京创造学会是在社团办正式注册的学术团体，致力于交叉学科创造学理论与实践研究。学会多次与企业有关部门联合开展创造学培训，成果显著。多次获得中国创造成果奖。在创新方法普及方面实力雄厚，较早介入“创造、创新”和社工综合素质提升等理论问题和应用对策研究。

学会中有大量在高校理论研究、一线教学和管理岗位工作的会员，在“创造、创新”和社工综合素质培训等方面有大量理论成果和实践成果，具备承担项目所需条件和能力。

三、项目论证

可行性论证：（项目实施的必要性、已有基础、具体方法和途径及实施进度安排、预期效果等，限4000字以内。）

新兴创意功能区社工“加油站”

项目实施的必要性：

"三个北京"的建设对社区工作者能力提出了更高的要求，引入社会力量，开展社区工作者综合能力培训，对提升社区工作者水平，继续保持北京在全国社会建设领域的领先地位并发挥其对国内其他地区的示范作用尤为重要。

石景山区在"首钢"整体搬迁后，创意产业发展迅速；社区工作区域的发展重点的转移，要求社区工作者迅速完成由为"大型国有企业生产"服务向为"创意企业发展和创意产业建设"服务；要实现这一目标，就需要对社区工作者开展综合能力培训。

已有基础：

（1）前期培训工作，产生经济社会效益巨大。

北京创造学会长期致力于交叉学科创造学理论与实践研究。长期为社会开展创造学理论与实践培训，仅以学会团体会员燕山石油化工公司为例：该单位在推广创造学后合理化建议的条数、实施率，特别是所取的经济效益都有明显提高。仅2002年一年就收到建议30563条，实施率达到41.9%，产生直接、间接效益35059万元。

（2）进行过有针对性的系统调研。

在北京市开始招聘社区工作者之后，北京创造学会就组织科普工作委员会和青年工作委员会有关人员开展了有针对性的调研，采访社区工作者300余人次，其中石景山区117人次。通过访谈，对社区工作者提升自身能力的需求获得了第一手资料。

（3）进行过相关实验性工作。

北京创造学会为西城区德胜街道策划并协办了大学生社工辩论赛。该活动为北京市首次举办，博得社会各界好评。

北京创造学会于2010年申报了"思源"创新方法大讲堂活动，并作为北京市政府购买候选单位之一参加了当年7月12日北京市民政局、北京市社会建设工作办公室主办的北京市"政府购买社会组织公益服务项目推介展示暨资源配置大会"。在没有获得资助的情况下，以培训师"义工"形式完成了3000人次培训。

具体方法和途径及实施进度安排：

根据前期调研，对于绝大多数受访专职社区工作者感觉在考虑问题思维不够开阔、缺乏创造性、口才急需训练、管理艺术不够的问题，我们提出如下方案：

活动是以街道为单位，采取讲座培训、小组培训、志愿者参与互动交流形式开展，具体活动如下：

（1）"创造、创新"方法及写作、口才训练讲座。讲座采取报告、现场互动交流、课外阅读相结合，为社区工作者提供掌握基本知识的平台。按照石景山1200名社工每人三次培训，每场200人计，共进行18次活动。

（2）管理活动典型问题咨询。聘请管理专业人士开展咨询，解决社区管理工作中面临的问题。从5月1日启动至12月结束停止，每月不低于3次，每次2小时。

（3）大学生志愿者参与互动交流。以管理大学生志愿者进入社区开展实习、调研、实践交流互动活动，该活动形成常态活动，每年参与人数不少150人次。

预期效果：

力争形成一项对社区工作者有效果的素质培训品牌，并逐步扩大社会形象力，吸引更多热心于此项工作者参与其中。

所需支持：

本次活动讲座报告主讲人咨询费按照500元每次申报补助费，志愿者只提供交通及餐饮补贴，每次20元。

所需支持基本费用明细：

（1）培训资料购买费用：略。

（2）场地费用：略。

（3）人员费用：略。

（4）宣传费用：略。

（5）其他费用：略。

四、经费预算

略。

【分析】

科普项目申请报告与一般的科研项目有所区别，一般来说要求的理论水平没有科研项目深，但却要求的较广。例文是2011年北京创造学会以石景山为活动地点申请北京市政府购买社会服务项目的申请书；该项目主要思路是在石景山产业转型背景下对社区工作者开展自然科学（创造学）和社会科学（写作、口才、社会管理）知识普及，也就是本书定义的科普。作为科普项目申请报告（申请书），在专家匿名评审阶段，获得评审专家全票通过（规则规定超过半数通过票即可获得批准），成为石景山区获得批准的项目之一。例文略去申请表格中填表说明、专家评分表，以及不允许公开的总体和分项经费预算；出于对政府及相关单位信息保密要求，部分信息以××代替。

第二节 科普新闻稿写作

材料、能源和信息是物质世界的三大构成要素。信息是指通过各种方式获得的，可以被传播，可以用被感受的声音、图像、文件所表征，并与某些特定的事实或事件相联系的消息、情报、指令等以数据或其他符号表达的知识。

信息说明文体以传达信息为主要功能，要求做到准确无误并传递到位，因此具有公开传递性、真实性、准确性等特征。信息说明文体的写作属于创造性的思维活动，兼有形象与逻辑两种思维方式。表达方式以叙述为主，也可以兼用描写、说明、议论等各种手法。在科普活动中，新闻就是典型的信息说明文体。

一、新闻写作概述

（一）新闻的概念、分类和组成要素

新闻是一类重要的信息说明实用文体。新闻是指新近发生或变动的事实信息，一般需经传播者选择，并借助语言、文字、图像等符号载体及时传播。1981 年 8 月 8~15 日在北戴河由中共中央宣传部主持召开的“全国 18 个大城市报纸工作座谈会”纪要中，对“新闻”的定义是：“新闻反映新发生的、重要的、有意义的、能引起广泛兴趣的事实，具有迅速、明了、简短的特点，是一种最有效的宣传形式。”

新闻作品的种类很多，从文体的角度分析，有狭义和广义之分。狭义的新闻专指消息；而广义的新闻则主要包括消息、通讯、评论、调查报告、报告文学等。新闻报道分三个层次：第一层次报道是对事实性的直接报道，第二层次报道是在发掘表面现象背后的实质的调查性报道，第三层次报道是在事实性和调查性报道基础上所作的解释性和分析性报道。因此，只有第一层次的新闻报道完全属于信息说明类实用文体，主要包括消息和通讯两种形式。

新闻的要素主要有新闻性、重要性、特殊性、关联性、政策性、知识性、趣味性。

新闻性是指新闻报道的内容要新鲜，要有新闻价值。

重要性一是指本身重大的新闻，二是指本身事情虽然不大却能反映一个大地区甚至全国形势的新闻。

特殊性是指新闻写作要在众多同类的、具有差不多同等价值的事物中，选择具有鲜明特点、特色、特性的，作为报道的内容。

关联性是指新闻写作选择的事实与新闻的读者在地理和心理上关联要更紧密、更接近。

政策性是指新闻写作要符合国家政策，在条件允许的情况下，要努力利用报道介绍、解释、宣传国家政策。

知识性和趣味性是指新闻写作要把报道知识新、趣味性强的事物作为任务，同时在一般报道中努力提供有用的知识，增加报道写法上的趣味性。

(二) 消息与通讯的概念、特点和分类

1. 消息

消息是新闻的主要形式，篇幅简短，报道迅速，适合于传播新鲜的、重要的、有趣的事实。消息有如下三个特点：

第一，消息报道的事实必须是新鲜的。

第二，消息的时效性要求在新闻中是最高的。

第三，消息应该抓住新闻事实的特点，一事一报。

消息的分类可以按不同的标准来进行，习惯上分为动态、综合、典型和述评 4 类。

动态消息一事一报，简洁明快，篇幅短小，能迅速及时地把现实生活中各种新的变动传播给读者。

综合消息是若干动态消息的综合报道。

典型消息又称经验消息，是关于某地区、某部门或某单位在工作中所取得的新鲜经验的报道。

述评消息是指在传播新闻事实的同时还对事实发表评论。它实际上是介于消息和评论之间的边缘文体。

2. 通讯

通讯也是新闻的一种主要形式，与消息相比，通讯的特点在于：

第一，完整性。通讯所反映的人物或事件在内容上显得细致详尽，能够比较完整地报道人物的事迹或事件的发展过程，往往有一定的情节。当然，通讯的情节要受真人真事的限制，不能提炼改造。

第二，形势性。写通讯尤其是人物通讯，常常要借助形象思维，并运用一些文学手法，因而具有一定的文学色彩。

第三，灵活性。通讯在时效方面的要求虽没有消息高，但在适用范围上比消息宽广，表现形式和表达方法都比较灵活。

通讯可分为人物通讯、事件通讯、工作通讯和概貌通讯 4 种。此外，还有一种篇幅短小的新闻故事，一般也称之为小通讯。

人物通讯以人物为主要报道对象，可以写“全人全貌”，也可以“截取一段”来写；可以写一个人，也可以写几个人。所报道的人物可以是正面的，也可以是反面的。

事件通讯以事件为主要报道对象。事件可以是正面的，也可以是反面的，但必须具有典型性。

工作通讯以研究工作问题、介绍工作经验为主，具有指导工作、推广典型经验的作用。工作通讯的表现形式有采访札记、记者来信、工作研究等。

概貌通讯以写概貌、观感为主，一般运用概括叙述与具体描写相结合的方法，来介绍某个地区、单位或某个行业等的新貌，往往富有知识性。

小通讯即新闻故事，大多以事件为主，择取其一个片段来刻画。

(三) 消息与通讯的结构

消息与通讯从结构上分，可以分成标题和正文两部分。

1. 标题

新闻的标题要求准确、鲜明、生动、简练。标题的形式有3种：单行式、双行式和多行式。

单行标题一般是概括或评价新闻的主要内容，简洁明了。

双行标题常有实、虚之分。实题（也称主题、正题）是把新闻中最主要的事实或基本内容浓缩成一两句话，虚题（指引题或副题）则用于渲染气氛、揭示事件的意义等。

双行标题有两种形式：一种是引、主题式，引题（也称眉题）居于主题之上，起交代背景、烘托气氛或点明意义等作用；另一种是主、副题式，副题（也称子题）居于主题之下，起补充说明、扩大效果等作用。

多行标题由引题、主题和副题3部分组成，常用于重要新闻的报道。

2. 正文

消息的正文结构，包括导语和主体两部分。通讯一般没有导语，只有正文。

导语在一般消息的开头，它是对新闻事实的核心或最重要的问题进行的概括。导语里应该有实质性的内容，要善于突出最主要、最新鲜的事实或材料，并力求生动、有趣。导语应该简洁明了，要尽量写得短一些。导语可以单独成为一个段落，也可以不独立成段。导语可以分为直接性导语和间接性导语。直接性导语开门见山，直截了当，多用于事件性动态消息，时效要求比较高，但其缺点在于有时候容易造成标题与导语在文字表述上的雷同。间接性导语不十分强调时效性，常以特写的形式或描写性手法来设置一种现象或创造某种气氛，产生很强的可读性。由于它具有延缓读者兴趣的功效，故又称延缓性导语。

新闻正文主体材料的组合顺序完全取决于材料重要性的大小，重要的居前，次要的居后。主体部分还要介绍背景材料。背景材料的运用，有助于读者对新闻事件或人物有一个深广的认识。背景材料大致有3类：注释性材料，即对新闻事实的本质特性如人物的出身与经历、事物的性能与特色等，以及专用术语等加以必要的注释；说明性材料，即对新闻事实变动的政治、经济、历史、地理等各方面的条件进行介绍，以显示变动的原因，交代新闻事件的来龙去脉；对比性材料，即通过事物的前后、左右、正反等的对照，来突出所报道事实的特性、意义等。

（四）消息和通讯的写作要求

第一，选择有价值的人物或事件。新闻的作者要有清醒的政治头脑、敏锐的洞察力和科学的预见性，要能够从纷繁的现象中抓住典型事例，看出它在全局中的地位和价值，揭示出它所蕴藏着的深刻含义。

第二，写作时要以叙述为主，用事实说话。消息和通讯多用叙述性的语言，叙述应该真实、简练、清楚。通过叙述，应该把事实讲出来，把事实中有关的时间、地点、人物、事件和原因告诉读者，用叙述事实来发表意见。

二、科普新闻写作例文

【通讯】

高端科学走进中学校园

——中科院上海有机所开设科普拓展课程侧记

本报特约记者　孙玲

烫发仅仅是一个物理变化的过程吗？经过模拟实验，学生们通过将头发浸入还原液中，然后将头发牢固缠绕在支持物上，再将其浸入氧化液中，2分钟后，原来笔直的头发神奇地弯曲了。这个实验让同学们兴奋不已：“哦，原来烫发不仅仅是物理变化，里面还有化学原理，神奇的有机化学真是充满魅力。”这是日前在中科院上海有机化学研究所“魅力有机化学”科普拓展课程汇报展示会上的场景。

说起“魅力有机化学”科普课程的由来，还是在去年科技活动周期间，以“绚丽多彩的化学世界”为主题的2013年度上海有机所公众科学日科普活动暨枫林科技周开幕式上，上海有机所、枫林街道、零陵中学签署了健康科普教育资源三方共享协议，形成了三区联动（社区、校区、园区）实施科技教育的新格局。

理论探秘 + 趣味实验

研究所从事的是高端科学研究，而中学生知识积累有限，如何将深奥的化学知识变为浅显易懂的课程？这是科普拓展课策划中需要研究的问题。经过多次思维碰撞，上海有机研究所和零陵中学确定围绕生活中有机化学开设“魅力有机化学”科普拓展课程，课程形式为“理论探秘+趣味实验”，由生命有机化学国家重点实验室科普志愿者承担课程教学任务。

去年 9 月 24 日，“魅力有机化学”第一课“化学世界中的‘察言观色’”开讲。在演示化学振荡实验过程中，有机所的志愿者在 1 个量筒里面按一定顺序、一定比例加入了 3 种液体，量筒里的混合液体发生了规律性的颜色循环变化：无色→琥珀色→蓝色→无色……约 3 分钟后，溶液才始终保持深蓝色。这一神奇的变化，引得在场的学生们啧啧称奇，激发了探索化学实验奥秘的兴趣。

此后，“剥开生命的坚果”“手性催化”等 9 节融知识性、趣味性、启发性和活动性于一体的科普课程先后走进课堂。

贴近生活 注重试验

“强调深入浅出，强调结合生活，强调趣味试验”是“魅力有机化学”科普课程恪守的原则。

在“魅力有机化学”科普拓展课程汇报展示会上，一堂“走进蛋白质世界”课程浓缩了科普课程的趣味性和互动性。有机所的志愿者首先从生活中蛋白质的来源讲解，并通过图片让同学们直观地认识到蛋白质多种多样的功能，了解到虽然蛋白质的结构多种多样、功能千变万化，但是它们的基本组成却相当的简单。

一个学期的“魅力有机化学”科普课程已告一段落，但科研院所深入中学普及科学知识的形式得到各方的高度评价。上海有机所领导、徐汇区教育局领导、徐汇区科协领导均表示，要继续推进高端科学进校园这一科普形式。

（《上海科技报》2014 年 1 月 29 日第二版）

【分析】

例文是一篇科普通讯，主要介绍中科院上海有机所开设科普拓展课程的事迹。文章短小精悍，行文语言通俗易懂，不仅很好地介绍了科普活动，而且较好地激发了人们对科普工作的兴趣。

第三节　科普活动总结的写作

科普活动结束后，写好总结很重要，本节将介绍这一内容。

一、科普活动总结的基本问题

（一）总结的概念

所谓总结，就是人们对已经做过的事情，通过系统的回顾和认真的分析，把实践过程中的情况集中起来，使之系统化、条理化，找出经验教训，将感性认识上升为规律性的认识。这种认识的过程实际上是人们对已经进行的社会实践所作的回顾性的考察、检验，把这种考查和检验的结果写成文章，就叫“经验总结”简称为“总结”。

工作总结是对前段社会实践活动进行全面回顾、检查、分析、评判，从理论认识的高度概括经验教训，以明确努力方向，指导今后工作的一种机关事务文体。它是党政机关、企事业单位、社会团体都广泛使用的一种常用文体。科普活动总结是针对科普活动写作，是典型的工作总结。

总结的写作过程，既是对自身社会实践活动的回顾过程，又是人们思想认识提高的过程。通过总结，人们可以把零散的、肤浅的感性认识上升为系统、深刻的理性认识，从而得出科学的结论，以便发扬成绩，克服缺点，吸取经验教训，使今后的工作少走弯路，多出成果。它还可以作为先进经验被上级推广开来，为其他单位所汲取、借鉴，推动实际工作的顺利开展。

（二）科普活动总结的内容

与其他总结一样，科普活动总结主要包括以下 4 个方面的主要内容：第一方面，基本情况。就是对自身情况和形势背景的简略介绍。自身情况包括单位名称、活动性质、参加人员数量、主要工作任务等；形势背景包括国内外形势、有关政策、指导思想等。第二方面，成绩和做法。工作取得了哪些主要成绩，采取了哪些方法、措施，收到了什么效果等，这些是工作的主要内容，需要较多事实和数据。第三方面，经验和教训。通过对实践过程进行认真的分析，找出经验教训，发现规律性的东西，使感性认识上升到理性认识。第四方面，今后打算。下一步将怎样发扬成绩、纠正错误，准备取得什么样的新成就，不必像计划那样具体，但一般不能少了这些内容。

（三）总结的特点

总结的经验主要表现在4个方面特性。首先，自我性。总结是对自身社会实践进行回顾的产物，它以自身工作实践为材料，采用的是第一人称写法，其中的成绩、做法、经验、教训等，都有自指性的特征。其次，客观性。总结是回顾过去，对前一段的工作进行检验，但目的还是做好下一段的工作。所以总结和计划这两种文体的关系是十分密切的，一方面，计划是总结的标准和依据；另一方面，总结又是制订下一步工作计划的重要参考。再次，客观性。总结是对前段社会实践活动进行全面回顾、检查的文种，这决定了总结有很强的客观性特征。它是以自身的实践活动为依据的，所列举的事例和数据都必须完全可靠，确凿无误，任何夸大、缩小、随意杜撰、歪曲事实的做法都会使总结失去应有的价值。最后，经验性。总结还必须从理论的高度概括经验教训。凡是正确的实践活动，总会产生物质和精神两个方面的成果。作为精神成果的经验教训，从某种意义上说，比物质成果更宝贵，因为它对今后的社会实践有着重要的指导作用。这一特性要求总结必须按照实践是检验真理的唯一标准的原则，去正确地反映客观事物的本来面目，找出正反两方面的经验，得出规律性认识，这样才能达到总结的目的。

（四）科普活动总结的结构

1. 总结的标题

总结的标题有种种形式，最常见的是由单位名称、时间、主要内容、文种组成。有的总结标题中不出现单位名称，如《科技周活动总结》。有的总结标题只是内容的概括，并不标明“总结”字样，如本书例文《关于“巧妇”与“无米之炊”的辩证思考》等。还有的总结采用双标题。正标题点明文章的主旨或重心，副标题具体说明文章的内容和文种，如《构建农民科普市场化的新机制——结合产业发展开发科普活动的实践与总结》。

2. 总结的正文

和其他应用文体一样，总结的正文也分为开头、主体、结尾三部分，各部分均有其特定的内容。

（1）开头。总结的开头主要用来概述基本情况，包括单位名称、工作性质、主要任务、时代背景、指导思想，以及总结目的、主要内容提示等。作为开头部分，要注意简明扼要，文字不可过多。

（2）主体。这是总结的主要部分，内容包括成绩和做法、经验和教训、今后打算等方面。这部分篇幅大、内容多，要特别注意层次分明、条理清楚。主体部分常见的结构形态有三种。

第一，纵式结构。就是按照事物或实践活动的过程安排内容。写作时，把总结所包括的时间划分为几个阶段，按时间顺序分别叙述每个阶段的成绩、做法、经验、体会。这种写法的好处是事物发展或社会活动的全过程清楚明白。

第二，横式结构。按事实性质和规律的不同分门别类地依次展开内容，使各层之间呈现相互并列的态势。这种写法的优点是各层次的内容鲜明集中。

第三，纵横式结构。安排内容时，既考虑到时间的先后顺序，体现事物的发展过程，又注意内容的逻辑联系，从几个方面总结出经验教训。这种写法，多数是先采用纵式结构，写事物发展的各个阶段的情况或问题，然后用横式结构总结经验或教训。

主体部分的外部形式，有贯通式、小标题式、序数式三种情况。贯通式适用于篇幅短小、内容单纯的总结。它像一篇短文，全文之中不用外部标志来显示层次。小标题式将主体部分分为若干层次，每层加一个概括核心内容的小标题，重心突出，条理清楚。序数式也将主体分为若干层次，各层用“一、二、三……”的序号排列，层次一目了然。

（3）结尾。结尾是正文的收束，应在总结经验教训的基础上，提出今后的方向、任务和措施，表明决心、展望前景。这段内容要与开头相照应，篇幅不应过长。有些总结在主体部分已将这些内容表达过了，就不必再写结尾。

（五）科普活动总结写作的注意事项

要写好科普活动总结需注意如下三点。首先，要坚持实事求是原则。实事求是、一切从实际出发，这是总结写作的基本原则，但在总结写作实践中，违反这一原则的情况却屡见不鲜。有人认为“三分工作七分吹”，在总结中夸大成绩，隐瞒缺点，报喜不报忧。这种弄虚作假、浮夸邀功的坏作风，对单位、对国家、对事业、对个人都没有任何益处，必须坚决防止。其次，要注意共性、把握个性。总结很容易写得千篇一律、缺乏个性。当然，总结不是文学作品，无须刻意追求个性特色，但千部一腔的文章是不会有独到价值的，因而也是不受人欢迎的。要写出个性，总结就要有独到的发现、独到的体会、新鲜的角度、新颖的材料。最后，要详略得当，突出重点。有人写总结总想把一切成绩都写进去，不肯舍弃所有的正面材料，结果文章写得臃肿拖沓，没有重点，不能给人留下深刻印象。总结的选材不能求全贪多、主次不分，要根据实际情况和总结的目的，把那些既能显示本单位、本地区特点，又有一定普遍性的材料作为重点选用，写得详细、具体。而一般性的材料则要略写或舍弃。

二、科普活动总结例文及分析

【科普活动总结例文】

关于“巧妇”与“无米之炊”的辩证思考

俗话说，“巧妇难为无米之炊”。然而，在实际的工作实践中，“难”与“不能”并不等同，“无”与“有”亦可以转换，“难为”不等于不能为，也不等于无所作为，更不等于不敢为的基础，“无米”也并非绝对的条件缺失。作为新时期的高校教师和大学生，面对社会发展和学生党支部活动中的现实矛盾，不能无所作为，只有坚持马克思主义辩证唯物主义，努力提高主体认识能力，自觉认识客观规律，不断发挥主观能动性，在想为、巧为、勇为、善为上做文章，就有可能做到从“巧妇难为无米之炊”向“巧妇能为无米之炊”的转变。北京农学院工商管理学生党支部2011年红色“1+1”活动就验证了上述观点。

一、统一思想，做“想为”文章，选好工作方向，大胆提出工作设想

农林院校非农专业，在开展红色“1+1”活动中存在很多不利因素，农村基层单位认为农林院校学生懂农，而学生不懂；社区街道认为农林院校学生不懂非农知识不愿合作。这就势必造成农林院校非农专业学生开展红色“1+1”活动难找合适对接单位；介入后蜻蜓点水，无法帮助其解决实际问题，难以形成特色的局面，面临着“巧妇难为”的窘境。面对现实困难，工商管理学生党支部转变观念，开阔思路，积极寻求本专业教师支持，调动多

方积极性，拓展合作渠道，通过努力使农林院校非农专业红色“1+1”活动工作迈上新台阶。

早在2010年之初，活动指导教师提出了以专业教师党员介入活动的建议，并提出了“慎准备、广调研、缓出手”的指导方针，得到教研室主任邓蓉教授的支持。基于此思路，2010年该支部放弃了红色“1+1”活动申报，并选择优秀学生参与指导教师组织的学会志愿者活动。在参加2010年北京科技周重点活动“创新方法京郊行——千人公益大讲堂”志愿服务过程中，了解了京郊基层对科普工作的需求，师生深入实际，对京郊社区及企事业单位进行了细致深入的调查。经过调查发现，京郊社区群众对掌握创新方法推动工作等需求十分强烈。

有需求就有实施的可能，要将需求变成现实就需要坚持统一思想。统一思想主要是将某一部分人解放思想的成果，经过一定的程序，扩展为一个群体的共识，产生正确的决策，又能步调一致地贯彻落实。统一思想不是禁錮思想、武断决策。统一思想需要广泛民主、以理服人、集思广益、群策群力。因此依托“想为”工作理念，在北京创造学会的支持下，工商管理全体学生党员统一思想，在2010年7月大胆提出工作设想：“服务远郊社区科普工作，解决基层急难问题”被确定为工商管理学生党支部2011年红色“1+1”活动目的，北京市延庆县香水园街道新兴东社区被确定为活动地点，2010~2011学年第二学期及学年暑假被确定的活动时间，街道及社区两层面科普活动被确定为活动核心形式。

二、更新观念，做“巧为”文章，定准工作思路，善于在统一思想基础上解放思想

敢想，还要敢干、会干，这就要“巧为”，开动脑筋，开拓思路，不受固有的思维定式和观念所囿，突破习惯思维闯出新路，这是创造学理论的核心也是创新的要求。

探讨创新的定义，不难发现：创新作为一种理论可追溯到1912年美国哈佛大学教授熊彼特的《经济发展概论》。熊彼特在其著作中提出：“创新是指把一种新的生产要素和生产条件的‘新结合’引入生产体系。”这里，熊彼特把创新定义为建立一种新的生产函数，即企业家实行对生产要素的新结合。它包括：（1）引入一种新产品；（2）采用一种新的生产方法；

(3) 开辟新市场；(4) 获得原料或半成品的新供给来源；(5) 建立新的企业组织形式。当然随着科技进步、社会发展，对创新的认识也是在不断演进的。特别是知识社会的到来，使对创新模式、创新形态的变化得到进一步研究和认识。

学生党支部工作是党的基层工作的重要组成部分，既要坚持党和国家的方针政策，又要提出有开拓精神的工作思路。要想实现"巧为"，就要更新观念，善于在统一思想基础上解放思想。解放思想所要克服的是超越客观实际的教条主义和落后于客观实际的经验主义；解放思想所要实现的是主观和客观相一致、认识和实践相统一；解放思想的基本要求是实事求是、与时俱进，也就是主观认识上掌握工作对象的客观规律，并随着客观实际情况的不断变化，在主观认识上得到及时反映，拿出相应的正确办法，达到驾驭现实、促进发展的效果。解放思想不是胡思乱想、离经叛道。解放思想需要深厚的理论功底、严谨的探索精神、敏锐的洞察能力和不图虚名、求真务实的良好心态。正是在解放思想理念的指导下，工商管理学生党支部提出了不求所有，但求所用的理念，抛开所有的事情都需要自己完成的想法，提出了依托北京创造学会科普工作委员会、新兴东社区党支部联合举办"新兴东创新科普讲堂"的方案，以实现把红色"1+1"活动落到实处的目标。

三、开拓进取，做"勇为"文章，确立工作方案，开拓活动创新局面

党的十六届三中全会中提出的"坚持以人为本，树立全面、协调、可持续的发展观，促进经济社会和人的全面发展"，按照"统筹城乡发展、统筹区域发展、统筹经济社会发展、统筹人与自然和谐发展、统筹国内发展和对外开放"的要求推进各项事业的改革和发展。要践行科学发展观，第一要义是发展，核心是以人为本，基本要求是全面协调可持续，根本方法是统筹兼顾。

2007年温家宝总理先后两次对创新方法工作做出重要指示，要求高度重视王大珩、刘东生、叶笃正三位科学家前辈提出的"自主创新，方法先行。创新方法是自主创新的根本之源"这一重要观点。遵照温总理指示精神，科学技术部、发展改革委、教育部和中国科协四部门共同推进创新方法工作，于2008年4月23日印发了《关于加强创新方法工作的若干意见》。

在国家高度重视创新方法背景下，郊区街道社工、群众却对创造、创新

方法知之甚少。要开展好“创造、创新、创业”培训工作就要“勇为”，以开拓进取思路确立工作方案。

延庆县由于处于北京西北部，距离城区较远，聘请市内学术团体专家来延庆讲学，经常因为交通时间成本过高难以成行。工商管理学生党支部抓住乐于公益活动的学者开始关注郊区公益科普的契机，以“勇为”精神，与新兴东社区党支部等单位合作，在2011年2月24日，针对香水园街道干部和各社区工作者开展了“创新方法进社区”活动，并开展社区科普需求调研，活动效果显著，在首都科技网和延庆县相关媒体上相继报道，打开了红色“1+1”共建活动工作局面。

四、科学谋划，做“善为”的文章，构绘工作愿景，推动红色“1+1”共建工作可持续发展

通过聘请乐于公益活动的学者参与公益培训，虽然解决了最关键的师资问题，然而要保证活动的长期性，则需要解决场地、活动范围等诸多问题。在这一背景下，工商管理学生党支部本着“善为”的原则，科学谋划，构绘了一个长远的工作愿景。

首先，站在公益活动参与者的立场上，以诚感人，赢得了拥有十余年国家大型企业员工创新方法培训成功经验的北京创造学会的支持。北京创造学会根据学生调研结论，投入科普“奖补”，购买价值4500余元的图书，于2011年3月20日开展了向香水园街道捐赠科普读物活动，解决了社区工作者和社区居民的急需。

其次，站在街道工作创新的立场上，使社区党支部赢得领导支持，街道领导非常重视该活动，分管科普的街道人大街工委詹杰副主任及有关科室负责人出席了共建支部主办的图书捐赠活动，整合资源解决场地问题，使活动开展有了设施保障。同时，大力支持工商管理专业实习调研活动，为实习学生提供实习场地、免费午餐的支持。

最后，抓住延庆县创建科普示范县契机，根据社区居民要求，2011年7月22日，针对高中毕业生考取大学后如何做好入学准备的需求，开展了以“如何适应大学新环境、怎样结合在未来专业学习中实现创造创新”为主题的公益讲座。活动博得参与者一致好评。在合作单位党支部书记的协调下，初步确定将该活动办成连续性活动，使公益活动拥有了后劲，也使实现红色

“1+1”共建工作可持续发展的目标成为可能。

综上所述，想为、巧为、勇为和善为，不是简单的工作技巧问题，而是基层学生党支部干部的责任心、精神状态和思维方式问题。事实证明，我们只要在唯物辩证法指导下，通过个人主观上的不懈努力，许多困难都是可以克服的。实践工作的经验使我们感到：“天下事有难易乎？为之，则难者亦易矣；不为，则易者亦难矣。”从“巧妇难为”到“巧妇能为”，虽一字之差，却折射出以马克思主义唯物辩证法指导大学生党建工作思路创新的熠熠光辉。

【分析】

例文既是一篇红色“1+1”活动总结，又是一篇科普活动总结报告。在农科院校的非农专业，尤其是非农业且非技术类专业开展学生党支部红色“1+1”活动，要实施可以产生实效的活动难度很大，选择科普活动几乎是唯一的选择。本文是以科普活动为载体的红色“1+1”活动总结，该总结在所在学校校内评比中经过校内专家投票胜出，并在北京市所有高校参加的评比中获奖。

附录　文明城区创建背景下大城市非核心区基层科普志愿者问题思考

在开展文明城区的创建过程中，基层科普工作是一项重要指标，完成这项指标，不仅是提高文明城区创建竞争力的一项工作，也是提高广大人民群众科学素质造福百姓的惠民工程。

调研数据显示：有专业背景的基层科普志愿者匮乏是目前大城市非核心区基层科普面临的主要问题。实现郊区基层科普工作创新，转换观念是基础，资源整合和开展社会动员是手段。科普工作形式、方法、手段、载体的创新，归根到底是制度创新，而吸引更多的人参与到其中才是解决基层科普难题的关键，这样工作既是制度创新，又是工作方法。

笔者认为，引入外部人力资源推动社区科普工作是科普志愿者参与大城市非核心区基层科普工作的主要对策。北京市《全民科学素质行动“十二五”规划》增加的“社区居民科学素质行动”对创新方法普及提出新要求后，北京创造学会科普工作委员会（当时名称）曾针对如何在北京城乡社区居民中开展创新方法普及进行了研讨。根据专家学者、科普工作者、科普志愿者提出的建议，北京创造学会在北京市部分郊区开展了进一步的调研和实践。通过调研和实践，笔者认为要在社区（包括农村以村为单位的社区）居民中开展科学普及工作，科普志愿者队伍是关键，科普志愿者是社区科普的生力军，要打破社区科普的瓶颈，就需要扩大科普志愿者范围。基于调研笔者认为引入外部人力资源推动村社区科普工作是一条比较现实的对策，经过多年的实验，证明该方法是具有可行性的。同时，在 2021 年笔者及所参与的团队参与北京市密云区等区创城公益活动的过程中，笔者发现大型城市郊区、普通城市郊区、县在创建文明城市（城区）的过程中，志愿者组织、志愿者人员及活动相对不足是一个无法回避的问题。而在科普领域的活动及志愿者使用则是志愿者服务领域的难点，而乡镇科普与志愿者服务则是难点之中的难点。而要解决上述问题，作为创城和相关领域的管理者，国家公务员和事业单位工作人员认识和观念上的转变则是重中之重。只有上述人员真正理解和尊重郊区基层科普志愿者动员和成长机制规律，上述难题才有解决的希望。因此，本书最后将以一个附录的形式探讨郊区基层科普志愿者动员和成长机制具体对策。

一、外部人力资源推动村社区科普工作的思路与对策

郊区驻区高校不多，以北京为例，很多郊区只有一所驻区本科院校甚至没有驻区本科院校；调研发现，虽然一些高校在大学生社会实践活动中开展过大学生进社区活动，但是，没有形成可持续发展机制。笔者认为，要更好地开展针对社区居民的科学普及工作，就需要引入“人才柔性流动”模式，实现科学普及工作队伍的整合，进而拓宽科学普及的渠道。

“人才柔性流动”这一概念，较早出现于1998年人力资源管理学著名学者怀特和斯赖尔（Wright & Snell）的著作中，他们认为，处于高度动荡环境中的企业，为了实现员工和组织能力与变化的竞争优势相适应，柔性是非常必要的，是提高组织效率的重要方面。“人才柔性流动”属于人力资源战略管理的范畴，它是相对于传统的、固定的、公务员式“人才刚性流动”而言的，是在竞争激烈、高度多元化的社会里一种新的成本、招聘、选拔、培训、绩效考核的人力资源规划和开发方式。它有别于传统的人才流动模式的最突出的特征，通俗地说是“不求所有，但求所用”。这是人们面对全球化人才短缺和人才争夺加剧的挑战，形成的一种全新的人才流动理念。“人才柔性流动”是指摆脱传统的国籍、户籍、档案、身份等人事制度中的瓶颈约束，在不改变与其原单位隶属关系（不迁户口、不转关系）的前提下，以智力服务为核心，注重人、知识、创新成果等的有效开发与合理利用的流动方式；是突破工作地、工作单位和工作方式的限制，谋求科技创新的商品化及人才本身价值的最大化，充分体现个人工作与单位用人自主的一种来去自由的人才流动方式。这种新的人才流动方式是对人才的企业所有制、地区所有制、国家所有制的一种挑战，即能从更广的角度、更高的效率配置人才资源，以实现人才与生产要素、工作岗位的最佳结合，做到人尽其才、才尽其用。同时，坚持对人才“不求所有，但求所用”的原则，盘活现有人才，广泛吸引外来人才。

要用好“人才柔性流动”模式推动科普工作，就必须进行相应的改革与

探索，才能实现基层科普工作的新局面。在具体工作中要注意如下几点。

1. 科学普及人才柔性流动的总体思路

科学普及人才柔性流动的最大好处就是可以在全社会范围内，充分利用科学普及人才资源，实现人力资源的合理配置，促进社会进步。通过人才柔性流动，社区就能够以最低的成本获得最适合本身发展的人才，从而实现科学普及投入成本的优化。

科学普及人才柔性流动作为一种新的人才流动方式，一方面，促进了街道和社区科学普及工作的创新与发展。首先，由于在科学普及人才柔性流动的过程中，街道和社区掌握着聘任的主动权，这样，就可以聘到水平较高、适合于街道和社区科学普及工作要求的科学普及人员。另一方面，科学普及人才柔性流动也引发了社区科学普及工作发展中的问题。社区聘任的科学普及工作者，多数来自高等院校和科研院所，虽然可能在学术水平、学历层次上高于社区工作者；但是由于其本职工作是教学或更高层次的科研工作，对社区工作的发展规律有一个适应过程，这必然会对其发挥才智产生一些影响。

通过前文的分析不难发现，科学普及人才的柔性流动，对社区科学普及工作的发展是有利有弊的。如何兴利除弊促进社区科学普及的可持续发展是一个重要问题。笔者认为：要通过开发柔性流动人才资源促进社区科学普及的可持续发展，首先应当从社会管理部门改革入手。

人才柔性流动是促进科学普及可持续发展的客观需要，是对刚性人才流动方式的有益补充。为了使这一模式更有效地发挥作用，社会管理部门应当做好如下几项工作：

第一，改革现行人事管理体制，积极创造科学的科学普及人才柔性管理环境。人才合理流动需要科学合理地使用人才，也就是针对科技人才的流动进行科学的柔性管理。因此，管理要具有强大的适应能力和应变能力。科学的柔性管理是提高人才效益的金钥匙，是人才柔性流动进入有序化的先决条件。

第二，加快培育和发展人才柔性流动空间，构建人才柔性流动平台。提高人才流动效率，必须建立一套与市场经济相适应的用人新体制。通过互联网，形成全方位开放的人才市场双向选择，国家宏观调控、立法监督、社会保障的人才资源供给与需求优化配置的机制。人才流动是根据市场机制和价值规律运作的，因此，符合市场运作机制和价值规律的社会环境是其运作的基本空间。在培育和发展人才流动空间方面，所作的主要工作应该是建立一种互利合作的人才柔性流动体制，也就是说，既要遵循市场规律创造公开、平等、竞争、择优的外部环境，又要依据价值规律，实现物化价值的最大化，更为重要的是实现个体价值的最优化，实现知识价值的最大效用。这种互利合作机制需要有一定的机构进行沟通和协调，以实现人才所在单位、社区和科技传播人员之间的“多赢”效果。

第三，政府制定和完善相关的法规政策，保障人才柔性流动的合理性、有序性、规范性。这项工作主要包括建立和完善有关就业培养、劳动报酬等法律法规。要加大人才使用的法律和舆论监督力度；建立监察网络，强化科技自我保护意识，克服用人不公、用人不当现象，保障用人单位和柔性流动的科技人才的权益。

2. 创造外部人力资源脚踏实地开展科普活动的环境

外部人力资源进入郊区科普领域，必须要有保障其脚踏实地开展工作的环境。因此，郊区有关部门要做好如下工作：

第一，帮助外来人员熟悉社区特点，提高工作效率。虽然外聘专家学术水平、学历层次较高，但是其中的大部分人员，可能由于没有社区工作经验，在参与社区科学普及工作之初效果并不十分理想。要解决这个矛盾，街道和社区的有关领导，尤其是主管科普工作的领导，应当在开展工作前积极与之沟通，介绍本社区发展的具体情况，并且以此为契机介绍社区工作的规律，并提出一些有益的建议，这样就可以有的放矢、有针对性地开展科学普及工作，提高工作效率。

第二，促进咨询式人才柔性流动，开拓社区科学普及工作视野。所谓咨询式流动，主要是通过建立专业指导委员会，并聘请知名科研院所的专家或教育专家以学术讲座、茶话会等方式与其进行交流的一种流动方式。一些专家、学者所从事的研究领域具有跨专业，研究领域覆盖面广，体现现代科学技术相互渗透、综合交叉的特点。因此，这些专家、学者是街道和社区科学普及工作的重要知识库。通过聘请专家学者进入街道和社区，既可以为街道和社区领导的决策和规划科学普及工作提供具有根本性、长远性特征的思想基础和理论依据，又可以开阔和活跃街道和社区其他员工的思路，还可以对街道和社区科学普及工作战略决策、发展计划提出建议，使街道和社区科学普及工作发展目标更加适应社会要求。

第三，搭建支撑平台，促进“成果”推广。吸引外来人员参与科学普及工作可以促进科学普及工作的可持续发展，因此，对科学普及工作成果进行推广就显得十分重要。街道和社区可以通过资助适合在更大范围推广的科学普及著作出版，开发动漫、网游等新型科学普及作品吸引外来人员更多地参与到街道和社区科学普及工作中来，推动科学普及工作发展。

3. 调整用人和经费使用思路，保障外部人力资源进入科普领域发挥作用

要解决新时期社区科普创新，就要动员一切可以动员的力量参与其中，概括地说主要有四类人群可以参与到科普工作中去：区内外各种单位工作人员及社会组织成员、社区退休人员、以大学生社工为主体的社区工作者及乡村振兴协理员、驻区高校大学生及本地在外读大学生科普志愿者。

上述四类人群是科普的主力军，但是由于历史原因，这四类人群的潜能激发还不够。所谓四轮驱动，又称全轮驱动，是指汽车前后轮都有动力。可按行驶路面状态不同而将发动机输出扭矩按不同比例分布在前后所有的轮子上，以提高汽车的行驶能力。要实现社区科普工作创新，就要引入“四轮驱动机制”动员上述四种人群参与科普活动。

引入“四轮驱动机制”是实现科学普及工作队伍的整合，拓宽科学普及渠道的有效手段。要把这项工作落到实处，郊区各镇、街道和村、社区应当在“不求所有，但求所用”的方针指导下，做好如下几方面的工作：

第一，依托“人才柔性流动”模式，利用引入不占编制人员短期进入科普部门工作，解决人员的相对不足。建议郊区开展学术团体科普工作人员进入科协等科普部门挂职、借调工作制度。在具体操作环节，需要郊区创城领导部门及科协与市级学术团体科普工作人员所在工作单位协调，所在单位为挂职人员发放基本工资，不增加郊区财政负担。郊区科协等部门为其安排具体工作，保证其学有所用。

第二，稳定原有科普志愿者队伍。在传统科普工作中，热心科普的离退休人员、驻区学生均参与其中，只有稳定原有科普队伍，使其在科普工作中有所作为，才能使他们成为科普的稳定力量。

第三，加强社区工作者培训。利用科普志愿者法人单位建设机制，可以不断吸收更多社会力量参与科普活动。目前有两支力量尚未完全纳入此工作体系，即大学生社区工作者和乡村振兴协理员。因此，加强社区工作者及乡

村振兴协理员培训，并将其纳入科普志愿者队伍十分必要。

第四，实施能人发掘计划，稳定充实原有科普志愿者队伍。在社区科普工作中，热心科普的离退休居民是一支不可忽视的力量，只有在稳定原有科普队伍基础上不断发现新的力量，使其在基层科普工作中有所作为，才能促进社区科普工作不断进步。针对社区离退休居民，应当通过居委会、社区党支部（总支）说服、引导其中有一技之长者参与到科普工作中来，壮大科普队伍。

第五，在校及在读大学生可以成为科普工作的主力军。驻区高校大学生和在其他地区读书的本区大学生是两支亟待挖掘的力量。建议采取差异性工作开展科普志愿者招募工作。在具体工作中，可以通过与学校学生管理部门尤其是共青团组织合作，组建大学生科协，以人均科普经费集中使用思路开展科普志愿者招募和培训工作，即按照驻区高校在校人数，将其人均科普经费的总合用于科普志愿者培训，同时，招募科普志愿者，形成一支可以常年使用的科普志愿者团队。对于在其他地区读书的本区大学生，抓住高考后的学生适应大学生活的需求开展相关培训，同时招募科普志愿者，形成科普志愿者队伍的新力量。

二、郊区基层科普志愿者动员对策

要做好大城市非核心区基层科普工作，解决人力资源问题是重要问题之一。笔者认为，要做好志愿者队伍建设工作，进而建立志愿者工作长效机制，就需要做好基层科普志愿者动员、成长工作。只有这样才能实现志愿者工作可持续发展。笔者认为开展基层科普志愿者社会动员是实现科普志愿者工作可持续发展的物质基础，优化基层科普志愿者成长环境是实现科普志愿者工作可持续发展的制度保障。在此基础上，大胆解放思想转变观念，整合资源、统一思想成为基层科普志愿者工作可持续发展的核心思路。

1. 基层科普志愿者动员价值分析

所谓社会动员，即是社会对其成员的思想、行为的影响和发动过程。广义的社会动员指的是一个社会的现代化过程或者是现代化的一种表现。狭义的社会动员指的是对社会人力、物力和精神等各种资源的动员。在现代社会中，社会动员的内容、范围、方式、程度都有了很大的发展，对社会动员的研究和掌握对于我们开展社会行动，尤其是进行志愿者服务行动的动员具有重要的意义。

与西方现代化国家相比，中国志愿者事业发展仍处于起步阶段。尽管北京奥运会、大型体育赛事、上海世博会、重大灾难的发生不断推动我国志愿者组织的发展，但迄今为止，中国志愿者组织并未形成成熟的机制。

随着时代的发展，资讯、媒介的发达使得社会动员的形式呈现出多样化的趋势，譬如组织动员、社区动员、媒体动员和网络动员等方式。其中，组织动员仍是主要形式。在组织化动员中，国家行政权力或组织资源是动员能力的主要甚至唯一来源，是社会动员的直接发起者。以往的社会动员一般仅仅限于组织内部开会、传达文件、组织发动等程序。社区动员是组织动员的重要补充形式，也是近年来我国社区自治逐渐成熟的标志。媒体动员和网络动员成为组织动员的重要方式和手段。

社会动员的对象一般是公民大众，而特殊活动的社会动员有其特殊群体。基层科普工作中，所需的志愿者有其特殊性，正如前文所述，他们不仅仅需要有公益心、社会责任感、奉献精神，更需要专业知识。近年来，随着中国公民教育水平的提高，公民意识逐渐增强。公民尤其是青年积极参与志愿者活动成为公民参与的重要表现之一。因此，笔者认为：在建设志愿者组织过程中，应当逐步确立“动员—报名—筛选—培训—上岗”的程序，而且在执行每个阶段时要建设规范化的机制，如文件起草、志愿者招募的程序、筛选所依据的标准、培训的环节以及上岗必备的资格等，只有这样才能建立一整套行之有效的志愿者动员方式。

按照上述程序开展基层科普志愿者动员工作，可以多途径、多形式地建立、完善志愿者组织，对于完善当代中国公共管理和建设民主社会具有理论意义和现实意义。

首先，这种工作模式可以促使政府职能转变，有助于服务型政府的建设。由德国行政法学者厄斯特·福斯多夫提出的服务型政府概念，逐步受到中国社会和民众关注。在十七大报告中首次将建设服务型政府作为我国行政管理体制改革的方向和目标。然而，要建成服务型政府的一个基本前提是转变政府职能。改革开放30年多来，转变政府职能以适应市场经济的呼声很高。随着市场经济机制的日臻成熟，虽然我国政府管理职能也在不断变化和调整，但较之于经济体制的改革和建设，我国政府公共管理能力仍亟须加强。基层科普志愿者的存在基础和精神核心是在基层科普工作领域为民服务，而为民服务也是服务型政府的根本宗旨和目标。社会生活中的大事件顺利进行，一方面依赖于政府的公共管理能力，另一方面得益于志愿者在这些事件过程中传递给社会的精神动力。政府和志愿者群体的合力才是解决问题的最佳途径，也是新公共管理所强调的善治之本，更是基层科普工作的出路。

其次，这种工作模式可以增强公民意识，有助于科普工作的发展。志愿活动的基础是国家内非政府组织的存在和发展，志愿者组织是一种典型的非政府组织。虽然目前中国的志愿者组织很大程度上与政府有着千丝万缕的联系，但是，随着网络时代的到来，普通群众受教育水平的提高，促使公民意识、责任意识觉醒。在社会服务领域，各种自愿、自发、自助和互助活动、"义工"群体纷纷涌现，也在拓展着公民服务社会的行动范围和组织领域。志愿者组织等非政府组织的出现和发展，为和谐社会的形成提供了基础。在科普领域，建设基层科普志愿者组织，有利于更多群众参与到基层科普工作中来，有利于科普工作更快、更好地发展。

最后，这种工作模式有利于改变"强政府、弱社会"的公共管理局面，形成"强政府、大社会"。通过政府部门和群团组织的引导，可以使志愿者活动成为政府工作的有益补充，完成许多政府想做而没有精力去做的工作，为政府分忧，为社会建设服务。

2. 志愿者动员方式分析

在基层科普志愿者活动中青年是核心力量。为了研究志愿者动员方式，尤其是青年志愿者动员方式，笔者利用参与公益科普培训机会，以个别访谈为基础收集材料，同时设计调查问卷，在北京十个郊区开展问卷调查。本次调查共发放 1000 份，有效回收率为 89.7%。问卷的设计以封闭式问题为主，辅之以开放式问题。

问卷反馈的信息如下：

被调查志愿者的教育程度普遍较高，本科学历占总数的 50%；大专学历占 32%；研究生学历占 3%，其余为大专以下学历者。可见本、专科学历者是志愿者的主力。

在回收的 897 张有效问卷中，有 613 名志愿者参加了志愿者组织，284 人未参加。这表明大多数志愿者是通过志愿者组织来参与志愿者活动的。当问及"加入志愿者组织的要求"时，有近 80%的人选择加入志愿者组织只要

“报名就行”，无特别要求；约12%的志愿者选择“报名后面试”；约8%的志愿者选择“报名、面试再加培训”。这一方面表明加入志愿者组织的门槛比较低，只要热心志愿事业基本上都可以加入；另一方面也说明对志愿者的专业培训还是比较欠缺的。因此，笔者认为随着科普志愿服务活动的深入和专业服务领域的拓展，加强对基层志愿者的专业培训将势在必行。

在对志愿者组织的运作和组织方式等问题的调查中，有60%以上的志愿者组织对志愿者进行了登记注册，但与志愿者签订有关工作协议的不到30%。调查数据还显示，不到15%的志愿者组织能够为志愿者提供补贴（如交通补助等），不到50%的志愿者组织能够对志愿者活动进行记录、评估或奖励，这说明志愿服务的组织机制和激励机制还有不健全的地方。

在回答“加入志愿者组织的目的”时，26%受访者选择“锻炼自己”，23%的志愿者选择“实现自我价值”，分别有20%的调查者选择了“培养兴趣爱好”和“结交朋友”，而选择“获得荣誉”的仅占5%。在回答“参加志愿服务的首要原因和次要原因”时，首要原因的选择，超过60%受访者选择“帮助有需要的人”和“做对社会有意义的事”；在选择次要原因上，受访者比较一致地选择了“使生活更充实”“增加社会见识”“增加阅历”以及“发挥自己潜能”这几个因素。这一结果说明，“服务他人、奉献自己”利他主义价值观无疑是志愿者参加志愿服务的主导原因，但是“增加阅历、结交朋友、锻炼自我、实现自我价值”等因素也是不可忽略的。

在回答参加志愿服务方式的问题时，30%左右的被调查者选择的是“时间分散但连续参加”，40%的调查者选择的是“有兴趣参加但没有连续性”，而选择“集中一段时间连续参加”的调查者不到三成。由此可见，有相当一部分的志愿者因受时间所限而无法连续地参加到志愿服务活动中去。在回答“志愿者参加志愿服务的主要阻碍是什么”时，35%的被调查者指出是“没有时间和精力”，其次才是“没有合适的项目”以及“对志愿者权益的保障比较欠缺”。在回答“您通常利用什么时间来参加志愿服务”时，83%的被调查者回答的是“双休日、节假日及其他空余时间”。根据上述资料，笔者认为：对于大多数青年志愿者来说，没有时间去参与志愿服务活动无疑将是制约志愿者活动发展的一大难题。面对当前越来越快的生活节奏和越来越大的生存压力，青年志愿者尤其是上班族，在没有充足的时间和精力的情况下，参与志愿服务的时间必然受到影响；因此，未来科普工作的青年志愿者仍应以大学生志愿者为主，但是考虑到在校大学生专业知识体系尚未形成，在动员、招募其参与基层科普活动时必须进行全面系统的培训。

在回答“您认为发起志愿活动动员最合适的组织化渠道”时，大部分受访者都选择了政府组织，其中有51%的受访者认为“团组织”是最合适的，17%的受访者选择了“所在单位”，10%的受访者选择了民政部门或其他政府机构，6%的受访者选择了街道和居委会等社区组织，而选择“非政府组织或非营利组织”的人数相对较少，只占8%。因此笔者认为：北京现阶段的志愿者活动很大程度上是一种政府行为，志愿者服务的组织和发起还带有浓厚的行政色彩，由民间社会组织发起的志愿服务活动尚处于起步阶段。同时，共青团组织在志愿者动员中具有最大的号召力。科协组织开展基层科普志愿者动员时，要尽量谋求与共青团组织，尤其是高校共青团组织的合作。

参考文献

[1] 马克思恩格斯选集 1~4 卷 [M]. 北京：人民出版社，1995.

[2] 马克思恩格斯全集 1~4、12、13、19、23~26（第 1 册）、42、45、46（上、下）、47 卷 [M]. 北京：人民出版社，1995.

[3] 马克思 . 1844 年经济学哲学手稿 [M]. 北京：人民出版社，2006.

[4] 马克思 . 资本论 1~3 卷 [M]. 北京：人民出版社，1975.

[5] 恩格斯 . 自然辩证法 [M]. 北京：人民出版社，1972.

[6] 傅世侠，罗玲玲 . 科学创造方法论 [M]. 北京：中国经济出版社，2000.

[7] 罗玲玲 . 创造力理论与科技创造力 [M]. 沈阳：东北大学出版社，1998.

[8] 罗玲玲 . 创造力开发 [M]. 长沙：湖南大学出版社，2002.

[9] 冯友兰 . 为什么中国没有科学（三松堂学术文集）[M]. 北京：北京大学出版社，1984.

[10] 陈昌曙 . 哲学视野中的可持续发展 [M]. 北京：中国社会科学出版社，2000.

[11] 陈昌曙 . 技术哲学引论 [M]. 2 版 . 北京：科学出版社，2012.

[12] 张子睿 . 实用文写作理论与方法 [M]. 北京：清华大学出版社，北京交通大学出版社，2004.

[13] 张子睿 . 创造性解决问题 [M]. 北京：中国水利水电出版社，2005.

[14] 张建荣，张子睿，张子轩 . 大学生课外科技活动指南 [M]. 北京：知识产权出版社，2007.

[15] 张子睿 . 大学生创新与创业能力提升 [M]. 北京：科学出版社，2008.

[16] 张子睿 . 口才与演讲 [M]. 北京：科学出版社，2008.

[17] 张子睿 . 大学生社会实践教程 [M]. 北京：国防工业出版社，2012.

[18] 张子睿 . 科学技术普及概说 [M]. 北京：中国时代经济出版社，2012.

[19] 张子睿 . 创造创新理论与实践 [M]. 北京：光明日报出版社，2015.

[20] 张子睿，巩佳伟 . 网格化社会服务体系研究 [M]. 北京：九州出版社，2017.